Le fortificazioni di Iasos di Caria

Rilievi e analisi architettoniche

Michele Cornieti

BAR International Series 2886

2018

Published in 2018 by
BAR Publishing, Oxford

BAR International Series 2886

Le fortificazioni di Iasos di Caria

ISBN 978 1 4073 1515 7

COVER IMAGE *Torri di diversa tipologia ed epoca nelle fortificazioni di Iasos.*

Printed in England

BAR
PUBLISHING

BAR titles are available from:

BAR Publishing
122 Banbury Rd, Oxford, OX2 7BP, UK
EMAIL info@barpublishing.com
PHONE +44 (0)1865 310431
FAX +44 (0)1865 316916
www.barpublishing.com

Sommario

Elenco delle figure

Prefazione

Visitando per la prima volta l'antica città di Iasos si rimane ammaliati dall'imponenza delle rovine che ammantano il promontorio proiettato sul mare, fra aspre rocce, ulivi e bestiame al pascolo, contese e consumate dal tempo e dalla natura. Un fascino particolare dimora nelle sue difese: mura, torri, bastioni, porte, costruite nel corso della sua storia millenaria, risuonano nel nostro immaginario come archetipi custodi dell'essenza stessa della città antica, che trova nella sicurezza dell'esistere il principio fondante.
Abbandonando per un attimo le suggestioni piranesiane che un tale paesaggio non può non evocare, matura la consapevolezza della necessità di comprendere e salvaguardare questa immensa memoria, oggi impegnata in una logorante e impari guerra contro le ingiurie del tempo, divoratore di cose, e degli uomini, suoi temibili alleati.
Una attività di ricerca volta alla documentazione delle strutture emergenti delle difese iasie, che ne fissi in maniera indelebile l'mmagine, è quindi l'atto costitutivo di ogni processo di conoscenza e di ogni azione volta alla conservazione di questo prezioso patrimonio.
Il lavoro intrapreso si colloca dunque in seno a quel *processo di conservazione dell'immagine* che rappresenta attualmente un'istanza imprescindibile nella gestione dei siti archeologici, ma intende anche fornire un contributo alla conoscenza delle vicende, di enorme complessità, che segnano la storia delle fortificazioni iasie. I contenuti di seguito esposti esprimono perciò gli esiti, ancora del tutto parziali, di tale percorso.
Ancora, appare opportuno evidenziare come il lavoro si collochi all'interno di un progetto di ricerca interdisciplinare più ampio, avviato nel 1997, che vede coinvolti il Dipartimento di Architettura dell'Università di Firenze e che ha come finalità la documentazione delle strutture emergenti nella prospettiva di una ricostruzione dell'evoluzione diacronica della città.
I dati di rilievo utilizzati all'interno della seguente trattazione provengono dalle campagne di inquadramento topografico del sito del 1997-1998 e da quelle che mi hanno impegnato, con cadenza annuale, durante tutto il periodo 2002-2007.
Gli esiti sono stati presentati all'interno della tesi di dottorato in Rilievo e Rappresentazione dell'Architettura e dell'Ambiente dal titolo *Le fortificazioni di Iasos di Caria. Strumenti e metodologie per la conoscenza e la documentazione dell'architettura della difesa*, da me discussa nel 2008 presso il Dipartimento di Architettura dell'Università di Firenze, dalla cui revisione nasce la presente pubblicazione.
Nel frattempo le fortificazioni iasie sono state oggetto di nuove investigazioni, ricerche e scavi. Fra queste, rivestono una particolare importanza le attività di ricongnizione e rilievo condotte dal professor Alessandro Viscogliosi della Scuola di Architettura dell'Università La Sapienza di Roma sul *kastron* dell'istmo e quelle condotte dalla Missione Archeologica Italiana di Iasos sulle strutture del castello dell'acropoli, sotto la direzione della dottoressa Fede Berti.
Per quanto possibile, dunque, il lavoro, nondimeno ancora frammentario e da sistematizzare, sui diversi sistemi di fortificazione presenti a Iasos, è stato integrato da talune evidenze emerse da queste recenti attività di ricerca nei materiali finora pubblicati, in attesa di una estensiva e sistematica disponibilità dei nuovi dati raccolti.
Ritengo doveroso ringraziare in questa sede tutte quelle persone che hanno contribuito, a diverso titolo, alla formazione della base documentaria e conoscitiva cui ho potuto attingere. Innanzitutto, i professori Stefano Bertocci e Marco Bini, promotori del progetto di ricerca e pazienti revisori del lavoro di seguito presentato, per avermi introdotto all'interno dell'affascinante, quanto complesso, mondo dell'archeologia dell'architettura e per avermi sostenuto ed incoraggiato nell'affrontare un tema che, per sua natura, appare votato ad incursioni in diversi ambiti disciplinari. Un'affettuosa riconoscenza va anche a tutti i colleghi e compagni che si sono alternati nelle campagne iasie a partire dal 2002, il cui contributo durante le fasi di rilevazione sotto il rovente sole dell'Egeo è stato di fondamentale importanza: Michele Cannoni, Christian Soverini, Michelangelo Tiefenthaler e Giuseppina Tigani. Un ringraziamento davvero speciale va anche agli infaticabili architetti Mauro Giannini e Francesco Tioli, del Dipartimento di Architettura di Firenze, sottoposti durante le missioni 2006 e 2007 ad estenuanti campagne di rilevamento topografico ed insostituibili punti di riferimento durante le successive fasi di restituzione dei rilievi.
Desidero esprimere la mia riconoscenza alla Dottoressa Fede Berti, Direttrice, fino al 2011, della Missione Archeologica Italiana di Iasos, per l'ospitalità, la disponibilità ed i preziosi suggerimenti dispensatimi nel corso di questi anni e a tutto il personale, italiano e turco, della missione.
Infine, un ringraziamento particolare va all'architetto Jean Pierre Adam, profondo conoscitore dell'architettura antica e delle fortificazioni greche e punto di riferimento insostituibile della mia ricerca, che ha personalmente acconsentito all'interno del presente lavoro all'utilizzo e alla elaborazione dei propri disegni.

MICHELE CORNIETI

Abstract/Résumé

This work represents the outcome of investigations carried during the last decade on the fortified system of Iasos of Caria and has a twofold aim.

On one hand, documenting the emerging structure of Iasos defences and therefore capturing an everlasting image seems to be the founding ground for any knowledge path and any activity aiming to preserve this precious legacy.

The undertaken work finds its place within the framework of image conservation processes that represent nowadays an essential parameter for archaeological sites management, fundamental both in dig planning and in creating strategies for restoration and conservation.

On the other hand, the present works wishes to contribute to the understanding of the incredibly complex events, that shaped Iasos fortifications history.

This is made possible by the elaboration of a research methodology fitted to understand and successfully interpret contexts characterised by different dating phenomena and constant re-use and transformation of built structures.

This work displays the results, even if partial, of this research activity.

When determining the structure of the present essay, it was decided to dedicate an extensive section to the study of the ancient fortification, of its building elements and unfolding development. This is necessary in order to assemble the cohesive body of knowledge needed for further critical investigations.

After a short digression illustrating the historical events of Iasos settlement and further urban development into a city, the specific theme of Iasos fortification is approached through the selection of the most meaningful episodes within the articulated topography of the ancient site.

The analyzed fortifications are: *the surrounding walls of the island*, both ancient and post-classical segments, the *mainland wall* that inscribes a wide area of Iasos *chora*, the Bizantine *kastron* located next to the isthmus and the *acropolis castle*.

Critical survey operations on emerging structures and those unveiled through digging activities, are the founding element of the cognitive insight, combined with the study and review of documentary sources and digging data.

Specifically, each system is analysed with regards to strategic aspects, equipment of tactical devices, architectural and technical-building characteristics.

In some instances, we also present the results of stratigraphic reading conducted on above ground constructions and the corresponding timelines detected within each structure.

We consider the discerning use of this tool to be one of the most valuable contributions offered by the survey architect to the understanding of hand built structure within an archaeological context.

Cet ouvrage est le résultat des recherches menées sur les fortifications de Iasos en Carie (Turquie), dans les dix dernières années. Il présente une double finalité.

D'une part, la documentation sur l'architecture de la défense de Iasos, fixant de façon indélébile son image, est l'action constitutive de tout parcours cognitif et de toute intervention visant à la conservation de ce précieux patrimoine.

Le travail entrepris est donc compris dans ce *processus de conservation de l'image* qui représente actuellement une instance qu'on ne peut négliger pour la gestion des sites archéologiques et qui est fondamentale soit dans le domaine de la planification des fouilles, soit pour l'élaboration de stratégies efficaces qui permettent la conservation et la restauration. D'autre part, ce travail entend apporter une contribution à la connaissance des vicissitudes, fortement complexes, qui tracent l'histoire des fortifications de Iasos par l'élaboration d'une méthodologie de recherche, nécessaire à la compréhension et à l'interprétation de ces contextes, au sein desquels demeurent des phénomènes nettement diachroniques, caractérisés par la réutilisation et la transformation continues des structures des bâtiments. Les contenus exposés expriment donc les résultats, encore partiels, de ce parcours.

Dans cet ouvrage, nous avons considéré opportun de consacrer à l'étude de l'architecture militaire antique, au travers l'analyse de ses éléments constitutifs et de son évolution chronologique, une partie considérable, dans le but de construire un bagage cognitif solide, qui a été nécessaire à la mise en place des autres recherches critiques.

Les fortifications de Iasos, après un bref *excursus* constituant une illustration des événements historiques et urbanistiques qui ont eu lieu dans la ville d'Iasos, ont été étudiées au moyen d'une identification de ses composantes les plus significatives, émergentes dans la complexe topographie de l'ancien site. Les fortifications analysées sont : *le mur insulaire*, aussi bien dans ses étendues "antiques", que dans celles "post-classiques", le *mur continental*, qui entoure une vaste aire de la *chôra*, le *kastron* byzantin, qui se déploie à côté de l'istme et le *château de l'acropole*.

Les opérations de relevé critique menées sur les strucures émergentes et sur celles remises à jour par les fouilles archéologiques, constituent l'aspect fondamental de la phase cognitive. Toutefois, elle intègre, par l'étude et par la discussion, des sources documentaires et des données issues des fouilles. Nous avons particulièrement mis en évidence les aspects stratégiques et la présence des dispositifs tactiques ainsi que les caractères architecturaux et constructifs de chaque système fortifié. Nous avons aussi présenté, dans certains cas, les résultats des lectures stratigraphiques faites à partir des murs et les chronologies relatives qui en sont déduites puisque on considère l'application critique de cet instrument comme une des plus valables contributions que l'architecte-releveur peut apporter à la connaissance des bâtiments archéologiques.

Introduzione

Queste brevi note introduttive intendono conseguire una duplice finalità.
Il primo obiettivo è quello di illustrare, in estrema sintesi, lo sviluppo del progetto interdisciplinare di ricerca volto allo studio ed alla documentazione delle strutture edilizie dell'antica città di Iasos in Caria, entro il quale il presente lavoro si colloca e di cui rappresenta un parziale esito.
Il secondo fine è quello di chiarificare, nelle loro linee fondamentali, gli aspetti metodologici che connotano la ricerca e che strutturano la seguente trattazione.
Il progetto di rilevamento e di analisi delle strutture emergenti della città di Iasos, che vede impegnati in sinergia e secondo le specifiche competenze il Dipartimento di Progettazione dell'Architettura di Firenze ed il Dipartimento di Scienze Storiche, Archeologiche e Antropologiche dell'Antichità dell'Università La Sapienza di Roma, si è articolato, attraverso una serie di campagne in *situ* condotte nell'arco di un decennio, nelle seguenti tappe fondamentali:
Campagne 1997-1998. Inquadramento topografico dell'intero circuito murario insulare e di manufatti edilizi contigui e loro referenziazione alla cartografia esistente. Rilievo di alcuni elevati con l'ausilio della fotogrammetria piana su base topografica. A tale scopo sono state predisposte poligonali di inquadramento allacciate ai punti fiduciali della rete topografica locale, mentre le operazioni di rilevazione di dettaglio sono state eseguite col metodo dell'intersezione in avanti. Contestualmente sono state eseguite schedature ed analisi stratigrafiche di alcuni paramenti murari significativi.
Campagna 2002. Operazioni di rilevazione di dettaglio, con metodo diretto e fotogrammetrico delle strutture pertinenti all'*edificio trilobato* presso la Porta Est ed analisi stratigrafiche degli elevati della stessa, delle murature contigue, di alcuni edifici voltati *extra moenia* e di alcune strutture comprese nel circuito del *kastron* dell'istmo. Rilievo diretto di manufatti edilizi posti in contiguità con le mura nel settore occidentale della città.
Campagna 2003. Prosecuzione delle operazioni di rilevamento sulle strutture in prossimità della Porta Est. Esecuzione di saggi stratigrafici localizzati e loro documentazione presso la *torre in scisto verde*, analisi stratigrafica degli elevati e delle tecniche costruttive impiegate. Documentazione e campionatura delle principali tecniche murarie riscontrate nelle strutture edilizie della città. Confronti tipologici su altre architetture militari di ambito microasiatico.
Campagna 2004. Rilevamento di dettaglio con metodo topografico, diretto e fotogrammetrico delle strutture edilizie della *casa dei mosaici* ed in particolare dei suoi apparati musivi, al fine di elaborare un progetto di conservazione dell'immagine. Analisi stratigrafica degli elevati del manufatto e prosecuzione della schedatura delle murature in relazione con le fortificazioni insulari.
Campagna 2005. Documentazione delle attività di scavo condotte presso la *stoà*, accanto all'attuale ingresso all'*agorà*. Rilievo e documentazione delle attività di scavo nell'*edificio tripartito* collocato in adiacenza alla *stoà* orientale. Indagine sulle tecniche costruttive riscontrate nell'*edificio trilobato* presso la Porta Est.
Campagna 2006. Rilevo topografico e fotogrammetrico di dettaglio tramite stazione totale su alcuni manufatti relazionabili al circuito fortificato collocati lungo il settore nord-orientale. Inquadramento topografico del castello dell'acropoli e rilevazione di dettaglio della porta principale e di alcune torri.
Campagna 2007. Rilevamento topografico e fotogrammetrico di dettaglio del castello dell'acropoli, con documentazione di alcune strutture riportate alla luce in seguito a nuove attività di scavo. Documentazione degli scavi e rilievo di di dettaglio plano-altimetrico degli ambienti disposti lungo la *stoà* occidentale, fino al presunto originario ingresso all'*agorà*. Rilievo di dettaglio con metodo topografico e fotogrammetrico di una torre e di un segmento di cortina della *cinta di terraferma*.
Per quanto riguarda la messa a punto di strumenti metodologici efficaci per l'analisi e l'interpretazione dei dati acquisiti, va sottolineata la fondamentale importanza dell'integrazione fra i diversi approcci al tema dell'architettura della difesa, con la consapevolezza della necessità di processi di validazione e continua verifica dei risultati ottenuti. Naturalmente, sono stati privilegiati gli strumenti propri dell'architetto rilevatore, all'interno dei quali risulta compresa, oramai da alcuni anni, anche l'analisi stratigrafica degli elevati, considerata come vero e proprio "rilievo quadridimensionale" del manufatto.
L'indagine autoptica sulle strutture edilizie emergenti, all'interno della quale il disegno rappresenta il principale strumento di analisi e mezzo espressivo, risulta dunque il filo conduttore dell'intero lavoro; si ritiene infatti che essa possa esprimere uno dei più autentici e validi contributi, da parte dell'architetto rilevatore, alla conoscenza dei manufatti di carattere archeologico.
Un onesto riconoscimento delle proprie specifiche competenze induce, d'altro canto, ad esimersi dall'interpretazione diretta sia delle fonti letterarie sia dei dati provenienti dalle attività di scavo.
In merito alla struttura del presente lavoro, si è ritenuto opportuno dedicare allo studio della fortificazione antica nei suoi elementi costitutivi e nelle sue linee evolutive un'ampia sezione, al fine di costruire un solido bagaglio conoscitivo, preliminare e necessario per la succesiva conduzione di qualsiasi tipo di indagine critica.

Riguardo a questi aspetti, la cui conoscenza si dimostra comunque imprescindibile, ci si limita pertanto a registrare le posizioni degli autori più accreditati, discutendone gli esiti e la compatibilità con i risultati delle indagini condotte.
Come già detto, la presente pubblicazione trae fondamento in massima parte dalla revisione dalla tesi di dottorato in Rilievo e Rappresentazione dell'Architettura e dell'Ambiente da me discussa nel 2008 presso il Dipartimento di Architettura dell'Università di Firenze, anche se non trascura l'integrazione del lavoro a suo tempo condotto con i recenti contributi provenienti da indagini archeologiche ed architettoniche su talune architetture militari iasie.
Rispetto a quanto contenuto nella tesi sopra citata, è stata inoltre operata una drastica riduzione del corpus grafico e fotografico ad essa allegata. In particolare sono stati fortemente limitati i grafici di rilievo, di ricostruzione e le fotografie tratti da fonti e pubblicazioni esterne, che dati gli scopi formativi della tesi, si erano rivelati utili alla conoscenza delle fortificazioni antiche, circoscrivendo il ricorso a tali materiali, soltanto ai casi in cui la semplice descrizione ed i rimandi bibliografici si fossero rivelati insufficienti. In particolare, l'utilizzo di schemi planimetrici utili alla comprensione degli aspetti spazio-funzionali della fortificazione antica è avvenuto tramite il ridisegno e l'omogeneizzazione grafica dei rilievi pubblicati da autorevoli studiosi, che sono in ogni caso citati quale fonte nella didascalia a corredo degli stessi.
Per ciò che concerne invece il materiale grafico autoptico di rilievo, che corredava la tesi di dottorato, costituendone specifica appendice, utile a documentarne il processo metodologico e a descrivere il progetto di rilevamento (eidotipi, schede di rilevamento di Unità Stratigrafiche Murarie), esigenze editoriali ne hanno suggerito la quasi totale esclusione dal presente lavoro. Spero tuttavia di avere l'occasione di poter lavorare ancora alla restituzione di tali materiali, o di potere mettere a disposizione l'ingente mole di dati al fine di una più organica restituzione degli aspetti materiali superstiti delle fortificazioni di Iasos.
Tornando alla struttura del presente lavoro, si osserva come l'approccio al tema delle fortificazioni iasie, dopo un breve excursus volto ad illustrare le vicende storico-insediative ed urbanistiche della città, avvenga attraverso l'individuazione degli episodi più significativi. Questi sono trattati all'interno di unità relativamente autonome entro le quali hanno luogo la discussione dei dati e le specifiche conclusioni, ma con frequenti riferimenti al contesto urbano generale e alle possibili relazioni intercorrenti con le altre strutture fortificate.
Ogni fortificazione risulta quindi descritta attraverso gli aspetti strategici, la dotazione di dispositivi tattici, i caratteri architettonici e tecnico-costruttivi e, qualora siano state condotte specifiche indagini, le relazioni stratigrafiche individuate fra le strutture.
Contestualmente alla discussione dei dati si procede alla disamina critica dei lavori sullo stesso tema editi in precedenza, presentando infine le conclusioni.
Per quanto le esigenze di rigore metodologico connaturate alle finalità della ricerca potessero suggerire un'esposizione il più possibile compartimentata dei diversi aspetti indagati, non è infrequente assistere ad una *ibridazione dei livelli*.
Le osservazioni riguardanti specifici ambiti sono cioè, in taluni casi, accompagnate e sostenute da brevi considerazioni e richiami inerenti altri aspetti dell'oggetto indagato, sviluppati altrove in maniera più estesa.
Questa caratteristica, funzionale ad una trattazione in forma discorsiva del tema, agevola inoltre l'argomentazione di alcune affermazioni, rendendo immediatamente percepibile l'interazione fra i dati provenienti da fonti differenti, senza peraltro comprometterne la coerenza metodologica.
Un'ultima nota riguarda i sistemi e le tecniche di rappresentazione impiegati nelle elaborazioni grafiche.
Per quanto riguarda le operazioni di rilevazione condotte in *situ*, si è rilevata fondamentale la redazione autoptica di accurati eidotipi, sia in proiezione ortogonale, sia - quando necessario - in proiezione prospettica, al fine di costruire, già in fase preliminare, un modello grafico abbastanza aderente alla geometria dell'oggetto indagato.
Le operazioni di discretizzazione morfologica effettuate attraverso il rilievo topografico di dettaglio e l'applicazione della fotogrammetria piana, presuppongono infatti, nella fase di restituzione, di poter individuare una corrispondenza priva di ambiguità fra i punti di coordinate note e gli elementi che descrivono la geometria dell'oggetto rilevato, così come la posizione delle mire visive.
Per ciò che concerne l'analisi stratigrafica degli elevati, si è proceduto, in mancanza di una base grafica già elaborata, alla redazione, all'interno dei moduli predisposti per la schedatura, di altri eidotipi di dettaglio, sui quali sono stati riportati graficamente i limiti delle diverse unità stratigrafiche individuate.
In merito alle elaborazioni grafiche finali, l'applicazione della fotogrammetria piana, supportata da una dettagliato ed accurato rilievo topografico, ha permesso la produzione di elaborati grafici in proiezione ortogonale dove la corrispondenza con il dato metrico appare pienamente soddisfacente, con errori contenuti nell'ordine del centimetro.
Nel caso di strutture aventi andamento planimetrico curvilineo, la preventiva creazione di una maglia di mire fotogrammetriche, con distanza fra i filari verticali proporzionata al raggio di curvatura, ha permesso l'elaborazione dello sviluppo dei fronti, che sono stati così planarizzati e resi misurabili con un sufficiente grado di precisione. Se questo tipo di restituzione può apparire a prima vista eterodosso, per la scarsa aderenza dell'immagine restituita rispetto a quella dell'oggetto così come viene percepito, non va dimenticata la sua funzionalità per la conduzione di indagini metriche sugli elementi che compongono il paramento murario.
Inoltre, una volta elaborato lo sviluppo, è stato possibile redigere, sulla base della nuvola di punti proveniente dal rilievo topografico, le consuete viste in proiezione ortogonale. Sempre riguardo alle restituzioni grafiche, occorre precisare come diverse fra quelle riportate siano ancora prive di completezza, ma tuttavia utilizzabili per la conduzione di indagini mensorie e per la visualizzazione di relazioni stratigrafiche.

1. Le vicende insediative ed urbanistiche della città di Iasos

Lo studio delle fortificazioni di Iasos non può naturalmente prescindere dall'individuazione dal legame profondo che è instaurato fra la città, nelle sue componenti materiali ed istituzionali, e le sue strutture difensive, attraverso un continuo raffronto fra l'evoluzione urbana e le forme esperite dalle comunità insediate al fine della sicurezza dell'esistere. D'altro canto, l'interpretazione delle complesse vicende che hanno informato le fortificazioni iasie nelle loro molteplici manifestazioni, appare un contributo fondamentale all'interno dell'articolato processo di documentazione volto alla ricostruzione della storia plurimillenaria della città, soprattutto in relazione a quei periodi per i quali le fonti documentarie appaiono particolarmente esigue e lo studio dei materiali archeologici non ancora sistematizzato.

Alla luce di queste premesse, appare opportuno procedere ad un sintetico inquadramento storico-territoriale e topografico del sito di Iasos di Caria, evidenziando l'ineludibile nesso fra l'evoluzione diacronica del tessuto urbano e di alcuni interventi sulla *chora* con il mutare dei contesti politico-culturali, strategici ed insediativi che hanno interessato la città e la Caria durante il lungo arco cronologico considerato. Riguardo alle fortificazioni, saranno forniti solo brevi riferimenti descrittivi, utili ad una loro contestualizzazione all'interno degli ambiti storico-insediativi, riservando una specifica trattazione degli episodi emergenti nei capitoli seguenti.

La città di Iasos si sviluppa al termine di una delle profonde propaggini del golfo di Mandalya, sulla costa sud-occidentale anatolica, in posizione intermedia fra i due antichi centri carii di Mileto e Myndos. Nelle mappe e nelle carte nautiche antiche la località è individuata coi nomi di Asin Kale, Asin Kurin, Kurin che sostiuirono l'originario nome greco e, solo di recente, il nome ufficiale di Kıyı Kışlacık è stato assegnato al moderno villaggio che si sviluppa lungo la costa e nell'immediato entroterra. L'insediamento urbano antico si attesta all'interno di una penisola, schermata dalle isole di Leros e Kalimnos e collegata alla terraferma attraverso uno stretto istmo. Il litorale egeo in questo settore della Caria presenta un profilo particolarmente frastagliato, con anfratti che favorivano l'insediamento di centri a vocazione portuale, per quanto, nel caso di Iasos, la distanza dall'imboccatura del golfo e la sua collocazione decentrata rispetto alle principali direttrici del territorio relegassero la città in posizione marginale rispetto alle più trafficate rotte marittime[1]. La penisola, dalla conformazione a mandorla, orientata all'incirca in direzione nord-sud, ha uno sviluppo longitudinale di poco superiore ai 900 metri, una larghezza massima di circa 475 metri ed é caratterizzata nel suo settore centro-meridionale da un aspro affioramento calcareo che raggiunge la quota di quasi 80 m. Essa era in antico separata dalla terraferma da un canale navigabile[2], che, oltre ad isolare il nucleo urbano principale dall'entroterra, rivestendo perciò anche un ruolo difensivo, metteva in collegamento i due porti, che si sviluppavano nelle insenature ai lati della penisola, secondo una prassi consueta nelle colonie marittime dell'Asia Minore[3].

Nel canale in corrispondenza dell'attuale istmo doveva sfociare un corso d'acqua a regime torrentizio proveniente dalle alture circostanti, il cui alveo attraversava lo stretto settore pianeggiante delimitato dalla linea costiera e dalle estreme propaggini della catena montuosa del Grion. Questa accidentata conformazione orografica ha condizionato lo sviluppo dei collegamenti viari nei confronti dell'entroterra[4], rendendo privilegiata la direttrice nord-ovest/sud-est, rispettivamente in direzione Teichiusa-Didyma e in direzione di Mylasa, attraverso le zone acquitrinose della foce del Sariçay.

Per quanto tradizionalmente fosse ritenuta colonia di Argo[5] (ed anche lo stesso nome Iasos rimandi ad un'origine argiva) gli scavi sull' *isola* hanno restituito materiali databili al Calcolitico, attestando la frequentazione del sito, almeno nella parte alta nord, a partire dal III millennio a. C.[6]. Riferibili al periodo del Bronzo Antico sono i ritrovamenti di una necropoli nell'entroterra e di alcune sepolture nell'area insulare[7]. Tali materiali evidenziano, oltre i contatti fra la costa anatolica e le isole dell'Egeo, l'esistenza di un'autonoma area culturale comprendente la Caria e parte della Lycia[8].

I primi manufatti edilizi che permettono di connotare il sito insulare come consistente insediamento urbano, sono stati rinvenuti in diversi settori della fascia pianeggiante prossima al continente e possono essere ascritti all'Età del Bronzo media e tarda[9]. Un crocevia di strade pavimentate che delimitano edifici con basamento in pietra è stato scoperto in seguito ai saggi praticati nell'area dell'agorà. Appartiene a queste fasi un edificio situato al centro del settore interessato dagli scavi: esso è di pianta approssimativamente quadrata, di 10 m circa di lato e presenta ulteriori partizioni interne e zone lastricate.

La struttura dei muri perimetrali (in particolar modo il muro nord), a grossi blocchi triangolari con un lato a costituire il filo esterno e il paramento interno composto da pietre di dimensioni più ridotte, *"richiama la tecnica delle costruzioni minoiche cui riporta anche la pianta dell'edificio simile a quella di alcune grandi case di Mallia e della Messarà, discostandosi dalle coeve strutture anatoliche"*[10]. Queste fasi sembrano poter essere messe in relazione con l'impianto di un emporio cretese, mentre la sovrapposizione di strutture murarie più tarde che non sconvolgono l'articolazione spaziale del tessuto edilizio ed i materiali rinvenuti, suggerirebbero la presenza di un insediamento miceneo.

Possiamo comunque considerare Iasos *"un centro della Caria in cui la presenza greca è precoce e che si muove per lungo tempo nell'orbita culturale ionica, milesia in particolare"*[11]. Ritrovamenti documentano la frequen-

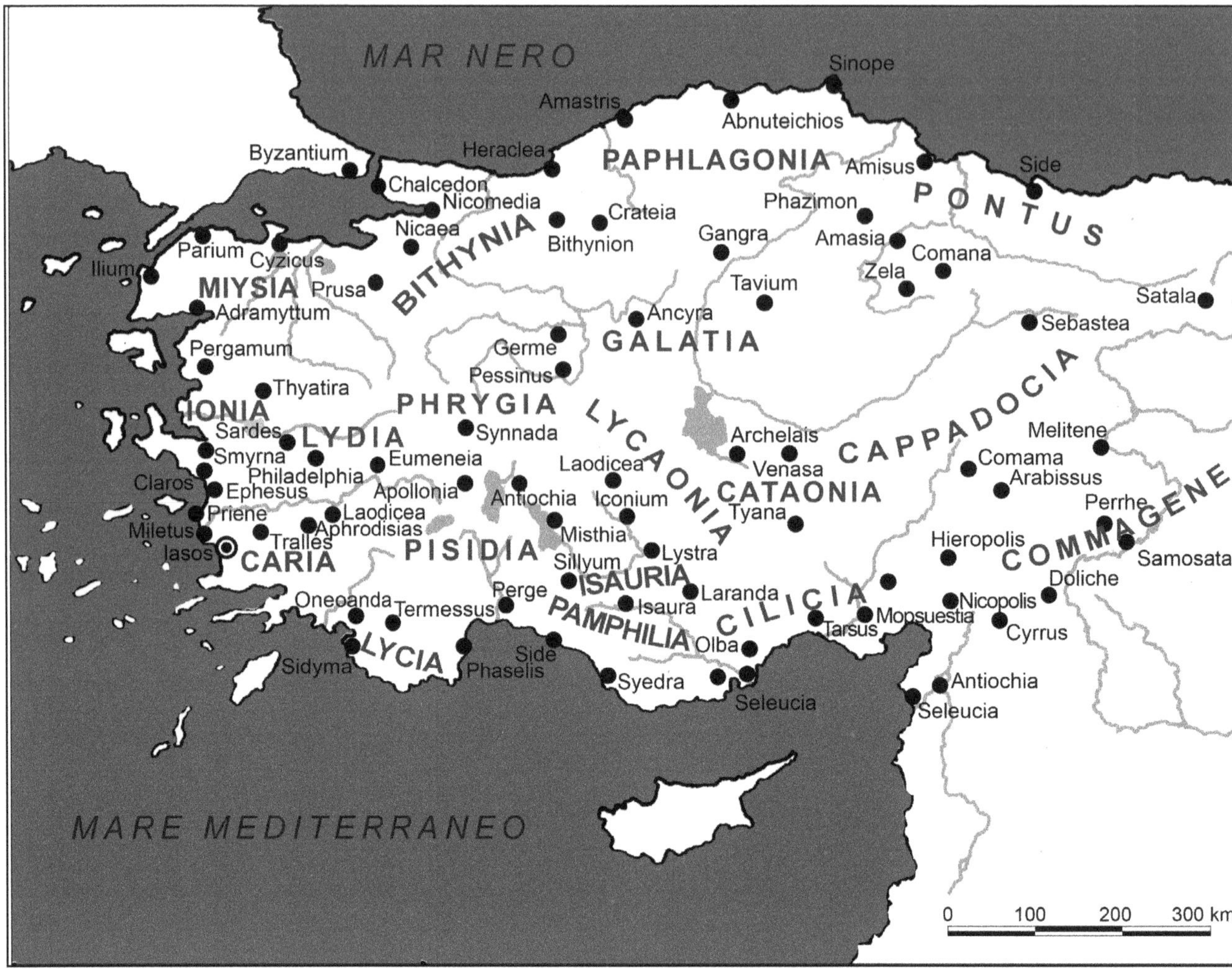

Fig. 1
Mappa dell'Asia Minore in epoca imperiale, con indicazione dei principali centri e delle circoscrizioni territoriali

tazione dell'area dell'acropoli in età proto geometrica, mentre al periodo medio e tardo geometrico sono invece riconducibili le necropoli, l'una *extra urbana*, l'altra collocata nella zona pianeggiante dell'*isola* in corrispondenza dello spazio dell'agorà. Qui il ritrovamento dei resti di due fontane in blocchi squadrati, l'una in posizione centrale rispetto al settore indagato ed adiacente a un muro di sostruzione, l'altra collocata più ad ovest, risulterebbe in accordo con l'ipotesi di una destinazione funzionale ad agorà dell'area, già durante le prime fasi della *polis*[12].
Una serie di interessanti interventi edilizi ed urbanistici sembrano aver caratterizzato la città durante il VI secolo a. C.. A questo periodo e più precisamente alla metà del secolo, è stato attribuito il muro di terrazzamento a sud dell'area dove sorgerà il teatro, in corrispondenza di una strada di mezza costa[13].
Riguardo a questo manufatto, è stata anche avanzata l'ipotesi che si potesse trattare di un'opera preposta alla difesa dell'acropoli, ma data l'esiguità dei resti, non appare facile addentrarsi in ulteriori interpretazioni[14].
Allo stesso periodo sono stati datati la fontana dell'agorà e le fasi più antiche del santuario di Hera (nel settore orientale dell'isola) e del *tesmophorion* presso la punta sud, collocato *"in una situazione rimasta a lungo periferica, analogamente ad altri santuari delle dee eleusinie"*[15].
Sempre alla prima metà del VI secolo, possono essere ricondotti elementi architettonici quali il frammento di trabeazione ionica a rilievo raffigurante una biga in corsa, ritrovato reimpiegato nel *bouleuterion* e gli astragali rinvenuti presso il teatro, così come la fase più antica del tempio di Demetra e Kore, localizzato nella parte alta dell'isola.
Le tracce di una viva attività edilizia ha suggerito di ipotizzare una concentrazione di popolazione all'interno del perimetro insulare, dovuto al clima di insicurezza provocato dall'espansione persiana in Asia Minore. Questa condizione avrebbe anche determinato lo spostamento di alcuni santuari dislocati sul territorio nell'area dell'isola, che progressivamente assunse caratteri propriamente urbani[16].
Negli anni successivi è verosimile supporre per Iasos un dominio lidio, seguito dalla conquista persiana[17]. Le tracce

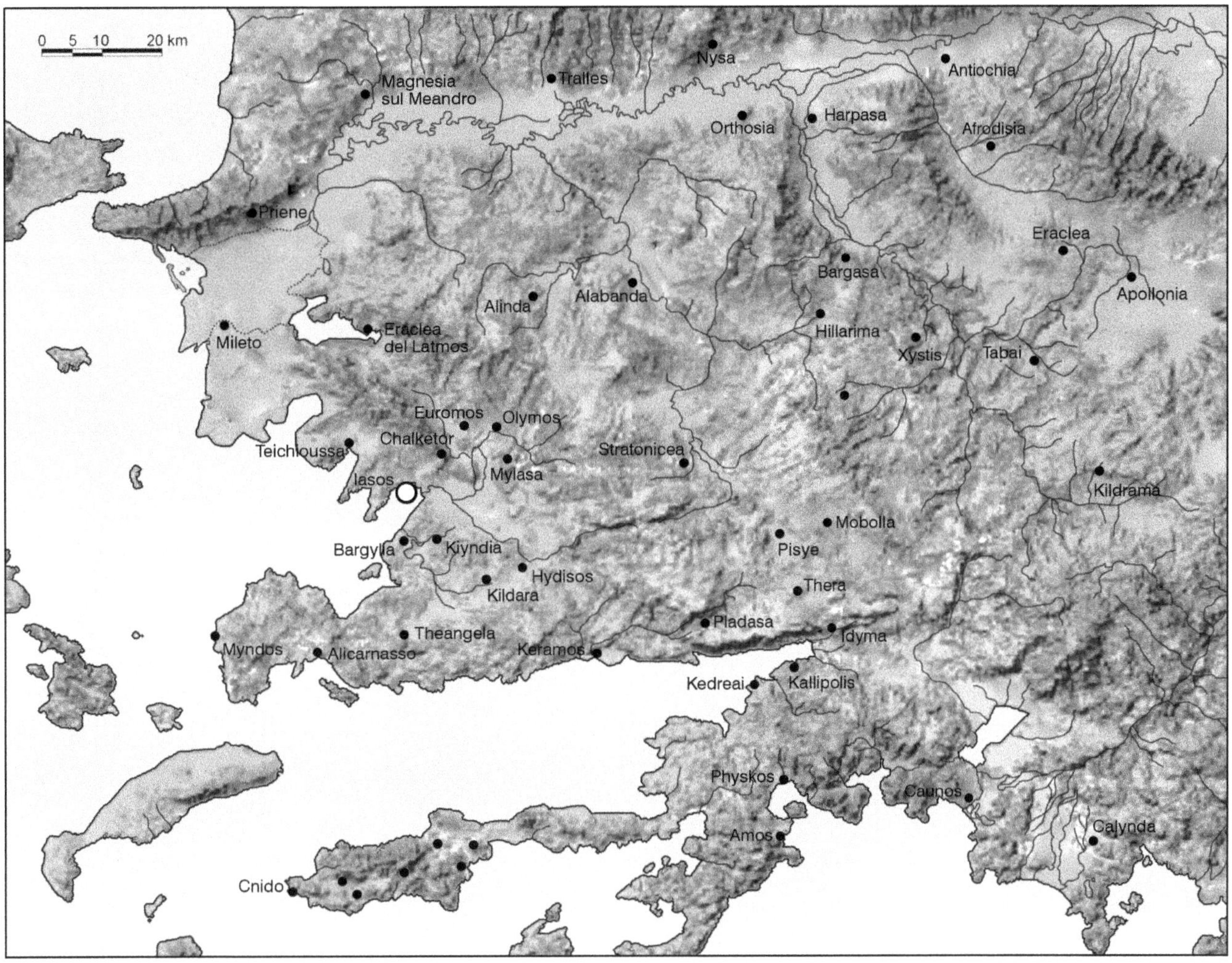

Fig. 2
Mappa che illustra la distribuzione dei principali siti fortificati cari di epoca classica ed ellenistica

di distruzione che le attività di scavo hanno evidenziato nel tempio di Demetra e Kore, dove *"il deposito nell'eschara era sigillato dalle macerie"*[18], sono state messe in relazione con la repressione della *rivolta ionica* (499-494 a.C.), mentre l'immediatamente successiva vicenda delle guerre persiane, vide con tutta probabilità la comunità iasia contribuire al contingente cario in seno alla flotta di Serse[19].
In ogni caso l'adesione della città di Iasos alla Lega delio-attica sotto l'egida di Atene al termine delle guerre persiane è documentata per il periodo 450-415 a.C.[20].
Gli ultimi anni del V secolo sono caratterizzati dal susseguirsi di eventi particolarmente tumultuosi. Nel 412-411, infatti, durante la ribellione al sovrano persiano di Pissouthnes e Amorge, quest'ultimo insedia a Iasos il quartier generale delle proprie attività militari. L'evolvere del conflitto vede a città costretta a capitolare alle truppe spartane e siracusane, anche in seguito al mancato intervento della flotta ateniese e la sua consegna al satrapo Tissaferne, che la presidia con una guarnigione persiana.
Una nuova e più violenta occupazione da parte spartana segue nel 405, quando - secondo alcune accreditate interpretazioni delle fonti antiche, che gli studi più recenti tendono però a confutare o ridimensionare - il generale Lisandro distrugge la città, uccidendone o deportandone numerosi abitanti[21]. In ogni caso, la vicenda trova conclusione con il ritorno della Caria – e quindi di Iasos – in seno al dominio persiano e con la creazione di un'autonoma satrapia sotto il controllo della dinastia ecatomnide.
Durante il V secolo l'abitato di Iasos doveva estendersi prevalentemente nelle aree pianeggianti: a nord, dirimpetto alla terraferma, dove verrà edificata l'*Agorà* e lungo il litorale.
A tale periodo sono attribuibili i complessi cultuali di Zeus Megistos, Hera ed Artemis Astiàs, nonché alcune strutture pastorali di tipo *lelego-cario* dislocate nella *chora*[22].
Per quanto le descrizioni degli eventi lascino presupporre l'esistenza di opere difensive[23], l'unica struttura probabilmente riconducibile a questa fase è una torre dal profilo a scarpa, peculiare per materiali e tecnica costruttiva, i cui resti si collocano in corrispondenza del settore orientale

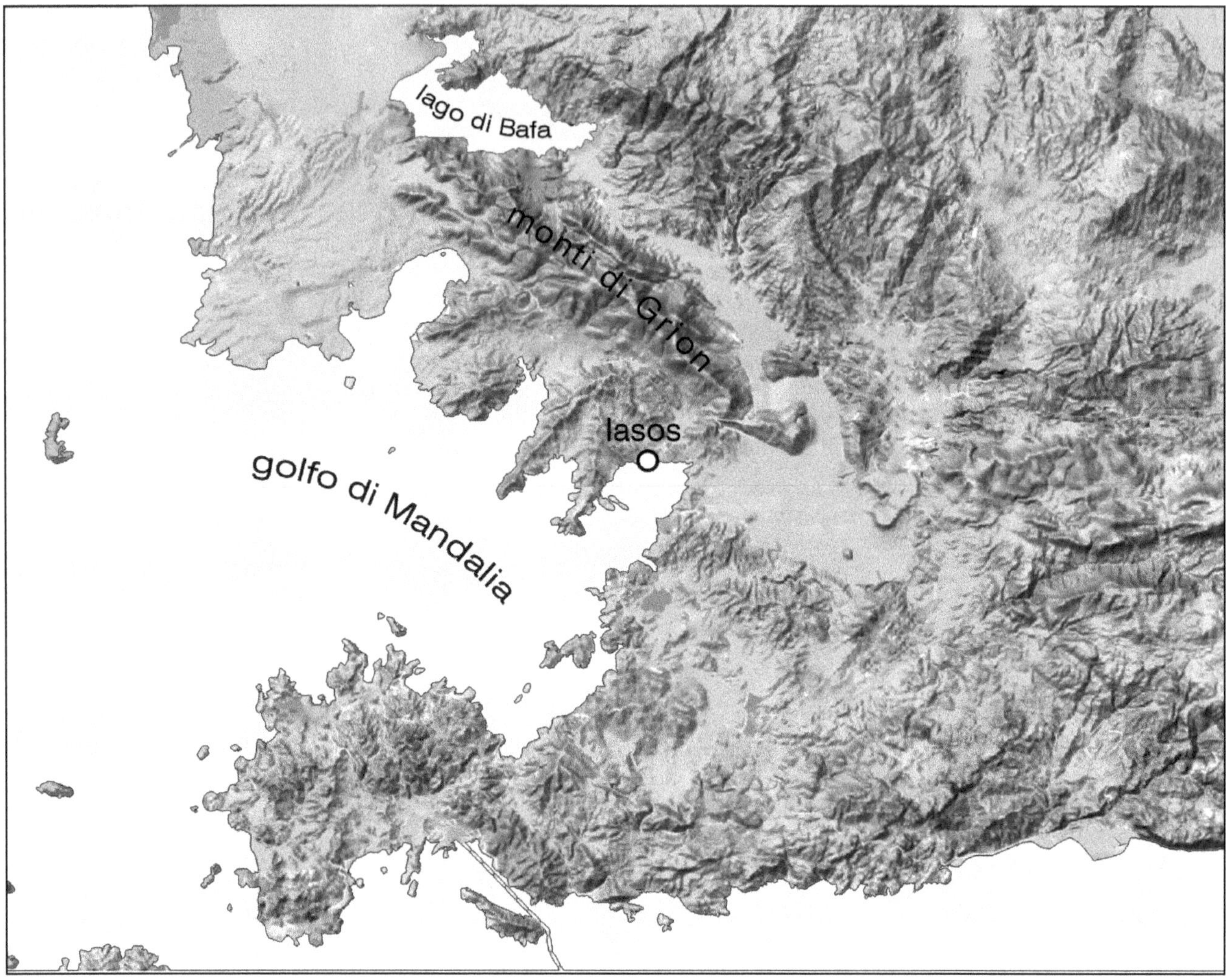

Fig. 3
Mappa che evidenzia la posizione di Iasos lungo la costa della Caria Occidentale

della cinta muraria, a meridione della Porta Est[24].
Strutture murarie realizzate con lo stesso materiale e con una tecnica costruttiva similare caratterizzano anche i resti di un edificio a destinazione cultuale (detto *edificio delle doppie asce* sulla base delle offerte votive a forma di ascia bipenne rinvenutevi), collocato nel settore orientale dell'agorà, all'interno del quale lo studio dei materiali restituiti dagli scavi sembrerebbe rimandare ad una frequentazione a partire dalla fine del V secolo[25].
La promozione di interventi di ristrutturazione urbana e l'implementazione di ambiziosi programmi edilizi è un aspetto della politica perseguita in molte aree della Caria da Mausolo e dalla dinastia ecatomnide durante il IV secolo, dopo la pace di Antalcida[26].
Nel caso di Iasos, quest'ultimo appare come un periodo cruciale per la strutturazione dell'assetto urbanistico: si assiste infatti alla realizzazione di ingenti interventi edilizi che incideranno profondamente sulla fisionomia della città, tanto da condizionarne anche gli sviluppi successivi[27].
Uno degli episodi più eclatanti riguarda la dotazione del centro insulare di una poderosa cinta muraria, che ricalcando grosso modo il profilo costiero, arrivò a cingerne l'intero perimetro. Discretamente conservata fino all'ultimo quindicennio del XIX secolo, come dimostra la documentazione descrittiva e grafica trasmessa dagli studiosi che visitarono il sito[28], queste strutture subirono una sistematica attività di spoliazione da parte delle autorità turche, che ne impiegarono i blocchi del paramento a partire dal 1886, per la costruzione del molo di Istanbul.
Così i tratti attualmente conservati in elevato dell'impianto di IV secolo o dei suoi rifacimenti, si riducono ad alcuni discontinui lacerti, dislocati soprattutto lungo il tratto orientale, in corrispondenza dell'*agorà*, del *bouleuterion* e della punta sud dell'odierna penisola.
I resti delle strutture sopravvissuti e la documentazione pervenutaci indicano che i tratti di cortina, ad andamento

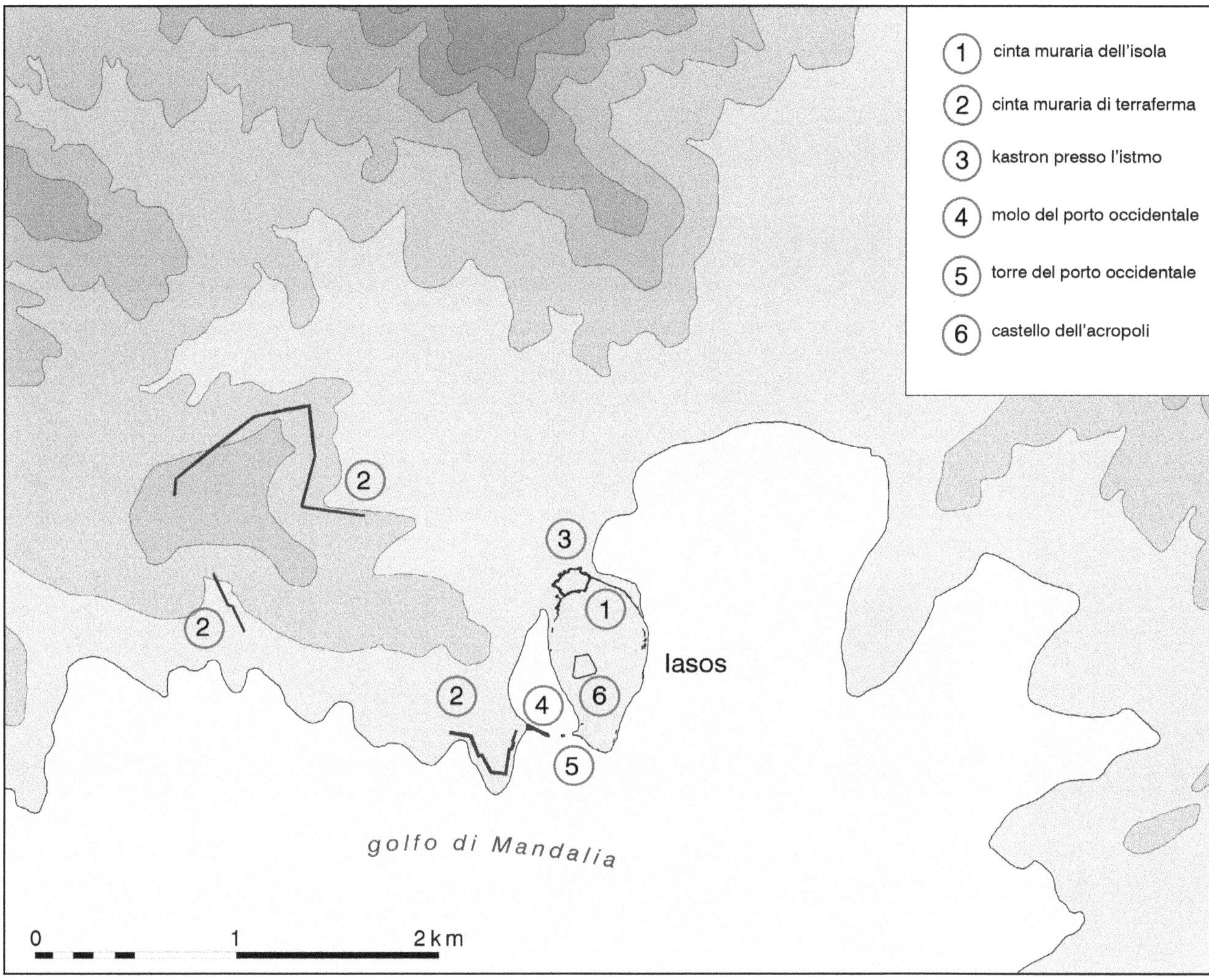

Fig. 4
Mappa del territorio circostante l'abitato antico con localizzazione dei resti dei sistemi di fortificazione, dall'epoca classica a quella tardo bizantina

rettilineo, erano articolati da torri in proiezione perlopiù a pianta rettangolare, sebbene si individuino le tracce di una torre a pianta poligonale nel settore nord-orientale del circuito.

L'accesso principale, fronteggiante la terraferma, sembra fosse costituito da un'imponente porta *a tenaglia*, con bracci bastionati sporgenti ed ingresso a *dipylon*, mentre un ulteriore diaframma difensivo era verosimilmente costituito dal canale (naturale o meno, non è dato di sapere) che separava la città dal continente.

Un altro importante ingresso alla città doveva trovarsi lungo il settore orientale dell'isola, in relazione con gli approdi del bacino portuale orientale, il *porto grande*, così chiamato per distinguerlo dall'insenatura occidentale, racchiusa da due moli, di ampiezza e profondità più modeste e perciò denominato *porto piccolo*[29]. Proprio in corrispondenza della Porta Est, l'iscrizione su un blocco del paramento, considerato in fase con l'erezione delle mura, identifica la posizione dell'*horos* del *temenos* di Zeus Megistos.

Esso sancirebbe pertanto il *terminus ante quem non* per la realizzazione delle mura[30]. L'esatta ubicazione del santuario rimane però incerta: ad esso potrebbe essere pertinente un *thesauros*, introdotto da un piazzale lastricato ed adiacente ad una strada diretta verso la Porta Est.

La costruzione del *thesauros* rimanderebbe al IV secolo, per quanto alcuni depositi votivi e frammenti scultorei ritrovati risultino molto più antichi[31].

Nel trattato del 309 a.C. stipulato con Ptolemaios e tre comandanti militari, in cui sono menzionate le *akrai* cittadine, fra le quali sarebbero probabilmente da includere anche le mura urbane, è stato invece ravvisato il *terminus ante quem*[32] per la costruzione delle mura. Tuttavia, questi argomenti non appaiono del tutto convincenti e probanti, anche in considerazione del fatto che non tutti i settori della cinta insulare potrebbero essere contemporanei.

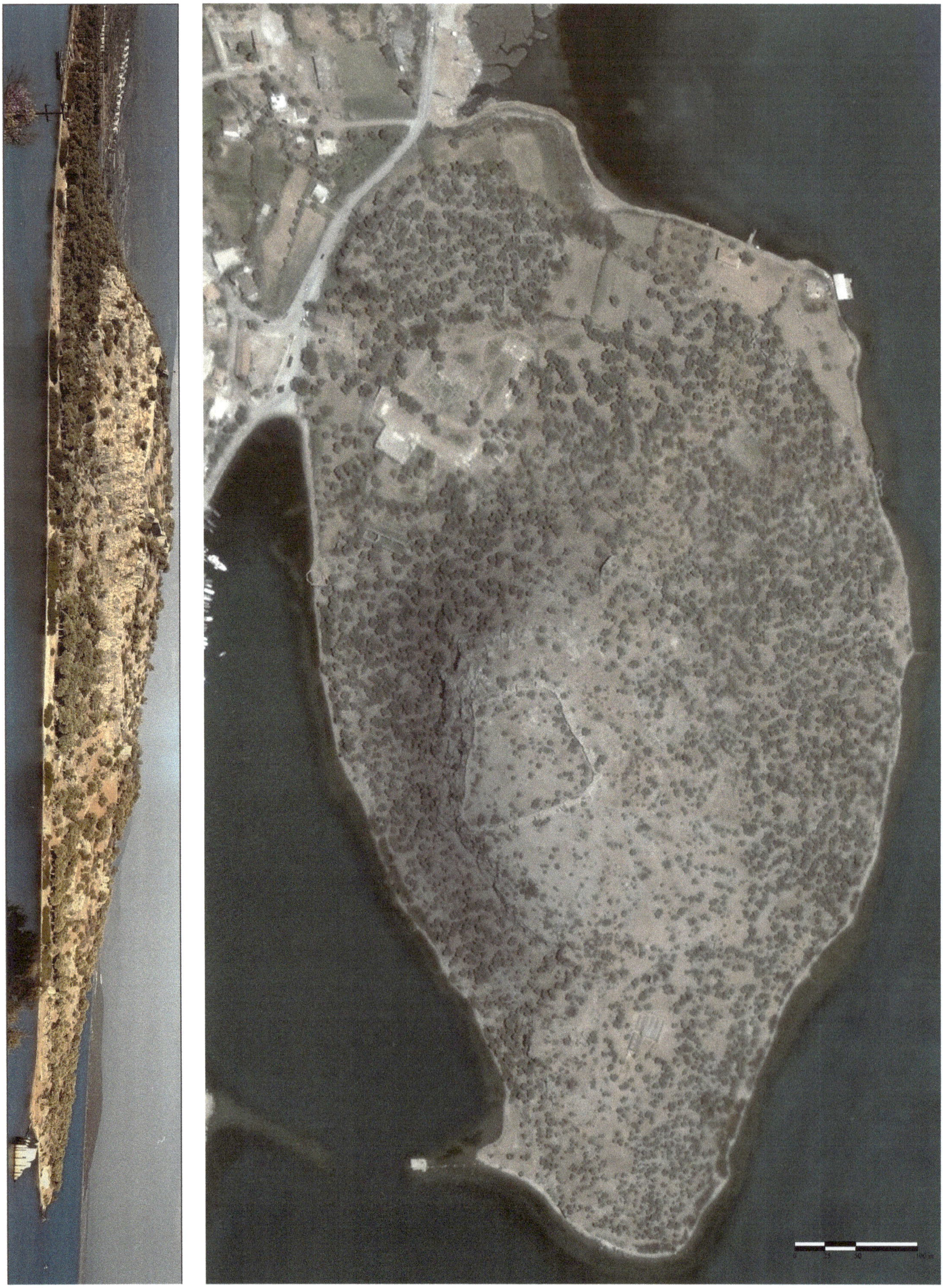

Fig. 5

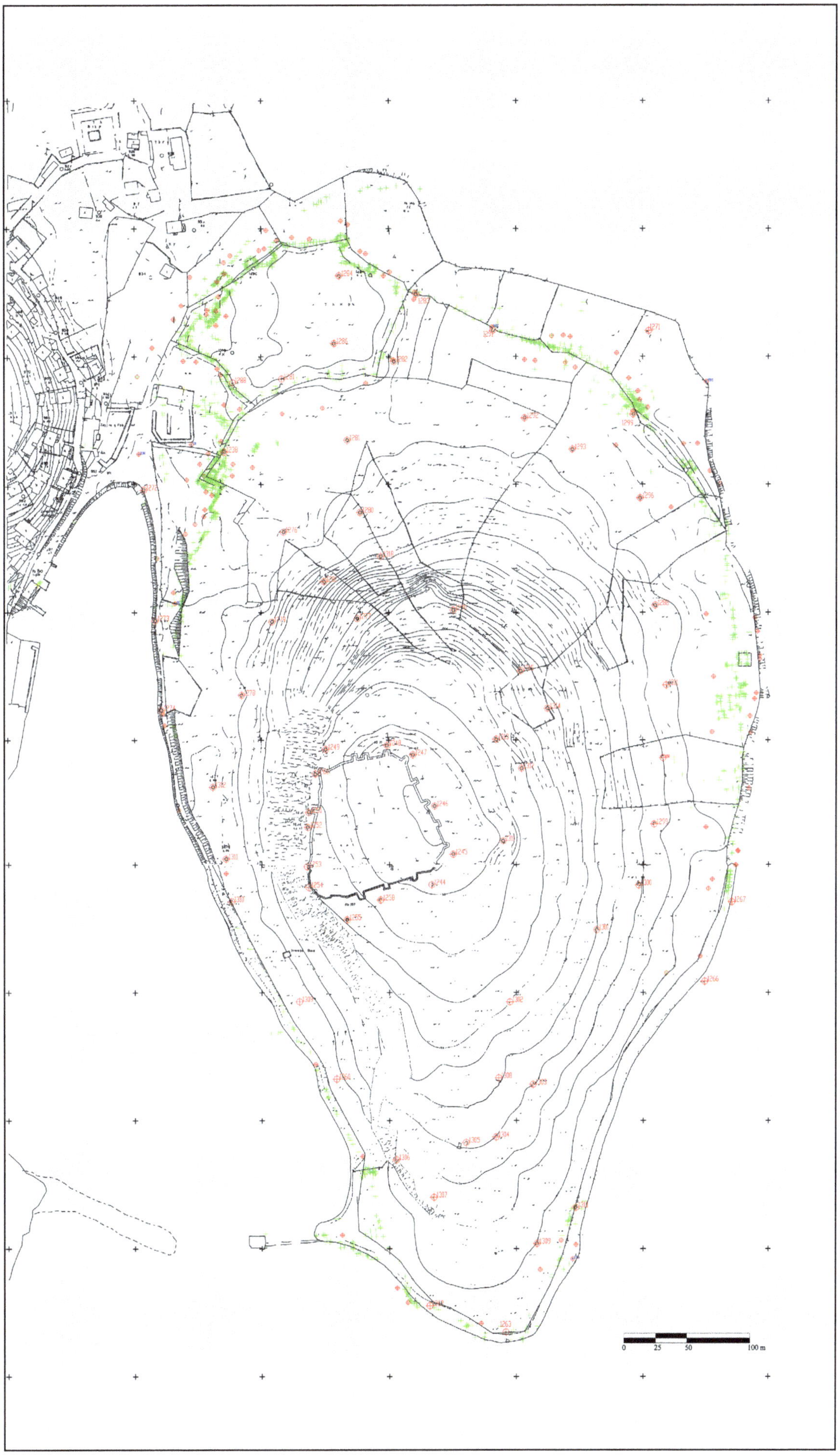

Fig. 6

Fig. 7
Foto zenitale degli ambienti addossati alla cinta muraria riportati alla luce attraverso attività di scavo effettuate lungo la *stoà* occidentale dell'agorà. Le strutture murarie visibili in basso a destra appaiono stratigraficamente precedenti all'edificazione della cinta difensiva

Alla pagina precedente:
Fig. 5
Immagine satellitare e profilo del sito peninsulare di Iasos
Fig. 6
Planimetria ad isoipse del sito peninsulare di Iasos, elaborata sulla base della locale cartografia. Sono evidenziati con colore verde i punti rilevati durante le campagne di inquadramento topografico e rilevazione di dettaglio. In rosso, invece, appaiono i punti fiduciali relativi alla rete topografica locale che sono stati utilizzati per referenziare i rilievi

Inoltre, i numerosi rifacimenti che hanno interessato le mura a partire dall'epoca tardo antica complicano ulteriormente la decifrazione di questo complesso palinsesto. In ogni caso la maggior parte degli studiosi che si sono occupati del tema, sia pure con ampie oscillazioni, sono concordi nell'individuare nel IV secolo a.C. il periodo più probabile per l'edificazione della cinta insulare[33].
Al IV secolo è stato inoltre datato il tempio distilo *in antis* facente capo al cosiddetto santuario di Artemis Astiàs, collocato in prossimità della *stoà* meridionale dell'agorà, mentre al primo periodo ellenistico è probabilmente da attribuire il muro della *stoà* orientale dell'agorà, caratterizzato da un paramento isodomo con conci a cuscino disposti per *headers and stretchers*[34].
Sempre al dominio ecatomnide sono stati ascritti importanti interventi urbanistici ed edilizi, come l'edificazione dell'agorà, disposta secondo il canone ionico tra un importante santuario a sud e l'area del ginnasio a nord e la ristrutturazione dei quartieri urbani posti nel settore orientale, nell'ambito di un rinnovamento che appare coinvolgere numerosi centri della Caria, mentre riguardo alla costruzione del teatro, la datazione appare ancora incerta, sebbene probabilmente più tarda[35].
Non vi sono documenti o materiali sufficienti che chiariscano quale possa essere stato il ruolo svolto da Iasos all'interno delle complesse vicende politiche e militari del IV secolo, né quali possano essere stati gli effetti sulla città delle operazioni condotte da Alessandro Magno[36] nella costa egeo-anatolica, per quanto secondo alcuni autori buona parte delle attività di ristrutturazione urbanistica, compresa l'edificazione delle mura insulari, possano essere ricondotte a tale periodo[37].
Allo stesso modo, risultano scarne le fonti per la ricostruzione della storia della città durante la stagione del primo Ellenismo, all'interno di uno scenario politico militare che appare quanto mai articolato e tumultuoso. Se, da una

Fig. 8
Veduta d'angolo della torre in scisto verde con base a scarpa collocata lungo il settore orientale della cinta muraria insulare

parte, è nota l'ingerenza dell'Egitto lagide sulla Caria, occorre considerare anche l'azione di *"comandanti militari locali semiindipendenti come Eupolemos, di cui è in Iasos traccia epigrafica e numismatica, come Pleistarchos, che dominò la vicina Euromos, e come Olympichos: al tempo del suo lungo potere in Caria momenti difficili coinvolsero anche la città di Iasos"*[38].

Gli anni successivi videro la Caria investita dall'azione militare dei sovrani macedoni Antigono Doson e Filippo V: di quest'ultimo è documentata l'occupazione militare di Iasos fra gli ultimissimi anni del III secolo a.C. ed i primi del II, tantoché alcuni autori hanno intravisto nella *cinta di terraferma* uno strumento concepito dal generale macedone per l'esercizio del proprio dominio sulla città e verso l'entroterra cario.

Le mura continentali, a prescindere dalla loro ipotizzata relazione con le imprese e le ambizioni politiche di Filippo V, si qualificano immediatamente come programma fortificatorio eccezionale: i tratti meglio conservati, concentrati soprattutto nella parte nord, si sviluppano per circa 3 Km lungo le alture a nord ovest della penisola, cingendo il *pianoro* dell'Akarca Tepe, mentre nel settore meridionale il circuito, per molti tratti difficilmente leggibile, doveva lambire la linea costiera[39].

La fortificazione è costituita da un'imponente cinta muraria scandita da ampie torri con pianta ad U, grandi aperture per l'impiego di artiglieria e postierle su ambo i lati. I tratti di cortina sono caratterizzati da andamento a cremagliera, con postierle e feritoie sistematicamente aperte lungo la risega.

L'accesso principale è costituito da una porta arretrata rispetto al filo delle cortine, che si apre in corrispondenza di una brusca variazione di direzione del tracciato delle mura, ben protetta dalla presenza di una torre sulla destra e dalla proiezione della cortina sul lato opposto.

In merito alla datazione e all'attribuzione di queste fortificazioni, le posizioni - anche recenti - espresse dagli studiosi appaiono eminentemente discordanti, con escursioni che abbracciano un intervallo cronologico che va dal VI al II secolo a.C., e spesso foriere di vivaci polemiche[40].

Benché sussista questa molteplicità di interpretazioni, è ragionevole considerare la *cinta di terraferma* iasia come un frutto delle esperienze maturate nell'ambito dell'arte fortificatoria durante l'Ellenismo maturo, sulla base di evidenze di carattere tattico e tipologico, fermo restando il fatto che qualora dati stratigrafici inopinabili ne innalzassero la cronologia, ci si troverebbe di fronte ad un episodio straordinariamente anticipatore nella storia dell'architettura militare antica[41].

Ad ogni modo appare verosimile ricondurre l'impianto dell'enorme opera fortificata all'iniziativa di potenze ellenistiche, i cui ambiti territoriali o sfere d'influenza incontravano nella Caria margini di sovrapposizione conflittuali e all'interno dei quali la città venne alternativamente a trovarsi prima del definitivo possesso romano. A tale proposito appare opportuno sottolineare, oltre alla già ricordata occupazione macedone di Filippo V, l'esercizio del potere

Fig. 9

Fig. 10

Fig. 11

Alla pagina precedente:

Fig. 9
Veduta dell'*agorà* in corrispondenza del suo settore nord-orientale. Sulla destra è riconoscibile un paramento isodomo in grandi blocchi marmorei , dove si alternano ortostati e diatoni

Fig. 10
Paramento murario emergente del fianco orientale della cosiddetta *torre ellenistica*, caratterizzato dall'alternanza di ortostati e diatoni e dalla contemporanea presenza di blocchi dal profilo decisamente bugnato assieme a blocchi dalla faccia accuratamente spianata . Lungo lo spigolo sinistro si individua la caratteristica finitura, col profilo angolare lievemente arretrato

In questa pagina:

Fig. 11
Veduta esterna della *Porta Est*. Il profilo centinato è ascrivibile ad interventi molto più tardi. In basso a destra , la cavità funzionale allo smaltimento delle acque

Fig. 12
Veduta generale dell'area dell'agorà in corrispondenza dell'angolo nord-orientale

Fig. 12

Fig. 13

Fig. 14

Fig. 15

Fig. 16

Fig. 17

Alla pagina precedente:

Fig. 13
Veduta del *bouleuterion* con le gradinate, parzialmente restaurate ed integrate, della *cavea* circolare

Fig. 14
Elevato delle strutture murarie di analemma del teatro, realizzate con un paramento pseudo-isodomo con grandi blocchi di calcare

In questa pagina:

Fig. 15
Una delle torri con pianta ad U che articolano la *cinta muraria di terraferma*. A sinistra, la postierla dalla quale potevano essere effettuate improvvise sortite. Al centro della struttura semicircolare, la grande finestra funzionale all'impiego di artiglierie

Fig. 16
Dettaglio della muratura di una struttura edilizia collocata nell'area del santuario di *Zeus Megistos*. Nella porzione inferiore dell'elevato si individuano blocchi in scisto verde conformati a lastrone, con il caratteristico giunto inclinato. I corsi superiori, stratigraficamente posteriori, sono invece realizzati attraverso la messa in opera di grandi conci a cuscino dal profilo fortemente estroflesso

Fig. 17
Strutture edilizie di epoca imperiale pertinenti all'*edificio tripartito* dell'*agorà*

Fig 18
Veduta del *propylon*, collocato in prossimità della punta meridionale dell'isola

Fig 19
Veduta delle *arcuationes* dell'acquedotto di età imperiale, che garantiva l'approvvigionamento idrico della città

a Iasos della dinastia tolemaica e seleucide. Pur non essendo stato ancora sistematizzato lo studio della storia urbana di Iasos durante questo lungo lasso temporale, questi eventi non possono non aver determinato ricadute a livello edilizio e monumentale sul tessuto della città. È ad esempio sintomatico che si riscontri a Iasos la presenza di due ginnasi, rispettivamente un *Antiocheion* ed un *Ptolemaion* nel *quartiere ellenistico orientale*, dove compaiono i paramenti isodomi in grandi blocchi con sontuosa lavorazione a cuscino fortemente estroflesso tipici di questo periodo[42].
Anche il terremoto che colpì Iasos sul principio del II secolo a.C. e che indusse Antioco III il Grande, sovrano del regno seleucide, ad assumere provvedimenti a beneficio della comunità iasia, dovette incidere sul rinnovamento edilizio della città. In relazione con questo evento sono stati posti pure gli interventi promossi in questo periodo da eminenti cittadini, per esempio quelli riguardanti il muro del *koilon* del teatro e il portico pertinente a uno dei ginnasi[43].

Per quanto riguarda l'architettura religiosa, ad un epoca non anteriore al III secolo a.C. si attribuisce il *propylon* del santuario ubicato nell'area sommitale dell'acropoli, a causa del partito decorativo documentato da frammenti architettonici, rinvenuti in loco o ritrovati reimpiegati nella basilica cristiana impiantata più ad est[44].

Se almeno dall'ultimo scorcio del III secolo si manifestano le ingerenze romane riguardo alle vicende politiche e allo *status* della città[45], esse nel 197-196 a.C. si concretizzano in un *senatus consultum* che impone alle truppe macedoni di abbandonare Iasos. Alla fine del primo decennio del secolo una spedizione militare romana desiste dall'intento di espugnare la città - divenuta nel frattempo dominio seleucide - cedendo alle richieste di alcuni esuli iasii[46]. Negli anni successivi il territorio di Iasos, come altri territori della Caria e della Lycia, divenne un protettorato rodio, fino a quando fu dichiarato libero per volontà romana.

La città entrò a far parte della provincia romana d'Asia nel 129 a.C., dopo essere stata presa dagli alleati di Silla[47].
Una delle principali infrastrutture urbanistiche riconducibili al lungo dominio romano sulla città è l'acquedotto, che captando le risorse idriche dall'immediato entroterra, convogliava le acque all'interno dell'abitato insulare: questo dopo aver percorso circa mezzo chilometro secondo un disegno assai tortuoso, verosimilmente condizionato da presistenze, raggiungeva la città.

L'acquedotto, del quale si conservano in elevato tratti cospicui, caratterizzati da ampie *arcuationes* su di un solo ordine e con ghiera estradossata è stato datato al primo periodo imperiale (I sec. d.C), sulla base del partito architettonico dei fornici ancor più che sull'analisi delle tecniche costruttive di epoca romana censite a Iasos. Infatti, queste ultime si connotano a partire dal I secolo a.C per il largo uso di nuclei in *opus cementicium* di buona qualità e di paramenti prevalentemente realizzati in blocchi di calcare locale sommariamente scapezzati, registrando labili variazioni almeno fino all'epoca tardo-antica[48].

Sempre al primo periodo imperiale si può datare l'edificazione del *bouleuterion*, sebbene siano presenti rifacimenti da ascrivere alla metà del II secolo d.C., in particolare della *frons scaenae*. La struttura, discretamente conservata, per quanto reintegrata in più parti in seguito ad interventi di restauro, presenta pianta rettangolare, con gradinata semicircolare tripartita e proscenio collocato alla stessa quota dell'orchestra. Al di sotto della cavea corre tuttora un ambulacro con percorso anulare, mentre per il partito architettonico del frontescenio è stato ipotizzato un doppio registro colonnato[49].

Fra le realizzazioni urbane riconducibili al periodo imperiale, vi è anche la ristrutturazione dell'agorà ellenistica, i cui episodi sono riferibili in gran parte all'epoca adrianea e antonina: durante questo periodo lo spazio pubblico fu dotato di portici perimetrali colonnati continui, verosimilmente su ogni lato, solenni diaframmi architettonici che ne enfatizzavano la monumentalità e la funzione di rappresentanza[50]. Il partito architettonico e decorativo delle *stoài* appare differenziato: i portici nord e sud, per esempio presentano in addizione al fronte colonnato interno, un ulteriore ampio colonnato centrale, con funzione di sostegno per il sistema di copertura. Viceversa, quelli ovest ed est sono caratterizzati da un solo lato colonnato e immettevano in luoghi pubblici come l'*agoranòmion*, o religiosi, come il cosiddetto *cesareo*, in corrispondenza della terminazione sud-est[51].

Di periodo medio-imperiale risultano gli interventi nel santuario di Artemis Astiàs (datato all'epoca di Commodo) e l'edificazione del cosiddetto *edificio tripartito* che si attesta in corrispondenza del margine orientale dell'agorà, caratterizzato da coperture con ampie volte a botte ordite in direzione perpendicolare a quest'ultimo.

Sono comunque numerosi gli elementi che consentono di ipotizzare un periodo di notevole prosperità per la città a partire dalla fine del I secolo d.C. e soprattutto durante il secolo successivo. Uno di questi è l'insediarsi di un quartiere residenziale nel settore di mezza costa presso la Punta Sud dell'isola, caratterizzato da eleganti abitazioni, di cui la Casa dei Mosaici rappresenta l'episodio più eclatante.

Il suo articolato impianto planimetrico, che denuncia il susseguirsi di più fasi d'uso, dalla prima età imperiale almeno fino all'età tardo-antica[52], conserva caratteri di ascendenza ellenistica, come la *pastas* aperta su più stanze intercomunicanti e su un ampio peristilio lastricato. Tutti gli ambienti, ad esclusione di quelli del settore sud-occidentale, presentano ricche decorazioni musive pavimentali, con vasto repertorio di motivi geometrici e figurativi-stilizzati. Anche i muri d'ambito sono caratterizzati da pitture parietali tipiche dell'epoca imperiale, per quanto attualmente frammentarie e in cattivo stato di conservazione.

Le strutture riportate alla luce dagli scavi rivelano il processo di addizione di ulteriori ambienti, taluni a destinazione produttiva (frantoio) e di riassetto planimetrico, che hanno investito l'organismo architettonico durante il lungo periodo di frequentazione.

Immediatamente più a monte, un altro complesso di ascendenza romano-imperiale è caratterizzato da ampi ambienti voltati a botte e da pareti articolate da nicchie concluse a semi-catino. Il disegno dell'intonaco in corrispondenza di alcuni settori delle murature manifesta un trattamento della superficie volto a simulare un paramento isodomo in opera quadrata.

Fig. 20
Immagine del fronte meridionale del complesso denominato *edificio delle nicchie*

Durante la seconda metà del III secolo d.C., il clima di instabilità e di insicurezza che caratterizza l'Impero sembra lasciare traccia in alcune strutture edilizie di Iasos: il timore delle scorrerie dei Goti, che verso la metà del secolo si erano spinti nei loro saccheggi fino alle coste dell'Asia Minore o delle incursioni degli Eruli, penetrati in Caria nel corso dei decenni successivi, indussero la comunità iasia a provvedere al rifacimento di alcuni settori delle difese urbane, rimaste probabilmente inattive per secoli.
A questa stagione sono stati ricondotti gli interventi di ristrutturazione della cinta dell'isola in corrispondenza del muro compreso fra il *bouleuterion* e la torre "ellenistica", attuati attraverso il reimpiego di numerosi elementi architettonici, o il tamponamento (attualmente rimosso) dell'accesso che dall'agorà immetteva verso la zona del "porto piccolo", all'interno del quale furono rinvenuti conci di epistilio decorato, prelevati da un propileo all'estremità meridionale della *stoà* occidentale[53].
Inoltre, gli scavi del 1969 rinvenirono all'interno di un ambiente aperto nella *stoà* meridionale dell'*agorà* nei pressi dell'ingresso tamponato in epoca basso-imperiale, un "tesoretto" di monete non posteriori al regno di Gallieno[54]. Le monete erano state sepolte, riposte all'interno di un vaso coperto con un mattone; ciò sembrerebbe avvalorare l'ipotesi di un intenzionale occultamento (per quanto non si trattasse di una somma particolarmente ingente), forse in seguito alla percezione di una concreta minaccia. Allo stesso modo, le tracce di incendio emerse in questo settore a partire dagli scavi del 1969, furono interpretate come segno di un evento distruttivo subito dalla città e immediatamente messe in relazione con le incursioni degli Eruli.
Tuttavia i recenti studi, per quanto non smentiscano queste interpretazioni, suggeriscono di usare cautela nell'individuazione di tali nessi[55].
Un'altra considerazione interessante scaturisce dalle letture operate sulle strutture della torre adiacente, il cui impianto originario appare pertinente alle strutture fortificate di IV secolo a.C.: nella camera interna, dove si coglie il susseguirsi di manutenzioni e rifacimenti attribuibili a diverse fasi, l'analisi dei materiali ha documentato un riempimento intenzionale con macerie avvenuto con tutta probabilità proprio durante il III secolo della nostra era[56], forse col proposito di assicurare alle strutture una maggior solidità e inerzia.
L'opportunità di un'intervento di riempimento della "camera bassa", in principio poggiante su uno zoccolo pieno, può essere stata anche determinata dall'innalzamento della quota del terreno rispetto al livello di spiccato originario, verificatosi durante il lungo arco cronologico[57]. Anche questo fatto è stato messso in relazione con gli eventi prima ricordati e se non contribuisce a chiarire l'ipotesi di una presa della città da parte degli Eruli nella seconda metà del III secolo, fornisce ulteriori elementi che mostrano come, all'interno dell'insediamento urbano iasio, l'esigenza della difesa fosse tornata alla ribalta a partire da questo periodo.
Il rifacimento e la rifunzionalizzazione delle difese urbane si configurano come aspetti nodali degli interventi urbanistici che hanno investito la città durante la tarda antichità. Innanzitutto, si provvide ad una radicale modifica della struttura del nucleo delle mura in numerosi settori del circuito, attraverso la sostituzione dell'originario *emplecton* in pietrame ed argilla, con una *fartura* di tenace calcestruzzo e il riposizionamento dei blocchi squadrati per *ortostati* e *diatoni*, con questi ultimi saldamente ancorati al riempimento in opera cementizia e con un'apparecchiatura che ripropone solo parzialmente il regolare partito del paramento *pseudoisodomo* di IV secolo a.C.[58].
Questa operazione fu condotta su ampi tratti del perimetro fortificato e delle sue torri, tant'è che soltanto taluni

Fig. 21
La cinta muraria in corrispondenza della *stoà* meridionale. Si individuano gli interventi di irrobustimento delle strutture murarie eseguiti attraverso la messa in opera di blocchi architettonici decorati in epoca tardo antica e che sono stati messi in relazione con il pericolo dell'invasione erula della seconda metà del III secolo

Fig. 22
Grande edificio *extramoenia* romano-imperiale, con volta a botte e tracce di volta a vela, posto nel settore orientale dell'isola

Alle pagine seguenti:
Figg. 23-24
Pianta generale e dettaglio di un ambiente della *casa dei mosaici,* sulla base dei rilievi eseguiti durante la campagna 2004

segmenti - come ad esempio quello cui si appoggiano due grandi edifici voltati di epoca romano-imperiali collocati lungo il litorale orientale[59], o la porzione interna del *dipylon* recentemente scavato e la base a scarpa della torre in scisto verde - mantengono l'originale *emplecton* in argilla e pietrame. Inoltre, soprattutto in corrispondenza del settore meridionale e nell'area orientale prossima all'istmo, furono reimpiegati nei paramenti numerosi elementi architettonici, anche decorati, provenienti da edifici più antichi[60].

Le strutture difensive urbane tornano quindi a rappresentare un aspetto prioritario riconosciuto per l'esistenza stessa della città, attorno al quale sembrano coagularsi le energie della comunità e delle istituzioni, in una stagione particolarmente travagliata.

Del resto, una certa vitalità delle istituzioni cittadine anche durante la tarda antichità sembra poter essere attestata anche dalla realizzazione degli edifici a probabile destinazione pubblica (terme, ginnasio?)[61] che occupano l'area prossima all'istmo e che sarà in seguito circoscritta dal circuito del *kastron* bizantino, per quanto non siano stati indagati in maniera approfondita.

Allo stesso modo i materiali - fra cui un frammento dell'*edictum de pretiis* - rinvenuti nell'agorà, assieme alla documentata funzionalità del *bouleuterion* almeno fino all'età di Giuliano[62] e alle iscrizioni presenti su *miliari*, sembrerebbero indicare il permanere di un sostanziale vigore delle istituzioni cittadine ed di una certa efficienza della rete infrastrutturale anche dopo le turbolente vicende del III secolo, pur in un contesto in cui *"le capacità del tessuto sociale cittadino sembrano essersi impoverite da tempo"*[63].

Ad una fase ulteriore sarebbero da ricondurre gli interventi di rifunzionalizzazione dell'area delle mura prossima alla Porta Est, comprendenti, fra l'altro, l'edificazione di un articolato complesso contiguo alla cinta muraria, non ancora scavato, il cui nucleo centrale si caratterizza per un impianto planimetrico cruciforme al livello più basso e trilobato, con profilo mistilineo, al livello soprastante[64].

L'edificio, piuttosto articolato, si connota per l'utilizzo massivo – condizione infrequente a Iasos – di strutture in laterizio, soprattutto per l'esecuzione di volte a crociera e a botte e per la realizzazione di cinture nelle murature con nucleo in opera cementizia. Queste ultime, oltre il paramento in blocchi di calcare locale sommariamente scapezzati di dimensioni medie o piccole, che rappresenta il tipo più diffuso negli edifici a partire dall'epoca imperiale, registrano la presenza di un vasto ed eterogeneo repertorio di elementi di reimpiego, che suggeriscono di ascriverne l'edificazione ad una fase in cui un gran numero di strutture edilizie era caduto in disuso, se non distrutto.

Un altro significativo intervento edilizio, in diretta relazione con la cinta muraria, si trova poco più a nord e si manifesta attraverso la costruzione di un edificio a pianta longitudinale absidata, il cui muro d'ambito settentrionale (il solo di cui permane una cospicua porzione di elevato) fungeva verosimilmente anche da cortina difensiva, sebbene non sia nota la destinazione funzionale del complesso[65].

Il setto, articolato da contrafforti e scandito da finestre dall'accentuata strombatura, oltre al consueto paramento in blocchi medio-piccoli di calcare legati con abbondante malta, mostra su entrambi i paramenti la presenza di numerosi elementi di riuso, alcuni probabilmente pertinenti alla cinta di epoca ecatomnide.

La torre a pianta quadrata adiacente, impostata similmente su resti di murature con paramento pseudoisodomo in grandi blocchi rettangolari o, in taluni casi, di forma lievemente trapezoidale, presenta una camera vuota al livello del suolo voltata a botte, che assieme alla porzione superiore dell'elevato, si configura come tardo intervento di rifunzionalizzazione[66].

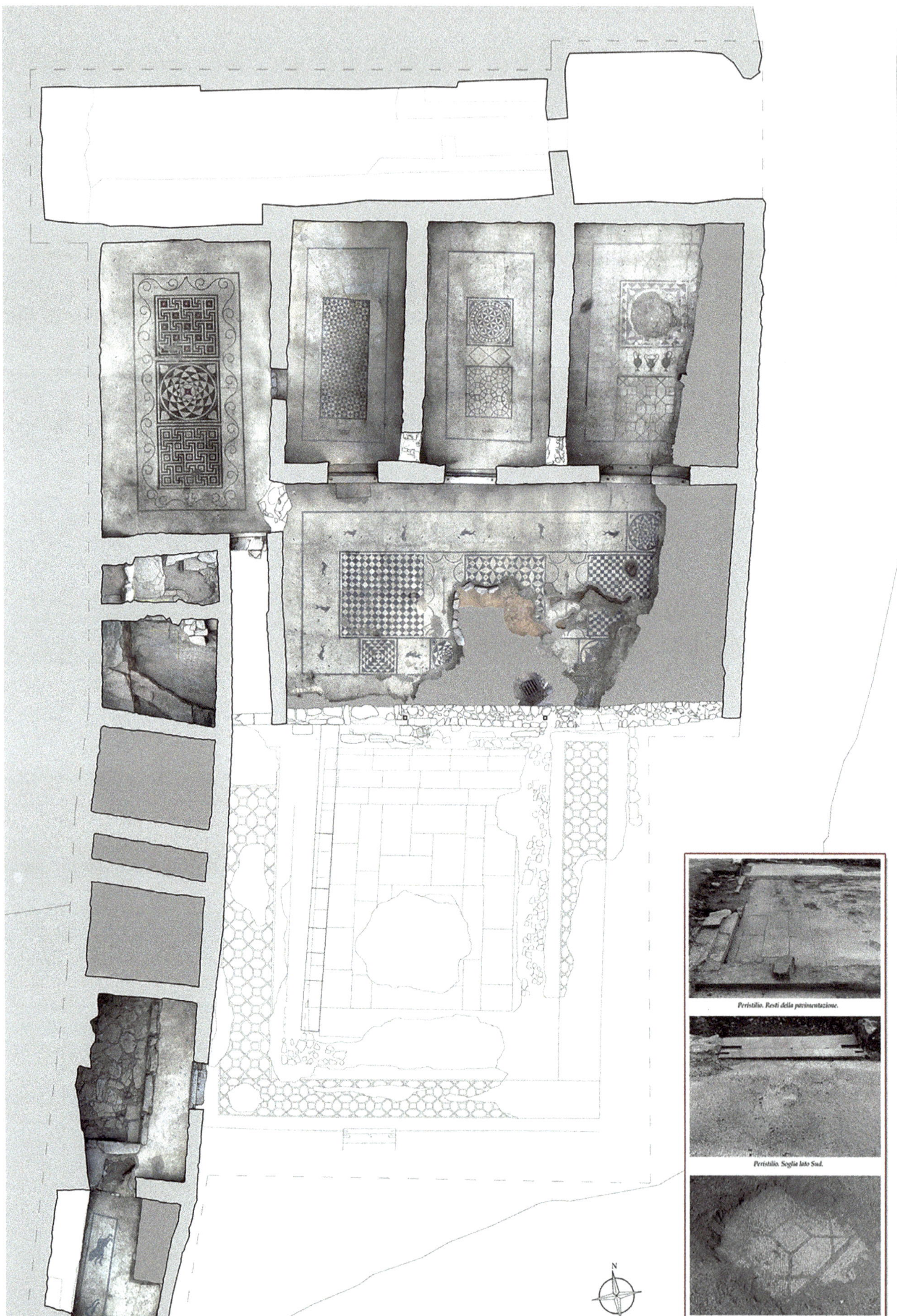
Peristilio. Resti della pavimentazione.
Peristilio. Soglia lato Sud.
Peristilio. Porzione del mosaico.
N

Fig. 23

Fig. 24

Fig. 25
Veduta prospettica da sud-ovest dell'*edificio trilobato* presso la Porta Est, che mostra un largo impiego di elementi in laterizio per l'esecuzione di strutture voltate e cinture nella muratura in opera cementizia

Un campo dove si esplicita la condizione di relativa prosperità goduta dalla comunità iasia durante il V e VI secolo è l'edilizia religiosa: tre chiese, fra le sei individuate nell'area insulare o in stretta prossimità, sono riconducibili, almeno nel loro impianto iniziale a questo periodo[67]. Esse sono situate rispettivamente nell'agorà, lungo il settore orientale dell'acropoli ed in prossimità del mausoleo romano a nord dell'istmo, tradizionalmente detto *Balık Pazarı*. Inoltre, anche la chiesa di epoca medio-bizantina situata all'esterno della Porta Est, potrebbe essere stata elevata su di un precedente basilica paleocristiana[68].
La chiesa collocata nell'agorà fu impiantata in età giustinianea sopra un precedente *martyrion*: essi esibiscono un ampio assortimento di elementi architettonici di reimpiego (colonne, capitelli, epistili), provenienti in particolare dalle *stoài* orientale e meridionale, denunciando così, a partire dal V secolo, uno stato di progressivo abbandono, se non di distruzione vera e propria, di molti edifici dell'agorà[69], sebbene gli scavi abbiano dimostrato la ripetuta occupazione e la trasformazione di alcune sue strutture fino ad epoche piuttosto tarde[70].
Durante il VII e VIII secolo, per quanto i dati a disposizione non siano numerosi, si può ipotizzare per Iasos, in analogia con la situazione di numerosi centri del litorale microasiatico, un periodo di recessione economica e demografica, determinato in primo luogo dall'avanzata della Persia sassanide ed in seguito dalle sempre più frequenti incursioni arabe[71]. Gli ultimi decenni del VI secolo furono caratterizzati infatti dallo scoppio di un lungo conflitto fra l'Impero d'Oriente e la potenza sassanide, che decretò la rapida perdita dei territori di Siria, Palestina ed Egitto da parte di Bisanzio, la penetrazione delle armate persiane in Asia Minore fino a Calcedonia e l'occupazione della Cappadocia[72]. Inoltre, una serie di scontri e sollevazioni interne determinò un periodo di instabilità in tutto l'impero, mentre la fine dei commerci con l'Occidente e l'insicurezza delle rotte marittime determinavano già da tempo un diffuso impoverimento dei centri costieri microasiatici[73].
La riconquista dei territori intrapresa da Eraclio (610-641) si dimostrò effimera: nei decenni successivi Siria, Palestina e Egitto caddero in mano araba, seguiti ben presto da Cipro, Rodi, Chio, mentre anche nei centri dell'Asia Minore si intensificavano le incursioni. Dal 674, per quattro anni, la stessa Costantinopoli fu sottoposta a blocco navale; le forze imperiali ebbero ragione della flotta araba solo nel 678, in seguito ad una grande battaglia navale combattuta di fronte alla capitale. Questo successo consentì ai bizantini di ribadire e consolidare la propria autorità nei territori dell'Asia Minore, un'area di importanza nevralgica per le risorse economiche e militari dell'Impero[74].
La profonda riforma in materia militare e amministrativa, che progressivamente coinvolse i domini dell'Impero d'Oriente nel corso del VII secolo, a partire dal regno di Eraclio, si configura come una risposta a questo difficile quadro politico-militare ed economico-sociale. La maggior parte delle armate imperiali fu infatti dislocata nei territori della penisola anatolica, suddivisa in grandi distretti militari, ciascuno dei quali presidiato da un esercito - detto *thema* - e comandato da un proprio *strategus*. Il termine *thema* passò poi ad indicare le singole circoscrizioni militari,

nel momento in cui questo tipo di ripartizione fu applicata anche ai restanti territori dell'Impero. Con la diffusione del sistema di governo del territorio per *temi*, si assistette anche alla progressiva scomparsa della separazione fra potere civile e militare in tutte le aree dell'Impero, prassi che era già stata sperimentata negli esarcati ed in altre regioni speciali. La riorganizzazione militare promossa durante il VII secolo, parrebbe essere stata particolarmente incisiva: *"Sembra che entro questi distretti dell'Asia Minore i più importanti reggimenti dell'esercito mobile di un tempo venissero insediati a spese dello stato, ottenendo assegnazione di terre in cambio di un servizio ereditario. Questi contadini-soldati, superiori per qualità e condizione sociale ai precedenti limitanei, costituivano la spina dorsale del sistema difensivo imperiale; come classe contribuente di piccoli proprietari indipendenti essi si dimostrarono anche un prezioso elemento di stabilità nella vita economica e sociale"*[75].

All'interno di questo contesto va molto probabilmente inserita l'edificazione del *kastron* bizantino, che si attesta in corrispondenza dell'attuale istmo, ricalcando parzialmente il tracciato delle fortificazioni precedenti, delle quali riutilizza e trasforma anche numerose strutture[76].

Il suo segmentato perimetro, articolato da torri e bastioni di diversa foggia e dimensione, venne ad inglobare una serie di edifici romani, probabilmente all'epoca di costruzione ancora utilizzabili, mentre l'agorà (quasi certamente già in rovina) ne risultava tagliato in corrispondenza dell'angolo individuato dalle *stoài* occidentale e settentrionale.

L'accesso avveniva attraverso una monumentale porta a fornice, probabilmente un ingresso alla città aperto lungo la cinta muraria precedente, nel punto di arrivo della strada principale. La strada romana, utilizzata con continuità fin dal primo periodo imperiale, presenta diversi rifacimenti che si protraggono fino al VII secolo.

In concomitanza col più tardo intervento volto a ripristinare l'efficienza della direttrice viaria potrebbe forse essere posta l'epoca di costruzione del *kastron*[77].

Le tipologie di paramento murario riscontrate nella fortificazione sono quantomai varie e sebbene ciò possa essere imputabile alla facilità di approvvigionamento e all'abbondanza di eterogeneo materiale di spolio, appare evidente anche il susseguirsi di diverse fasi edilizie, soprattutto in corrispondenza del tratto orientale e del bastione circolare presso l'agorà.

L'ipotesi di una concentrazione delle funzioni amministrative e militari nell'area dell'istmo nel corso del VII-VIII secolo, attraversol'edificazione di una "cittadella" fortificata, appare compatibile con l'insediamento di una guarnigione stanziale di soldati-coloni, in un contesto già fortemente ruralizzato, con la città nelle sue strutture materiali e istituzionali in avanzato stato di decadenza[78].

Fig. 26
Dettaglio di una campata dell'edificio con terminazione triabsidata posto a settentrione della Porta Est. Si riconoscono i robusti contrafforti e la finestra strombata, assieme ad un ampio repertorio di blocchi di riuso

Fig. 27
La torre quadrata che articola la cinta muraria lungo il settore nord-orientale del circuito, riferibile ad interventi operati a partire dalla tarda antichità

Fig. 28
Mappa dell'Anatolia che mostra la ripartizione amministrativo-militare in *temi*, operata dall'Impero d'Oriente a partire dal regno di Eraclio

Fig. 29
Ampio bastione in proiezione con disegno planimetrico curvilineo, situato lungo il settore meridionale del *kastron* bizantino, caratterizzato da un paramento misto in pietrame sbozzato e frammenti laterizi

Fig. 30
Resti dell'elevato di una torre a pianta quadrata pertinente al circuito del *kastron* bizantino

Fig. 31
La torre del porto occidentale che si attesta in corrispondenza del molo attualmente semisommerso. Si riconoscono i robusti contrafforti che articolano il fronte settentrionale. La costruzione della torre, oggetto di recenti interventi di restauro, è riferibile alla fine dell'età medio-bizantina

Per quanto in una condizione di forte contrazione demografica e di destrutturazione del tessuto urbano, la città sembra vivere una ripresa durante secoli X e XI, verosimilmente in coincidenza con la ricostituzione delle forze navali perseguita da Bisanzio a partire dal tardo IX secolo, che porterà al progressivo ripristino dell'egemonia sulle rotte e sulle coste egee, soprattutto in seguito alla vittoria su Leone di Tripoli a Lemno (923-924 d.C.)[79].
L'ipotesi appare suffragata dai ritrovamenti in varie aree della città che attestano una vivace circolazione monetaria durante questo periodo[80] e da i resti di una torre impiantata al termine di uno dei moli del porto occidentale[81].
Essa è impostata sulla gettata di calcestruzzo del molo romano est, tuttora affiorante dal basso fondale durante la bassa marea. Un perimetro approssimativamente quadrato, con lati di circa 11 metri, scandito da contrafforti di irrobustimento e da feritoie caratterizza la torre. Dei muri perimetrali, soltanto quello settentrionale si conserva in tutta la sua lunghezza, mentre quello opposto appare quasi totalmente rovinato; cospicue porzioni di elevato si ergono dal livello del mare raggiungendo quote di oltre 7 metri, superiori alla quota d'imposta della copertura, che doveva risultare parzialmente celata da una sorta di parapetto. La torre, caratterizzata da due livelli funzionali e probabilmente conclusa da una copertura a padiglione, si trovava verosimilmente in connessione con un muro di fortificazione che correva lungo il molo, in continuità con le cortine della cinta insulare. Confronti tipologici hanno indotto ad ipotizzare una possibile configurazione simmetrica per il molo occidentale, sebbene non si individuino alla sua estremità i resti di strutture fortificate[82].
Sempre ad una fase avanzata o finale del periodo mediobizantino (X-XI secolo), è stata ricondotta l'edificazione della chiesa *extra moenia* lungo il litorale nord-orientale dell'isola, il cui impianto planimetrico a tre navate absidate è stato riconosciuto come variazione sul tema della pianta a croce greca con bracci contratti, diffuso nell'architettura religiosa provinciale bizantina durante un vasto arco cronologico[83].
L'edificio, costruito con numerosi materiali di spoglio e frammenti laterizi, presentava probabilmente uno spazio centrale cupolato e si trovava all'interno di un complesso ecclesiale più esteso, comprendente un nartece e altri annessi.
Cospicui interventi di ristrutturazione sembrano aver coinvolto l'organismo architettonico in epoca tardo-bizantina, verosimilmente durante la dinastia Lascaride (1204-1261), come sembrerebbe avvalorare il tipo di muratura – un tipo di apparecchio tendente al *cloisonné* [84] – che caratterizza il rifacimento di una sezione del muro settentrionale.

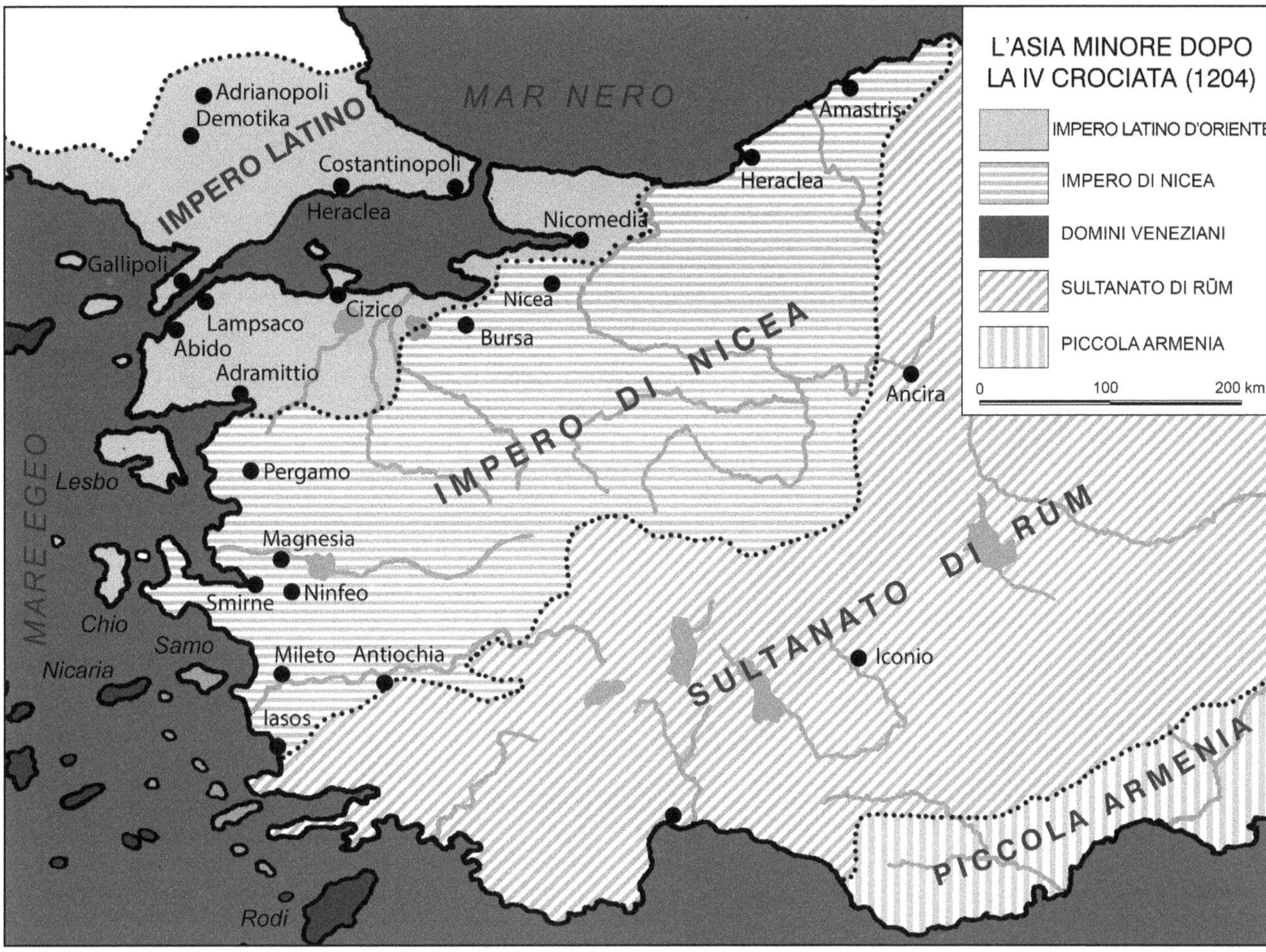

Fig. 32
La mappa mostra la complessa situazione dei territori dell'Asia Minore all'inizio del XIII secolo, dopo le conquiste latine intraprese a seguito della quarta crociata

Fig. 33

Fig. 33
Dettaglio dell'apertura centinata con ghiera e sopracciliatura in laterizio nella chiesa *extramoenia* prossima alla Porta Est, le cui strutture sono riferibili all'età medio-bizantina e lascaride

Fig. 34
Veduta dei resti della basilica cristiana di epoca medio-bizantina situata lungo il versante orientale dell'acropoli iasia. Sullo sfondo, le mura della fortezza

L'ultimo periodo di dominio bizantino a Iasos prima della definitiva conquista turca (i cui termini cronologici appaiono abbastanza incerti) è caratterizzato prevalentemente dal riuso e dalla trasformazione delle strutture precedenti, in un quadro demografico e insediativo non del tutto prostrato, come sembrerebbero indicare i ritrovamenti monetari e l'abbondanza di ceramiche invetriate tardo-bizantine.
Per l'area dell'agorà, perduta senz'altro ogni funzione di tipo istituzionale, possiamo ipotizzare una destinazione abitativa e produttiva, che si manifesta attraverso l'occupazione di edifici presistenti e l'impianto di officine. Inoltre una serie di sepolture, i cui corredi denunciano una frequentazione che si protrae fino al XII secolo, sono state rinvenute nell'area orientale prossima alla basilica di età giustinianea, sorta su un precedente *martyrion*, a sua volta impostato su un antico *naiskos*. Nell'ultima fase della chiesa lo spazio per il culto si contrasse nella zona absidale della navata centrale, *"in un piccolo sacello, anch'esso absidato, con iconostasi marmorea e resti di affreschi con figure di Santi"*[85]. Un fenomeno simile sembra aver investito la basilica paleocristiana nel settore nord orientale dell'acropoli, all'interno della quale, probabilmente sul finire dell'età medio-bizantina, si innestò una piccola chiesa quadriconca, mentre i materiali provenienti dal sepolcreto circostante fanno ipotizzare inumazioni fino al X-XI secolo[86]. Questi processi sono stati messi in relazione con l'aumento della pressione selgiuchide nell'area sud-occidentale dell'Egeo, che portò sul finire del XI secolo alla conquista di gran parte della Caria. L'ipotesi di un periodo di crisi vissuto dalla città dopo il regno di Niceforo III (1078-1081 d.C.) sembrerebbe accreditata dall'apparente flessione registrata dalla circolazione monetaria proprio in questo periodo[87]. I dati a disposizione per la ricostruzione delle vicende urbane durante i periodi comneno (1081-1204 d.C.) e lascaride (1204-1261 d.C.) risultano abbastanza frammentari e non ancora sistematizzati, per quanto i ritrovamenti monetari e ceramici effettuati soprattutto nell'area dell'agorà e della basilica est, documentino una situazione economica e forse produttiva abbastanza vitale[88].
In particolare rimane da valutare il ruolo che può avere rivestito Iasos all'interno degli articolati canali commerciali attivi nella regione egea nel corso dei secoli XII e XIII, estesi non soltanto al bacino del mediterraneo orientale, ma anche all'Occidente europeo[89]. Questo ambito, strettamente in relazione con la presenza nell'area delle potenze commerciali italiane e dei domini latini in Oriente, instauratisi in seguito alle crociate, rimane tutto da indagare.

Il complesso architettonico più significativo ed eloquente riguardo alla situazione di Iasos in epoca tardo-bizantina è il castello dell'acropoli[90]. Esso ne cinge il pianoro sommitale per una superficie di circa un ettaro, secondo un perimetro approssimativamente trapezoidale.

La fortificazione è caratterizzata da una cinta muraria, articolata da torri in proiezione alternativamente quadrate e dalla pianta ad U. La frequenza delle torri, abbastanza regolare, diventa decisamente più rarefatta nel settore occidentale, caratterizzato da un'alta parete rocciosa a strapiombo.

Gli accessi sono costituiti da due porte, di cui quella principale aperta sul lato nord risulta fiancheggiata da due torri, di pianta approssimativamente quadrata, mentre l'altra, collocata in prossimità dell'angolo sud-occidentale, è del tipo *porta-torre* con doppio varco ad arco e camera intermedia. Una torre a pianta poligonale occupa invece l'angolo nord-occidentale del circuito fortificato.

Le strutture murarie sono caratterizzate da un nucleo in opera cementizia racchiuso da un doppio paramento in blocchi medio-piccoli di calcare, grossolanamente lavorati e disposti in irregolari corsi sub-orizzontali, assieme a blocchi di riuso. Le zeppature in laterizio, in genere non frequenti, aumentano in corrispondenza del settore orientale della cinta. Numerosi elementi architettonici antichi (capitelli, frammenti di trabeazione, conci squadrati, rocchi di colonne) risultano reimpiegati nelle murature.

L'area interna alla cinta fortificata comprende una cisterna e modesti edifici costruiti in adiacenza al fronte interno delle cortine, fino ad epoca molto recente generalmente ignorati ed oggetto di indagini soltanto negli ultimi anni[91].

Il complesso è stato di volta in volta attribuito ai Bizantini, ai Cavalieri di Rodi o ai Turchi ottomani, con oscillazioni cronologiche che vanno dal XII al XVI secolo[92], ma la tipologia spazio-funzionale e l'analisi della tecnica costruttiva rimandano all'architettura militare elaborata durante i secoli XII e XIII, in periodo comneno e durante l'Impero di Nicea, largamente documentata sul territorio egeo da una serie di fortezze e cinte murarie[93].

Non vi sono attualmente elementi sufficienti per collocare cronologicamente la fine del dominio bizantino a Iasos, né per valutare il ruolo esercitato dalla città nell'ambito del rifiorire degli scambi durante l'egemonia della dinastia Menteşe di Milas[94], instauratasi in Caria sul finire del XIII secolo, dopo le tumultuose vicende che per decenni avevano investito i potentati selgiuchidi dell'Anatolia.

Il ritiro di Bisanzio e l'affermarsi dell'elemento etnico turco nei territori anatolici ed in particolare egei, può dirsi comunque quasi completo (se si escludono alcune aree e piazzeforti presidiate dall'impero) allo scoccare del secolo successivo: *"gli imperatori Paleologhi furono (...) costretti poco per volta ad abbandonare zone sempre più vaste del loro impero in Asia Minore e, verso il 1300, quasi tutta l'Anatolia occidentale, che passò così nelle mani dei turchi. Con questa seconda ondata i turchi divennero la popolazione più numerosa sulle rive dell'egeo"*[95].

Le ultime, scarse, notizie sulla città prima del suo definitivo abbandono, provengono da un portolano ottomano, redatto da Pirî Re'is nel primo quarto del XVI secolo. Esso, pur attraverso una descrizione sommaria, offre un quadro eloquente delle condizioni in cui versa il centro iasio, denominato Asyn: soltanto un piccolo insediamento abitato permane in funzione del bacino portuale, che appare ancora in uso e protetto da un forte fatto costruire da *"un signore dell'Islam"*, mentre le altre difese urbane sono oramai abbandonate[96].

L'unica struttura edilizia dell'insediamento insulare la cui costruzione è stata ipotizzata in relazione con l'utilizzo del bacino portuale in epoca ottomana è il bastione in proiezione posto in corrispondenza dell'angolo nord-occidentale del *kastron* presso l'istmo[97], caratterizzato da ambienti interni che si snodano attorno al perimetro fortificato.

Gli scopi del presente lavoro inducono a concludere con quest'ultima nota il rapido *excursus* sulle vicende storico-urbanistiche vissute da Iasos nel corso della sua lunga esistenza. Dei resoconti e delle osservazioni dei viaggiatori e degli studiosi di antichità che visitarono il sito, ridotto oramai ad uno scenario piranesiano di rovine, a partire dalla fine del XVIII secolo, saranno forniti alcuni cenni nei capitoli seguenti riguardanti le strutture fortificate, soprattutto per quei casi in cui lo stato di conservazione e la leggibilità dei resti materiali, che all'epoca apparivano notevoli, risultino profondamente alterati.

Fig. 35
Una delle torri con pianta ad U che articolano, alternandosi a torri con pianta rettangolare, il perimetro del *castello dell'acropoli*

Note al capitolo 1

[1] Francesco Tomasello, *L'acquedotto romano e la necropoli presso l'istmo,* (Roma: Bretschneider, 1991), 4.
[2] Si veda Clelia Laviosa,"Iasos". In *Enciclopedia dell'Arte Antica,* II suppl. III, (Roma: Treccani, 1995), 76; Su questo argomento cfr. anche: Anna Maria Biraschi, "La fondazione di Iasos fra mito e storia. A proposito di Polibio XVI 12, 2", in *Gli scavi italiani a Iasos in Caria,* La Parola del Passato v. LIV, (Napoli: Macchiaroli, 1999), passim.
[3] Cfr. Tomasello, *L'acquedotto romano*, 4. L'autore, a proposito di insediamenti coloniali con impianto a "isola" o "penisola", muniti di doppio approdo, cita gli esempi di Pitane, Clazomene, Teos, Lebedo, Caunos, Patara, Phaselis. Il canale poteva essere anche del tutto artificiale, come nel caso di Alicarnasso, dove l'obiettivo fu perseguito attraverso il taglio dell'*isola* di Zephiria. A questi esempi, si aggiungano quelli di Samo e Cnido, dove fu realizzato un canale artificiale che rivestiva funzioni spiccatamente difensive. Cfr. *infra*, 59.
[4] Nonostante la conformazione piuttosto accidentata, l'entroterra iasio si presenta come territorio strutturato e disseminato di importanti insediamenti di carattere militare, religioso e produttivo. Dati i limiti del presente lavoro, che non consentono l'approfondimento di tutti questi aspetti, risulta opportuno fornire i seguenti riferimenti bibliografici: Alessandro Viscogliosi, "Il territorio di Iasos". In *Enciclopedia dell'Arte Antica,* II suppl. III, (Roma: Treccani, 1995), 85-88; Eugenio La Rocca, a cura di, *Sinus Iasius I. Il territorio di Iasos: ricognizioni archeologiche 1988-1989, Annali della scuola Normale Superiore di Pisa*, 23 (Pisa: Edizioni Scuola Normale Superiore di Pisa, 1994), 3-4; da ultimo: Raffaella Pierobon-Benoit, a cura di, *Iasos, nuovi studi e ricerche,* La Parola del Passato, 60-2005, (Napoli: Macchiaroli, 2006).
[5] Cfr. Laviosa, "Iasos", p. 76. La fonte letteraria citata dall'autrice è Polibio (XVI, 12), dove si menzionano i rapporti ostili fra i coloni provenienti dall'Argolide e le popolazioni indigene carie.
[6] Su questo aspetto si veda: Paolo Emilio Pecorella, *Iasos,* I, Roma: Bretschneider, 1972).
[7] Su Iasos durante l'età del bronzo si veda: Paolo Belli, Mario Benzi, Giampaolo Graziadio, Nicoletta Momigliano, "Iasos nell'età del Bronzo", in *Iasos e la Caria: nuovi studi e ricerche, La Parola del Passato,* 60\2005, (Napoli:Macchiaroli, 2006), 104-116.
[8] Confronta Fede Berti, "Iasos, note introduttive di carattere storico e topografico", *Bollettino di Numismatica,* 40-43, (Roma: Istituto Poligrafico e Zecca dello Stato- Archivi di Stato, 2005), 11-12, con relativi riferimenti bibliografici.
[9] Berti, "Iasos, note introduttive", 11-12.
[10] Cfr. Laviosa, "Iasos", p. 76.
[11] Cfr. Berti, "Iasos, note introduttive", 12.
[12] Cfr. Laviosa, "Iasos", 82.
[13] Werner Johannowsky, "Note sullo sviluppo urbanistico di Iasos", *La Parola del Passato*, 54/1999 (Napoli: Macchiaroli, 2000).
[14] Cfr. il rapidissimo accenno in: Isabelle Pimouguet-Pedarros, *Archéologie de la defense. Histoire des fortifications antiques de carie (époques classique et hellenistique),* (Paris: Presses universitaires Franc-Comtoises, 2000), 289. Mc Nicoll, in: Anthony W. Mc Nicoll, *Hellenistic Fortifications from the Aegean to the Euphrates,* (Oxford: Clarendon Press, 1997), 109, sottolinea l'esiguità dei resti, che non permette la formulazione di ipotesi.
[15] Cfr. Johannowsky, "Note sullo sviluppo urbanistico di Iasos", 284.
[16] Johannowsky, "Note sullo sviluppo urbanistico di Iasos", 284.
[17] Cfr. Mc Nicoll, *Hellenistic Fortifications,* 107.
[18] Johannowsky, "Note sullo sviluppo urbanistico di Iasos", 284.
[19] Cfr. Mc Nicoll, *Hellenistic Fortifications,* 107, con note bibliografiche.
[20] Si veda Berti, *Iasos, note introduttive*, 13.
[21] La notizia è riportata da Diodoro Siculo (XIII, 104, 7), anche se di recente sono state offerte differenti interpretazioni. Su questi aspetti si vedano i riferimenti bibliografici forniti in: Berti, *Iasos, note introduttive*, 14; Mc Nicoll, in: Mc Nicoll, *Hellenistic Fortifications*, 108, osserva che l'occupazione della città da parte di Lisandro non deve aver avuto effetti totalmente devastanti, infatti la città negli anni immediatamente successivi appare abbastanza vitale, come dimostra l'emissione monetaria. Nella nota n.18 l'autore commenta alcune diverse interpretazioni del passo di Diodoro.
[22] Si veda Johannowsky, "Note sullo sviluppo urbanistico di Iasos", 285
[23] Cfr. Mc Nicoll, *Hellenistic Fortifications*, 108; Stefano Bertocci, "Indagine sulle murature di una torre del lato orientaledella cinta di Iasos in Caria", in *Iasos tra VI e IV sec. a.C. Miscellanea storico-archeologica,* Supplemento al v. 81 Atti dell'Accademia delle Scienze di Ferrara, 181, 2003\2004, (Ferrara: Accademia delle Scienze, 2005), 127-139.
[24] Per una trattazione dettagliata e per i riferimenti bibliografici, cfr. *infra*, 95-103.
[25] Sui materiali provenienti dall'*edificio delle doppie asce*, si veda, di recente: Fede Berti, "Offerte votive e culti nell'agorà di Iasos", *La Parola del Passato*», 60/2005, (Napoli: Macchiaroli, 2006), 123-129.
[26] Cfr. Pimoguet-Pedarros, *Archeologie de la défense,* 217-218, con riferimenti bibliografici in nota; si veda anche: Berti, *Iasos, note introduttive,* 14.
[27] Cfr. Johannowsky, "Note sullo sviluppo urbanistico di Iasos", 286.
[28] Cfr. *infra,* 77-81.
[29] Cfr. Laviosa, "Iasos", p. 76.
[30] Cfr. Berti, "Iasos, note introduttive", 14.
[31] Cfr. Berti, "Iasos, note introduttive", 16.
[32] Cfr.: Carlo Franco, "Le mura di Iasos. Riflessioni tra archeologia e storia", *Revue des Études Anciennes*, Tome 96, 1-2, (1994), 177; secondo l'autore l'iscrizione incisa, datata in base a criteri linguistici e paleografici al IV secolo, pur avendo valore indicativo, fornirebbe invece un termine *ante quem* per la costruzione delle mura dell'isola; sull'iscrizione della Porta Est e sul trattato con Ptolemeus, l'autore fa riferimento a: Wolfgang Blümel, *Die Inschrifte von Iasos*, (Bonn: Rudolf Habelt, 1985).
[33] Per una discussione dettagliata, si veda *infra,* 77-127.
[34] Cfr. Berti Fede "Precisazioni su uno scutulatum iasio", in *Gli scavi italiani a Iasos in Caria, La Parola del Passato*» 54/1999, (Napoli: Macchiaroli, 2000), 334-339.
[35] Johannowsky, "Note sullo sviluppo urbanistico di Iasos", 287, dove si individua nel tardo III sec. a.C. – primo II, la probabile epoca di costruzione del muro di analemma ovest, che dovette rappresentare un completamento o rifacimento del teatro; Berti, "Iasos, note introduttive" p. 14, ascrive la costruzione del teatro al IV secolo a. C..
[36] Cfr. Franco, "Le mura di Iasos", 178.
[37] Cfr. Doro Levi, *Studi su Iasos di Caria*, suppl. Bollettino d'Arte 30\31, (Roma: Istituto Poligrafico e Zecca dello Stato- Archivi di Stato, 1985), 45 e note; si veda anche Mc Nicoll, *Hellenistic Fortifications*, 111, dove si afferma: *"Iasus' defences may have been democratically inspired and financed shortly after Alexander's conquest of Asia Minor"*.
[38] Cfr. Franco "Le mura di Iasos", 178.
[39] Sui risultati dell'attività di ricognizione condotta sulle mura continentali e più in generale sulle strutture disseminate all'interno della *chora* iasia, da parte della missione italiana di *survey* si veda: La Rocca, a cura di, *Sinus Iasius I,* passim; Raffaella Pierobon-Benoit, "La campagna di ricognizione del 2004: la cinta di terraferma e l'Akarca Tepe", *Bollettino dell'Associazione Iasos di Caria* 11, (2005), 6-12; Raffaella Pierobon-Benoit, "Ricognizione nel Golfo di Mandalya: campagna 2005", *Bollettino dell'Associazione Iasos di Caria,* 12 (2006); da ultimo: *Iasos, nuovi studi e ricerche,* in La Parola del Passato, 60\2005, (Napoli: Macchiaroli, 2006), *passim* ed in particolare il contributo di Francesco Tomasello, "Il giovane Anacharsis transitò da Iasos…Appunti di una vecchia ricognizione del territorio", 187 segg.
[40] Per una trattazione dettagliata e per una panoramica sui precedenti studi riguardanti la cinta di terraferma, si veda *infra,* 131-150.
[41] Cfr. Mc Nicoll, *Hellenistic Fortifications*, 109-113, che nega con veemenza, criticandone il metodo e gli esiti, ogni validità ai saggi stratigrafici condotti dalla missione archeologica italiana sulla cinta di terraferma. Le sue tesi sono accolte anche da Pimouguet-Pedarros, *Archéologie de la defense*, 343-344. Atteggiamento fortemente critico anche da parte di Frederick Elliot Winter, *"A Summary of Recent Work in Greek Fortifications in Greece and Asia Minor"*, in Pierre Leriche, Henri Treziny, a cura di, *La fortification dans l'histoire du monde grec*, Actes du Colloque International La fortification et sa place dans l'histoire politique, culturelle et sociale du monde grec, Valbonne, décembre 1982, (Paris: Editions du Centre national de la recherche scientifique, 1986), 25.
Maggior cautela e la ricerca di una posizione di mediazione fra le opinioni degli studiosi di architettura militare antica affermatesi negli ultimi decenni e le interpretazioni fornite dagli archeologi della Missione italiana, sono espresse da Franco, *Le mura di Iasos,* 173-175 e note.
[42] Sulle tecniche costruttive diffuse a Iasos durante l'età ellenistica, cfr.: Berti, "Precisazioni su uno scutulatum iasio", *passim*; Francesco Tomasello, "Un capitello dorico di Iasos: esempio di metodologia progettuale di periodo ellenistico", in: *Studi su Iasos di Caria*, suppl. Bollettino d'Arte 31\32, (Roma: Ist. Poligrafico e Zecca dello Stato- Archivi di Stato, 1987).

[43] Cfr. Berti, "Iasos, note introduttive", 18.
[44] Cfr. Johannowsky, "Note sullo sviluppo urbanistico di Iasos", 287.
[45] Cfr. Mc Nicoll, *Hellenistic Fortifications,* 109; Johannowsky, "Note sullo sviluppo urbanistico di Iasos", 288.
[46] Cfr. Mc Nicoll, *Hellenistic Fortifications,*109; l'autore utilizza come fonte Livio (37, 17, 3-8).
[47] Mc Nicoll, *Hellenistic Fortifications,*109.
[48] Sull'acquedotto di Iasos si vedano: Tomasello, *L'acquedotto romano*, 11-65, con esaurienti rilievi, analisi architettoniche e tecnico costruttive; sull'approvigionamento idrico della città si veda, da ultimo, Francesco Bosso, "Acqua Iasia: considerazioni preliminari", *La Parola del Passato* 60/2005, (2006), 150-156.
[49] Cfr. Laviosa, "Iasos", 83.
[50] Cfr.: Elisabetta Pagello, "L'Agorà di Iasos, l'identità di limite fra città e territorio", *La Parola del Passato* 60\2005, (2006), 140-143.
[51] Cfr. Laviosa, "Iasos", 83.
[52] Cfr.: Angiolillo Simonetta, Giuman Marco, Ibba Adele, Stigliz Alfonso, "La casa dei mosaici", *La Parola del Passato* 60\2005, (2006), 140-143, con bibliografia precedente. Il rilievo di dettaglio delle strutture e degli apparati musivi, è stato condotto, oltre da chi scrive, dagli architetti Michele Cannoni, Christian Soverini, Michelangelo Tiefenthaler sotto la direzione del Prof. Stefano Bertocci. Risultati preliminari delle ricerche sono stati presentati da: Christian Soverini, Michelangelo Tiefenthaler, *La casa dei mosaici a Iasos. Progetto di conservazione dell'immagine,* Tesi di Laurea in Architettura discussa presso la Facoltà di architettura di Firenze, luglio 2006, relatore Prof. Stefano Bertocci, correlatore Dott. Michele Cornieti. Il progetto è stato oggetto di relazione orale dal titolo: "The preservation project for the image of the building's structures of the House of Mosaics in Iasos of Caria (Turkey)" al V International Conference on Science and Technology in Archaeology and Conservation (Baeza-Spain 7-10 july 2007).
[53] Cfr. Laviosa, "Iasos", 83; più di recente: Fede Berti, "Iasos, 1969: il rinvenimento del tesoro", *Bollettino di Numismatica*, 40-43, (2005), 25-27.
[54] Cfr.: Berti, "Iasos, 1969: il rinvenimento del tesoro" e Luigi Tondo, "Il tesoro dell'agorà di Iasos. Dalla scoperta all'edizione (1969-2004)", *Bollettino di Numismatica,* 40-43, (2005), 25-29 e *passim.*
[55] Cfr.: Berti, "Iasos, 1969: il rinvenimento del tesoro" e Luigi Tondo, "Il tesoro dell'agorà di Iasos. Dalla scoperta all'edizione (1969-2004)", *Bollettino di Numismatica,* 40-43, (2005), 25-29 e *passim* .
[56] Cfr. il contributo Fede Berti, "Le vicende di una torre di difesa", in *Bollettino di Numismatica,* 40-43, (2005), 297-300. Al momento dello scavo i materiali di riempimento presentavano giacitura capovolta, con quelli più recenti, che forniscono un *terminus ante quem*, posti a contatto con la pavimentazione dell'originario basamento pieno.
[57] Berti "Le vicende di una torre di difesa", 297-300.
[58] Su questo tema, si veda *infra*, 104-109.
[59] Cfr. Niccolò Masturzo, "La torre del porto occidentale e le fortificazioni post-classiche di Iasos", in *Iasos di Caria. Un contributo ferrarese alla archeologia microasiatica. Progetti e lavori di restauro,* (Ferrara: Accademia delle Scienze di Ferrara, 1995), 171.
[60] Cfr. Masturzo, "La torre del porto occidentale", 172. Si veda anche *infra* 93-140.
[61] Cfr. Levi, *Gli scavi di Iasos*, Annuario della Scuola Archeologica di Atene e delle Missioni italiane in Oriente, 45-46, (Atene: Scuola Archeologica di Atene e delle Missioni italiane in Oriente, 1971), *passim.*
[62] Cfr.:Blümel, *Die Inschrifte von Iasos*, 14, l'iscrizione rinvenuta rimanda al regno di Giuliano (361-363 d.C.); già citato in Berti, "Iasos, 1969: il rinvenimento del tesoro", 27.
[63] Così in: Berti, "Iasos, 1969: il rinvenimento del tesoro", 27.
[64] Su questo complesso, si veda: Michele Cornieti, "Analisi architettoniche ed osservazioni a proposito dell'edificio trilobato presso la Porta Est a Iasos", in *Iasos in età romana. Miscellanea storico-archeologica,* (Ferrara: Accademia delle Scienze di Ferrara, 2008), 65-79.
[65] La pianta longitudinale a tre navate absidate sembrerebbe suggerire una destinazione ecclesiale, tuttavia gli elementi a disposizione appaiono troppo scarsi per poter azzardare ipotesi. Un atteggiamento prudente in merito è espresso anche da: Ufuk Serin, "Some observation on the middle byzantine church outside the east gate at Iasos", *La Parola del Passato,* 60\2005, (Napoli: Macchiaroli 2006), 156, dove all'interno di una breve una panoramica sulle chiese intra moenia di Iasos si afferma a proposito dell'edificio triabsidato in oggetto: " …the other appears to have been built against the city walls, although the identification of a church in this building needs further investigation to be confirmed"; si veda anche *infra*, 119-124.
[66] Cfr. *infra*, 119-120 per l'analisi delle strutture e una proposta di lettura stratigrafica dell'elevato.
[67] A partire dalla prima metà del V secolo, sono noti anche i nomi di sei vescovi posti a guida della *Ecclesia Iassensis*, suffraganea della sede di Aphrodisias-Stauropolis; cfr. Berti, "Iasos, note introduttive", 22 con riferimenti bibliografici.
[68] Per l'analisi di questo edificio e delle sue vicende costruttive, protrattesi fino all'epoca Lascaride, cfr. Serin, "Some observation on the middle byzantine church", 156, 178; Sulle chiese di Iasos, dello stesso autore: Ufuk Serin, *Early Christian and Byzantine Churches at Iasos in Caria: An architectural Survey*, (Città del Vaticano: Pontificio Istituto di Archeologia Cristiana, 2004).
[69] Cfr.: Berti, "Iasos, note introduttive", 20-21; Levi, "Iasos. Le campagne di scavo 1969-70", 484.
[70] Si veda, per esempio: Daniela Baldoni, "Agorà: edificio tripartito. Campagna di scavo 2006", *Bollettino dell'Associazione Iasos di Caria,* 13/2007, 14-18. Gli scavi all'interno dell'edificio medio-imperiale, hanno evidenziato una frequentazione che si protrae fino al XII-XIII secolo; si veda anche: Fede Berti, *Bollettino dell'Associazione Iasos di Caria,* 13/2007, 2-5, a proposito dei materiali restituiti dai recenti scavi lungo gli ambienti compresi fra la *stoà* occidentale e la cinta muraria, che ne documentano la frequentazione dall'età ellenistica al X secolo della nostra era.
[71] Sull'espansione araba in oriente a scapito degli imperi persiano e bizantino, cfr.: Carl Heinrich Becker, "L'espansione dei saraceni in oriente", in Henry Melville Gwatkin, Joan Mervyn Hussey, Charles William Previté-Orton, a cura di, *La fine del mondo antico. Storia del mondo medievale*, (Milano: Garzanti,1978), 32-69.
[72] Cfr. Henry St. Laurence Beaufort Moss, "La formazione dell'impero romano d'oriente", in: Joan Mervyn, Hussey, a cura di, *L'impero bizantino,* (Milano: Garzanti,1978), 59-60.
[73] Moss, "La formazione dell'impero romano d'oriente", 54-55.
[74] Moss, "La formazione dell'impero romano d'oriente", 60-61.
[75] Moss, "La formazione dell'impero romano d'oriente", 65.
[76] Cfr. *infra*, 153-163; Si veda anche: Masturzo, "La torre del porto occidentale", 172-173.
[77] Come osservato da Masturzo, "La torre del porto occidentale", 173; sulla topografia e sui dati di scavo provenienti dai saggi effettuati lungo l'acquedotto e nell'area dell'istmo: Tomasello, *L'acquedotto romano*, passim.
[78] Appaiono indicative a questo proposito le note contenute in Luigi Tondo, "Appunti sulla circolazione monetaria a Iasos", *La Parola del Passato*, 54\1999 (Napoli: Macchiaroli), 2000, 411-412, che individuano per Iasos una stagione di relativa prosperità per l'età che va da Giustino ad Eraclio, documentata dai cospicui ritrovamenti di monete, mentre da Costanzo II, per più di un secolo e cioè fino a Leone VI (886-912), la circolazione monetaria subisce una battuta di arresto; sull'evoluzione degli insediamenti nell'impero d'oriente fra tarda antichità ed età bizantina, si veda Ward-Perkins John Bryan, "Urban survival and urban transformation in the eastern Mediterranean", in Gian Pietro Brogiolo, a cura di, *Early Medieval Towns in West Mediterranean,* (Mantova: SAP Società Archeologica, 1996), 143-153.
[79] Le campagne militari bizantine, soprattutto navali, contro gli arabi conoscono un nuovo periodo di successi a partire dal 900 circa; all'interno di questo processo un punto decisivo è segnato dalla sconfitta del comandante Leone di Tripoli, che aveva rinnegato Bisanzio prestando servizio nella flotta araba; cfr. Canard Marius, "Bisanzio e il mondo musulmano alla metà dell'XI secolo", in Henry Melville Gwatkin, Joan Mervyn Hussey, Charles William Previté-Orton, a cura di, *L'espansione islamica e la nascita dell'Europa feudale*, Storia del mondo medievale, (Milano: Garzanti, 1979), 292-295; Masturzo, "La torre del porto occidentale", 159.
[80] Cfr. Tondo, "Appunti sulla circolazione monetaria a Iasos", 411-412; Masturzo, "La torre del porto occidentale", p. 159.
[81] Su questa fortificazione si vedano le accurate analisi architettoniche condotte da Masturzo, "La torre del porto occidentale", 155-170, l'autore del contributo ha anche elaborato il progetto di restauro della struttura.
[82] Masturzo, "La torre del porto occidentale", 156.
[83] Cfr. Serin, "Some observation on the middle byzantine church", 175-178.

[84] Si tratta di una tipologia di apparecchio murario, che non si riscontra negli edifici proto e medio-bizantini dell'area insulare di Iasos e che ricompare in alcuni settori del castello dell'acropoli; cfr.Cfr. Serin, "Some observation on the middle byzantine church", 175-178; sull'uso del laterizio all'interno di alcune strutture bizantine a Iasos: Cornieti, "Analisi architettoniche ed osservazioni a proposito dell'edificio trilobato", 65-79.
[85] Così in: Laviosa, "Iasos", 84.
[86] Laviosa, "Iasos", 81.
[87] Cfr. Tondo, "Appunti sulla circolazione monetaria a Iasos", 412.
[88] Cfr.: Tondo, "Appunti sulla circolazione monetaria a Iasos", 412; Baldoni, "Agorà: edificio tripartito. Campagna di scavo 2006", 18.
[89] Cfr. Claudia Cincotti, "Ceramiche di epoca bizantina a Iasos di Caria (XII-XIII secolo)", *Bollettino dell'Associazione Iasos di Caria*, 13/2007, 28-34.
[90] Cfr. *infra* pp. 167-183, con dati di rilievo e riferimenti bibliografici.
[91] Gli scavi nell'area della porta nord, condotti nella campagna 2007 dalla Dott.ssa Fede Berti e dal Dott. Maurizio Molinari e rilevati da chi scrive hanno evidenziato la presenza di ambienti ricavati in adiacenza al perimetro murario, coperti verosimilmente con strutture lignee ammorsate nelle cortine. Le tracce degli alloggiamenti di tali strutture solaiate si riscontrano inoltre in diversi altri settori del circuito, non ancora scavati. Gli studi precedenti avevano considerato l'area generalmente priva di strutture edilizie. Si vedano, ad esempio: Masturzo, "La torre del porto occidentale", 182; Elisabetta Pagello "I castelli di Iasos di Caria. Alcune considerazioni", in *Castelli e città fortificate. Storia recupero valorizzazione. I sistemi difensivi del bacino del mediterraneo*, Colloqui internazionali, Crotone – Rossano, 25-26 ottobre 1991, (Rossano: Grafosud, 1994), 498-500.
[92] Cfr. *infra*, 180-182, per una panoramica sulle diverse attribuzioni.
[93] Questa attribuzione, che ci vede in accordo, è data da: Masturzo, "La torre del porto occidentale", 182; Sulle tecniche costruttive nelle fortificazioni tardo-bizantine, cfr. anche: Clive Foss, *Cities, Fortresses and Villages of Byzantine Asia Minor*, (Aldershot: Variorum, 1996), 145-205; Clive Foss, David Winfield, *Byzantine Fortifications: an Introduction*, (Pretoria: University of South Africa,1986).
[94] Cfr.: Berti "Iasos, note introduttive", 22.
[95] Così in: Franz Taeschner, "I Turchi Ottomani fino al 1453", in Joan Mervyn Hussey, a cura di, *L'impero bizantino* (Milano: Garzanti, 1978); sembra che la conquista turco-ottomana dell'Asia Minore Occidentale sul finire del XIII secolo abbia incontrato pochissima resistenza da parte bizantina, se si escludono episodiche azioni opposte da alcuni capisaldi. Su questo aspetto e, più in generale, sulla decadenza militare ed economico-sociale del mondo bizantino durante lo scorcio del XIII secolo e durante i primi decenni del XIV si veda, nella stessa opera, il capitolo di Georg Ostrogorsky, "I Paleologhi", in Joan Mervyn Hussey, a cura di, *L'impero bizantino* (Milano: Garzanti, 1978); 568-584.
[96] Cfr.: Paul Kahle, a cura di, *Pirî Re'is Bahrie. Das türkische Segelhandbuch für das Mittelländische Meer von Jahre 1521*, (Berlin-Leipzig, 1926), 67; si vedano anche le interpretazioni fornite da: Masturzo, "La torre del porto occidentale", 170; Giuseppe Ragone, "Da Mileto a Iasos. Toponomastica antica, itinerari antiquari, ricognizioni moderne", in *Sinus Iasius I*, Annali della scuola Normale Superiore di Pisa, 23, 3-4 (Pisa: Edizioni Scuola Normale Superiore di Pisa, 1994), 885; Gian Pietro Ghini, "Iasos: i miti delle origini, i racconti della fine", *Bollettino dell'Associazione Iasos di Caria*, 5, 1999, 23, che fornisce la seguente lettura dalla traduzione tedesca: "Avvicinandoci al porto di Asın, si vede che esso è stato costruito dagli infedeli in modo artificiale; è un porto per imbarcazioni grandi, anche profondo, ma stretto, e non può accogliere tante navi. Poiché si tratta di un porto per il rimessaggio invernale, il beato sultano Muhamed Han, che la terra gli sia lieve, fece costruire una fortezza per far svernare le navi in questo porto. Molto tempo dopo la distruzione di questa fortezza arrivò un principe islamico che ne fece costruire un'altra al suo interno. Questa fortezza oggi è vuota ma ancora integra".
[97] Cfr. Masturzo, "La torre del porto occidentale", 178.

2. La fortificazione antica nelle sue componenti fondamentali

Il capitolo si prefigge lo scopo di fornire una breve panoramica sui principali elementi costitutivi che caratterizzano le architetture fortificate del mondo mediterraneo ellenizzato. La scelta di soffermarsi sull'evoluzione che interessò l'arte fortificatoria a partire dal IV secolo a.C. ed in particolar modo durante l'Ellenismo[1] nella presente trattazione è dovuta a due motivazioni. La prima riguarda la pertinenza a tali contesti storico-culturali dei due più grandiosi sistemi fortificati di Iasos e cioè la cinta muraria dell'isola (nel suo impianto generale)[2] e la poderosa cinta di terraferma[3]. La seconda, forse ancor più pregnante, nasce dall'evidenza che proprio durante la stagione dell' Ellenismo la *poliorcetica*[4] e l'arte fortificatoria, soprattutto in ambito microasiatico, raggiungono una maturità ed una raffinatezza che resteranno ineguagliate per molti secoli[5]. Si assiste infatti all'introduzione o al perfezionamento di tutti quei sistemi e dispositivi tattici che permarranno nella concezione dell'architettura della difesa, senza subire stravolgimenti o alterazioni sostanziali fino alla generale diffusione delle armi da fuoco. Questo aspetto è probabilmente da mettere in relazione con l'elaborazione di un vero e proprio pensiero scientifico, che gli studiosi hanno per lungo tempo negato o rimosso[6], le cui ripercussioni anche in ambito tecnologico risultano meritevoli di approfondimento. Per ciò che concerne l'ambito dell'architettura militare, è stato suggerito di indagare le possibili relazioni fra il diffondersi dal tardo IV secolo a.C. di sofisticati sistemi per il fiancheggiamento e la difesa radente condotti su molteplici livelli[7] ed i contemporanei studi di meccanica, geometria, ottica e prospettiva[8], in analogia a ciò che avvenne a partire dal XV secolo della nostra era, quando rivoluzioni scientifiche e tecnologiche condizionarono irrevocabilmente il disegno delle fortificazioni[9].
Ci si propone quindi di fornire una grammatica della fortificazione antica attraverso l'analisi dei suoi principali elementi costitutivi dal punto di vista architettonico e tecnico-costruttivo, oltre che strategico-tattico[10].
Nell'introdurre queste componenti, sembra appropriato ripercorrere, con alcune modifiche, l'ordine proposto da Jean Pierre Adam nella sua fondamentale opera di sintesi sull'architettura militare greca[11], basato sulla cronologia costruttiva dell'opera fortificata. Date le finalità del presente lavoro, è esclusa un'interpretazione diretta delle fonti antiche, pertanto nella loro citazione si farà riferimento alle traduzioni ed ai commenti proposti nelle opere più accreditate, presenti in bibliografia[12].

Fondazioni

Il ruolo delle fondazioni, per garantire l'efficienza di una fortificazione, si rivela della massima importanza. Oltre a trasmettere i carichi sul terreno e di ripartirli nella maniera più uniforme possibile, le fondazioni devono essere concepite in modo da garantire un appoggio ed un ancoraggio stabili e resistenti, al fine di evitare il ribaltamento o il crollo della muratura derivanti da carichi dinamici, impatti violenti o dalle azioni di scavo, scalzamento e mina. Gli autori antichi sottolineano l'importanza di queste strutture e la cura che va prestata alla loro realizzazione. Filone di Bisanzio, all'inizio del suo trattato sulla *Poliorcetica*[13], suggerisce che i costruttori di fortificazioni, dopo aver scavato fino alla roccia, fino all'acqua, o fino a un certo livello e aver fatto ciò in maniera sicura, pongano le fondazioni dentro la calce, per evitare che all'interno delle fondazioni i muri si rompano e che la cinta non sia minata[14]. Vitruvio raccomanda di scavare fino al terreno solido ed all'interno di questo, impiegare pietre le più dure possibile, prevedendo anche spessori superiori rispetto al muro in elevazione, secondo la prassi ancora in uso, volta ad evitare lo schiacciamento del suolo attraverso l'allargamento della base di appoggio[15]. In caso di roccia affiorante di buona qualità, caso frequente per le caratteristiche pedologiche delle aree geografiche considerate, questi accorgimenti non sono generalmente rispettati e si provvede semplicemente a spianare e sagomare il suolo roccioso, al fine di poter posare le assise di fondazione.
Dove le caratteristiche orografiche del sito lo potevano permettere, come ad esempio in alcuni settori delle mura di Eraclea del Latmos, in Caria, o nel porto di Oiniadai, la roccia stessa era lavorata in modo da costituire parte integrante della fortificazione.
Sempre ad Eraclea, i ruderi del grande circuito murario mostrano due diverse maniere di trattare la roccia che doveva accogliere le assise di fondazione: nei settori del muro realizzati con pietra da taglio lungo tutto lo spessore, l'intera area occupata dal basamento risulta spianata. Dove invece il muro è realizzato con la tecnica dell'*emplecton,* sono stati spianati soltanto i settori esterni, su cui insistevano i paramenti in blocchi, lasciando priva di lavorazione la superficie interna, sulla quale era appoggiato il nucleo della muratura[16].
Nel caso di fortificazioni edificate dove il terreno non è caratterizzato da roccia affiorante, come in molte zone di pianura, risulta conveniente scavare trincee di fondazione, fino a raggiungere il banco roccioso, spesso intaccandone anche lo strato superficiale, meno resistente[17].

Le mura: aspetti tipologici e strategici

Le cortine murarie devono costituire uno schermo solido ed impenetrabile all'avanzata e ai colpi del nemico, ma nello stesso tempo, secondo una concezione della difesa attiva che progressivamente andrà affermandosi[18], devono permettere agli assediati di condurre la battaglia, attraverso la difesa a distanza o le sortite condotte ai piedi delle mura. Sia nel caso di fortificazioni a sviluppo lineare, sia in quello di piazzeforti concentrate[19], l'impianto planimetrico delle mura è strettamente relazionato alla situazione topografica ed orografica del sito[20]. Gli esempi di epoca micenea (Micene, Tirinto, Midea) o addirittura precedenti ci mostrano tracciati fortemente condizionati dalla configurazione naturale del terreno, che tengono poco conto degli aspetti tattici, denunciando una concezione della difesa dichiaratamente passiva, tuttavia si riscontra l'uso di tracciati a salienti, l'apertura di porte *scee*, così come la presenza di torri e bastioni[21]. In alcuni casi, soltanto alcuni settori della città (generalmente l'acropoli) o addirittura soltanto la residenza reale saranno dotati di fortificazioni.

Durante il cosiddetto Medio Evo Ellenico, le città non cessano affatto di fortificarsi, per quanto le mura non siano – e non lo saranno ancora per secoli – una componente imprescindibile della struttura urbana.[22]

I resti di fortificazioni di questo periodo sono invero poco numerosi, ma ciò è probabilmente da imputare al fatto che fossero in gran parte costruite in materiali deperibili[23]. Se in quest'epoca non si riscontrano progressi nello studio del tracciato delle fortificazioni, si assiste però ad una diffusione generalizzata di torri piene e vuote e di bastioni a protezione dei punti nevralgici.

In età arcaica e classica, le innovazioni nel campo delle fortificazioni sono scarse, soprattutto in rapporto al grande progresso registrato dall'architettura civile e religiosa. Alla fine del V secolo si diffonde in Grecia e in ampie aree del mediterraneo ellenizzato un nuovo tipo di impianto planimetrico: il *Geländemauer*[24].

Il perimetro della fortificazione viene così esteso ben oltre l'insediamento urbano vero e proprio, includendo al suo interno vaste zone del territorio, in particolare alture facilmente difendibili, ma anche aree destinate alla coltivazione e al pascolo, da sfruttare in caso di assedio prolungato.

Naturalmente una fortificazione concepita per rispondere alla strategia dell'investimento della piazza tramite blocco[25], praticata fino alla fine del V secolo, richiedeva un cospicuo numero di difensori, da dislocare lungo tutto il circuito.

Spesso la cinta fortificata era partita internamente da un ulteriore diaframma murario che ne metteva in collegamento punti considerati nevralgici.

Questo livello di difesa aggiuntivo, chiamato *diateichisma*, poteva permettere un ripiegamento delle truppe, ed operare un restringimento del perimetro da difendere[26]. Si tratta di una soluzione sempre più praticata a partire dal IV secolo, quando l'impiego di truppe numerosissime, con reparti specializzati nell'assalto e di macchine dalle potenzialità devastanti[27] farà emergere i limiti di queste opere, concepite secondo una strategia dell'assedio oramai superata.

Durante il III secolo, i continui progressi della *poliorcetica*, inducono gli architetti militari ad orientarsi su fortificazioni dal perimetro più compatto: la pratica dell'assalto continuo, o condotto simultaneamente in più settori, imponeva agli assediati un dinamismo e una rapidità superiori.

Nei programmi di fondazione, o rifondazione di fortificazioni, si opta per siti collocati in contesti orografici ed ambientali facilmente difendibili.

Questa contrazione dei circuiti, che possiamo considerare una tendenza generalizzata, ma non priva di eccezioni, oltre che da esigenze di tipo strettamente militare, può essere stata codeterminata anche da fattori di tipo economico e sociale[28].

Materiali e tecniche costruttive

Mura in mattoni crudi

Si tratta di una soluzione praticata per le caratteristiche di rapidità ed economicità che essa consente, unite alla buona resistenza meccanica che tali strutture offrono, soprattutto in relazione agli impatti causati dall'ariete e dai proietti li d'artiglieria[29]. La relativa scarsità di precipitazioni che caratterizza il clima di alcune zone del mediterraneo, permetteva una certa durabilità del manufatto. In molti casi il muro in elevazione realizzato in mattoni d'argilla essiccata era posto su di uno zoccolo in pietra[30]. Il rapporto fra questo basamento ed il resto dell'elevato in mattoni crudi poteva variare fortemente. In alcuni casi esso aveva sviluppo limitato, assolvendo alla semplice funzione di preservare dall'acqua e dall'umidità la sovrastruttura, mentre in altri casi esso andava a costituire la porzione preponderante dell'elevato e sarebbe quindi più corretto parlare di mura in pietra con coronamento in mattoni crudi. In ogni caso, questa tecnica costruttiva risulta impiegata nel mondo greco dal periodo arcaico fino all'Ellenismo[31]. Le mura di Eleusi e Gela erano realizzate attraverso la tecnica dello zoccolo in pietra e sono ancora parzialmente conservate. A Mantinea in Arcadia, delle mura di pieno IV secolo con elevato in mattoni crudi, permane soltanto il basamento in pietra[32] . Anche ad Atene, nell'area prossima al *Dipylon* si usarono strutture in elevazione realizzate in mattoni crudi fino ad un'epoca tarda[33].

Apparecchio ciclopico

L'apparecchio ciclopico trova riscontro nelle fortificazioni di epoca micenea[34] (Micene, Tirinto, Midea) e si possono individuare due tipologie. La prima è caratterizzata da enormi blocchi in pietra rozzamente tagliati in forme poligonali, zeppati con scaglie di lavorazione e blocchi più piccoli, con argilla a saturare gli interstizi. Compare nelle mura di Midea attorno al 1400 a.C. Le mura di Tirinto e Micene, edificate con tecniche costruttive ascrivibili a questa categoria, mostrano una lavorazione dei blocchi leggermente più accurata. Blocchi che tendono al parallelepipedo, con lavorazione nettamente più accurata, contraddistinguono invece la seconda tipologia, che si può rintracciare negli interventi più tardi a Micene, come per esempio la Porta dei Leoni. Non vi sono rinvenimenti che forniscano informazioni sul tipo di coronamento che concludeva le mura di epoca micenea, esso doveva essere verosimilmente in legno[35].

Apparecchio poligonale

Questo tipo apparecchio è contraddistinto da blocchi di forma poligonale e presuppone la realizzazione e la messa in opera di elementi tutti diversi fra loro[36]. La faccia esterna dei blocchi presenta spesso una superficie bugnata. È caratterizzato da difficoltà di esecuzione e necessita di manodopera altamente specializzata, innanzitutto perché i blocchi debbono essere tagliati in cantiere e non i cava, in più perché ogni blocco deve essere sagomato in base alla forma dei blocchi adiacenti già in opera. Esso presuppone l'utilizzo del compasso e della squadra mobile per la misurazione dei profili. Ogni blocco è caratterizzato da

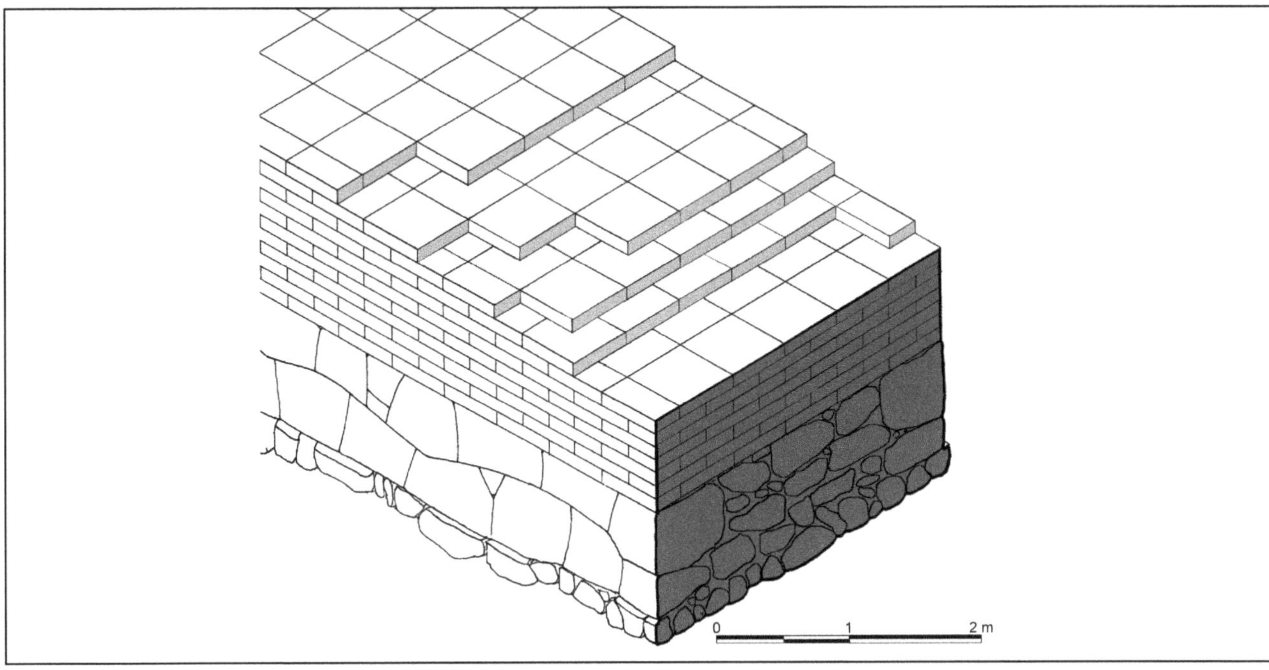

Fig. 36
Schema costruttivo assonometrico delle mura di Eleusi, che presentavano uno zoccolo basamentale in pietra e il resto dell'elevato in mattoni crudi (ridisegnato da Adam, *L'architecture militaire*, p. 20)

un numero elevato di giunti, che possono essere rettilinei o curvi, o da soluzioni ancor più sofisticate, come ad esempio incastri del tipo mortasa-tenone o anche a denti di sega[37]. Questo tipo di apparecchio, se da una parte realizza incastri più solidi fra gli elementi, dall'altra può comportare lo scivolamento dei blocchi, soprattutto in corrispondenza di discontinuità o aggetti della muratura (aperture, riseghe, torri). In effetti, in cortine che presentano questa apparecchiatura, in prossimità di aperture o anomalie geometriche, le assise diventano a corsi orizzontali.

Dal punto di vista della resistenza ai sismi (e quindi presumibilmente anche ai traumi dovuti ad impatti causati da eventi bellici) non vi è una grande differenza fra la resistenza offerta dall'apparecchio poligonale e quella opposta da apparecchiature su assise orizzontali[38].

L'apparecchio poligonale prevede la presenza di un doppio paramento ed un *emplecton*, solitamente costituito da pietrame e scaglie di lavorazione legati a volte con argilla. Quando dal IV sec a.C. fanno la loro comparsa potenti macchine ossidionali, la tecnica dell'*emplecton* mostrerà i suoi limiti. Infatti, distrutto o rimosso il paramento esterno, il nucleo scarsamente coerente si disgregherà, provocando la rovina della cortina.

Alcuni strutture murarie in opera poligonale o *lesbia*[39] di V secolo presentano una finitura della pelle esterna notevolmente accurata, ma dal secolo successivo, i paramenti esterni sono sistematicamente lasciati a grezzo bugnato, per economia, per esibizione di potenza, ma anche per migliorare l'inerzia della compagine muraria sottoposta a traumi e carichi dinamici.

Il profilo bugnato, inoltre, comporta una maggiore massa, una migliore protezione dei giunti e la presenza di pietra in eccesso in superficie, che poteva essere sacrificata senza troppi danni. L'apparecchio poligonale, più o meno accurato e spesso bugnato perdurerà comunque anche in epoca ellenistica.

Apparecchio trapezoidale

L'apparecchio trapezoidale è spesso considerato come fase di transizione fra l'opera poligonale e l'opera quadrata, anche se in realtà non è possibile estendere a tutte le aree questa presunta sequenza cronologica. Inoltre, in molte strutture fortificate si registra la compresenza di blocchi di forma trapezoidale e blocchi di forma rettangolare, o addirittura poligonale[40].

L'apparecchio trapeziodale può essere irregolare, con giunti a "L", pseudoisodomo o isodomo (es. a Gyphtokastro nel muro di IV sec., a Larissa d'Argo e a Xantos).

A Iasos i paramenti superstiti della cinta ellenistica in marmo e quello della torre lungo il fianco orientale in blocchi di scisto verde[41], probabilmente di epoca classica, sono realizzati in filari pseudo isodomi, con presenza abbastanza ricorrente di blocchi con giunti inclinati, assieme a conci con faccia rettangolare.

Opera quadrata

L'opera quadrata[42] presenta blocchi con la faccia che tende alla forma rettangolare. Può essere su corsi irregolari, con giunti a "L" , pseudoisodoma o isodoma. Nel caso di apparecchio regolare su corsi orizzontali e paralleli, esso si caratterizza per la presenza di *ortostati* (blocchi posti in opera nel senso dello sviluppo lineare del muro) e *diatoni* (blocchi inseriti perpendicolarmente al fronte del muro e che possono attraversarne l'intero spessore).

Fig. 37
Muratura in grandi blocchi sbozzati nella *cinta di terraferma* di Iasos

Fig. 38
Troia. Muratura in opera quadrata con bugne incorniciate da nastrino perimetrale

Fig. 39
Delfi, muratura *lesbia* a giunti curvilinei (da Adam, *L'Architetcure militaire,* p. 28)

Fig. 40
Priene. Opera quadrata isodoma a ortostati e diatoni, con sporadici giunti lievemente inclinati

Col termine opera quadrata si è soliti indicare sia il muro interamente in pietra da taglio, sia murature ad *emplecton,* ma con paramento in blocchi rettangolari[43].
Si tratta del tipo di apparecchio di gran lunga più impiegato nel mondo ellenico sia per le architetture religiose, sia per gli edifici civili, ma nell'ambito delle architetture militari questo primato gli è conteso dall'apparecchio poligonale fino all'Ellenismo maturo.
Un paramento in apparecchio rettangolare isodomo si ritrova nelle mura periclee di Eleusi[44], dove i blocchi, accuratamente lavorati, con giunti verticali allineati su corsi alterni, hanno un profilo lievemente bugnato.
In Caria l'opera quadrata regolare, per contro, non sembra essersi diffusa prima del IV secolo[45].
In seguito si affermerà l'uso di un bugnato più accentuato: paramenti isodomi o pseudo-isodomi di epoca ellenistica sono quelli di Aigosthena e Perga, con profilo a bugna pronunciato e finitura superficiale più rustica; in Caria, nel campo dell'architettura militare, la diffusione del bugnato è considerata non anteriore all'epoca ecatomnide[46].
Apparecchi isodomi per tutto l'elevato sono pittosto rari ed in generale le assise risultano di altezza variabile, diminuendo mano a mano che si sale. Per esigenze di economia e rapidità, nonostante la standardizzazione dell'attività di cava e di cantiere, i blocchi sono di differenti dimensioni anche in lunghezza. Sempre in epoca ellenistica si afferma il caratteristico profilo convesso del bugnato (per esempio nelle fortificazioni di Alicarnasso). La componente monumentale e simbolica dei paramenti si accentua (per esempio a Euromos – Caria – con mura in marmo in grandi blocchi parallelepipedi sagomati a cuscino e finemente lavorati)[47].
L'uso del bugnato nelle fortificazioni sarà riscoperto dagli occidentali durante le Crociate, che lo applicheranno prima nei loro capisaldi in oriente (in Siria fin dal XII secolo), reimportandolo poi anche in Europa, dove troverà diffusione dall'inizio del XIII secolo.[48].
L'applicazione dell'opera quadrata nelle fortificazioni si limita nella maggioranza dei casi al paramento esterno. Il nucleo della muratura è di tanto in tanto attraversato da blocchi aventi funzione di catene (*diatoni*), eventualmente passanti attraverso tutto lo spessore della muratura, a garantire la coesione fra gli strati verticali[49].
Strutture in opera quadrata per tutto lo spessore della muratura si trovano raramente nell'architettura militare. Uno di questi sporadici esempi sono le mura di Messene ed alcuni settori della cinta di Eraclea del Latmos.
Più frequentemente, tale tipo di struttura è impiegata nella realizzazione di torri cave, per quanto il doppio paramento a racchiudere l'*emplecton* sia di gran lunga la soluzione costruttiva più praticata.

Murature con nucleo in conglomerato

Nel mondo ellenico il nucleo delle murature ad *emplec-*

ton, costituito da pietrame, scapoli, scaglie di lavorazione, costituiva una massa scarsamente coerente. Il legante con cui questi elementi erano posti in opera era solitamente l'argilla[50]. L'uso della malta a base di calce come legante fra i blocchi non è documentato in quest'area prima del periodo ellenistico e sono comunque pochi gli esempi di strutture, anche di epoca tarda realizzate in calcestruzzo[51]. La riluttanza mostrata dai costruttori all'impiego di malte e opera cementizia, dovuta a motivazioni culturali o alla scarsa fiducia in tali sistemi[52], sembra perdurare fino all'età imperiale, quando i calcestruzzi confezionati dai Romani riveleranno le proprie potenzialità di resistenza, economia e durevolezza.

Le mura in opera cementizia prevedono un doppio paramento, che può essere realizzato in grandi blocchi di pietra, in blocchi di ridotta dimensione o in laterizio ed un nucleo cementizio, costituito da pietrame, scaglie di lavorazione e malta[53]. Si tratta di un sistema nel quale il nucleo assolve a buona parte dell'impegno strutturale, relegando a volte le cortine esterne quasi al ruolo di casseforme a perdere. In molti casi, dall'epoca imperiale fino a tutta la stagione dell'impero bizantino, ricorrenti cinture in laterizio, a volte estese su tutto lo spessore della muratura, assicurano la solidità reciproca fra gli strati, ripristinando anche l'orizzontalità dei corsi nelle cortine[54]. Nel caso di Iasos, gli interventi di ripristino e restauro della cinta muraria dell'isola, hanno comportato, fra l'altro, la sostituzione dell'originario *emplecton* in pietrame e argilla all'interno delle mura di IV secolo con un nucleo in calcestruzzo[55].

Fig. 41
Priene. Mura in opera quadrata pseudo-isodoma, con blocchi finemente lavorati a cuscino

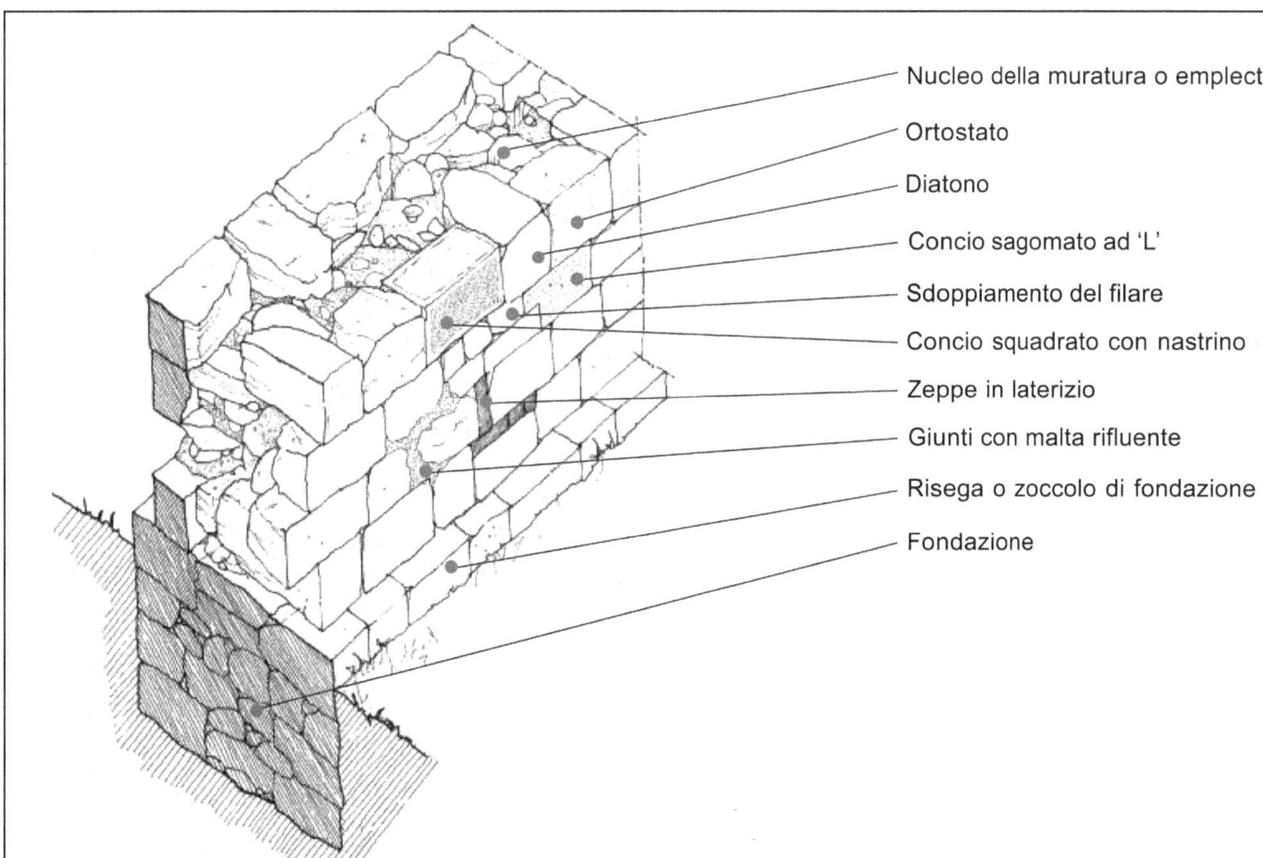

Fig. 42
Spaccato assonometrico esemplificativo di una struttura muraria, con indicazione dei componenti

Fig. 43
Iasos. Cinta muraria dell'isola. Nel settore inferiore l'azione del mare ha messo a nudo l'*emplecton* in opera cementizia

Fig. 44
Priene. Dettaglio di una struttura realizzata con la tecnica dell'*emplecton*. Il nucleo della muratura è in pietrame e argilla

Il coronamento delle mura

Le cinte murarie, a partire dalle epoche più remote, sono concluse da un camminamento di ronda, una piattaforma con funzioni di circolazione, di osservazione e naturalmente atta alla conduzione della difesa. Nel mondo ellenico questa piattaforma, detta *parodos*[56], era accessibile per mezzo di scale che partivano dal livello del terreno all'interno.

Il camminamento si svolgeva per tutto il circuito, con funzione di collegamento fra le torri ed era protetto da un parapetto provvisto di aperture di tiro verso l'esterno. Quasi tutti i coronamenti, caratterizzati da spessori più ridotti rispetto al sodo murario delle cortine sono andati perduti, danneggiati dai sismi, distrutti dagli eventi bellici o rimossi in seguito a spoliazione. In caso di assedio erano gli elementi più sottoposti a traumi, in più, qualora la città fosse stata espugnata, venivano quasi sempre smantellati dai vincitori.

I pochi esemplari superstiti si trovano a Gyphtokastro e Messene, mentre la cinta di Eraclea del Latmos li conserva solo in corrispondenza di alcuni settori. Numerosi frammenti o elementi, anche se non più in opera, sono stati ritrovati ai piedi delle cinte di Phile, Kydna, Priene, inoltre anche le fonti iconografiche offrono informazioni piuttosto dettagliate, così come del resto le fonti letterarie[57].

La soluzione più praticata nelle fortificazioni elleniche è la predisposizione, a conclusione dell'elevato delle mura, di un cammino di ronda la cui larghezza supera solitamente quella dello spessore del muro, grazie ad un sistema di lastre in aggetto. Tale passaggio, che permette la circolazione dei difensori, è protetto verso l'esterno da un parapetto, che può essere merlato o meno[58].

Nel caso di parapetti in mattoni crudi, la cimasa delle merlature era a volte realizzata con elementi in pietra, più durevoli.

Per quanto da taluni rilievi traspaia l'impiego di merli dai profili arrotondati o sagomati a scudo[59], un semplice profilo rettangolare dei merli era la soluzione più diffusa per la facilità di esecuzione e per l'efficacia.

Quella del parapetto intervallato da merli ed aperture per la difesa rimarrà in ogni caso, senza sostanziali variazioni, il metodo di difesa più praticato fino all'avvento delle armi da fuoco in età moderna[60].

A Messene, ad esempio, l'altezza del parapetto merlato rispetto alla *parodos*, varia sensibilmente nei diversi settori della fortificazione. Questo accorgimento è da mettere in relazione con la consapevole valutazione da parte dei costruttori dell'angolo utile di tiro a disposizione dei nemici[61]. Il profilo della cimasa dei merli è a capanna lungo le mura, mentre risulta a padiglione, cioè con quattro falde, in corrispondenza delle torri.

A partire dal IV secolo[62], in seguito alle conquiste macedoni, la diffusione della pratica dell'assalto sistematico nella conduzione della guerra e l'impiego generalizzato delle catapulte[63] impongono ai costruttori di fortificazioni di rinforzare i sistemi di protezione degli assediati, anche a

Fig. 45
Eraclea del Latmos (Caria). Fortificazioni bizantine, caratterizzate da parapetto merlato e casamatte

costo della perdita di un certo dinamismo da parte di questi ultimi. Il lancio di proiettili rende pericolosa l'apertura di ampi spazi fra i merli, così si fa spesso ricorso ad un setto murario continuo, provvisto di strette feritoie: l'*epalxis,* secondo la terminologia usata dai trattatisti ellenistici[64] (anche se questo termine, a volte, è usato per designare anche un semplice parapetto merlato).
Le *feritoie* sono strette aperture, sufficienti per il tiro con l'arco, o all'impiego di armi in asta come picche e forconi, utilizzati per colpire gli assedianti o provocare il ribaltamento delle scale. Se i difensori hanno minor visuale e possibilità di manovra dietro questo schermo, è pur vero che esso li cela alla vista del nemico, che qualora fosse riuscito a piazzare delle scale, si trovava a dover scavalcare l'intero parapetto, non potendo passare attraverso le anguste feritoie.
Un esempio di *epalxis* si riscontra ad Eraclea del Latmos[65], ma probabilmente anche a Gyphtokastro, Priene e Kydna era impiegato uno schermo continuo a protezione dei difensori, almeno per lunghi tratti di cortina.
Ad Atene le fonti letterarie che descrivono i lavori di ristrutturazione compiuti sulle fortificazioni negli anni 307-306 a.C. ci restituiscono l'immagine di una vera e propria galleria coperta, con parapetto in mattoni crudi articolato da strette aperture, protette da *ventiere* lignee basculanti e tettoia di copertura[66].
Questo dispositivo difensivo, efficace anche nell'offrire riparo dai proiettili a traiettoria accentuatamente parabolica, farà la sua ricomparsa in occidente nelle fortificazioni di XIV secolo[67]. Tuttavia, anche durante il tardo Ellenismo, non sempre l'*epalxis* risultava coperto da una tettoia. Il parapetto merlato tradizionale, inoltre, non scomparirà affatto e nelle fortificazione di epoca romana e bizantina tornerà ad essere la forma di coronamento delle mura e delle torri più praticata.
Una variante che elabora la soluzione del parapetto merlato si incontra a Chalkis e Phile: al termine del cammino di ronda, in corrispondenza ed alla destra di ogni apertura di tiro del parapetto, è posto un muretto, della stessa altezza del merlo e con andamento ortogonale alla cortina, avente funzione di protezione dei difensori da eventuali tiri d'infilata, nel caso in cui gli assedianti avessero raggiunto gli spalti o si fossero impadroniti di una torre. Inoltre, questo accorgimento costruttivo determinava un consistente aumento della resistenza e dell'inerzia del parapetto stesso[68].
Per consentire maggior dinamismo all'azione dei difensori i teorici raccomandano alcuni accorgimenti, in realtà solo raramente messi in pratica. Uno di questi consiste nel moltiplicare i livelli di difesa[69]. Si tratta di una soluzione semplice, ma di scarsa applicazione nel mondo ellenizzato, che si riscontra però a Iasos[70], nella *cinta di terraferma.* Essa consiste nel creare una linea di difesa a livello del suolo, aprendo alla base della cortina una successione di feritoie.
Per il coronamento della suddetta cinta muraria, Mc Nicoll ipotizza un parapetto merlato[71], mentre Pimouguet-Pedarros ritiene più probabile un sistema a schermo continuo[72], in ossequio alle soluzioni praticate durante l'Ellenismo maturo e tardo.
Come è stato fatto notare[73], la presenza di aperture di tiro passanti a livello del suolo è però possibile solamente in presenza di sezioni murarie di spessore relativamente sottile e ciò dovette apparire come un incremento di punti deboli, tant'è che il sistema non trovò largo seguito.
Soluzioni ancor piú elaborate si incontrano a Side e Perga[74] in Pamphilia, durante la tarda età ellenistica.
A Side la la fortificazione è costituita da un muro, raddoppiato internamente da poderose arcate che sostengono due livelli di difesa. Il primo risultava protetto ai lati ed in sommità da una serie di setti e dal cammino di ronda, nelle nicchie si aprivano feritoie, secondo il sistema dell'*epalxis*[75].
Il secondo livello era costituito dal camminamento di ronda tradizionale, con merlatura di coronamento, inoltre, negli ambienti voltati al livello del suolo potevano trovare riparo tra le possenti arcate, uomini, materiali ed animali, all'interno di vere e proprie *casematte*[76]; Mc Nicoll ha individuato un terzo livello di difesa a livello del suolo, che poteva essere condotta con artiglierie leggere o archi[77].
Un sistema analogo è descritto da Filone di Bisanzio a proposito delle mura di Rodi[78] ed anche a Perga[79] si è in presenza di una organizzazione della difesa simile: qui il primo livello, scandito all'interno da una serie di arcate, risultava protetto dalle coperture voltate.
Le campate erano in comunicazione attraverso passaggi, che garantivano la continuità della *parodos* ed in ciascuna di essa si aprivano due feritoie. Al livello del suolo i pilastri sporgenti dalla cortina potevano offrire riparo da eventuali tiri di infilata.
A Pompei, ancora, in epoca ellenistica, un nuovo livello di difesa venne creato in seguito al raddoppio dell'*agger*, anche se in questo caso, qualora i nemici fossero giunti in prossimità della cinta più esterna, si sarebbe posto il problema dell'angolo morto causato dalla distanza fra i due valli[80].

Sistemi per lo smaltimento delle acque

Nelle fortificazioni, il problema dello smaltimento delle acque meteoriche si rivela importante, sia perché queste possono compromettere la resistenza e la durabilità delle murature (nel caso di mura in mattoni crudi questo pericolo è del tutto evidente), sia per la possibilità di accumulo ai piedi della cinta, tanto più che le strutture insistono sovente su contesti orograficamente accidentati.
Si rendono allora necessari sistemi di drenaggio per l'allontanamento delle acque, che possono essere collocati anche a più livelli[81]. Il sistema più comune consiste nella predisposizione di condotti (*barbacani*[82]) passanti attraverso lo spessore delle mura e terminanti con una gargolla aggettante, per evitare il ruscellamento dell'acqua lungo la parete.
Oltre che in corrispondenza del piede della cinta muraria, condotti drenanti potevano essere realizzati per allontanare le acque dal livello della *parodos.* In alcuni casi i condotti drenanti potevano avere anche sezioni considerevoli, dello stesso ordine di grandezza di una postierla (Thasos, Oinidiai) ed essere provvisti di aperture multiple (Amphipolis e Velia)[83].

Le torri

Il ruolo delle torri in un impianto fortificato è, da una parte,

Fig. 46
Dettaglio dell'apertura funzionale allo smaltimento delle acque nelle mura insulari di Iasos in corrispondenza della Porta Est

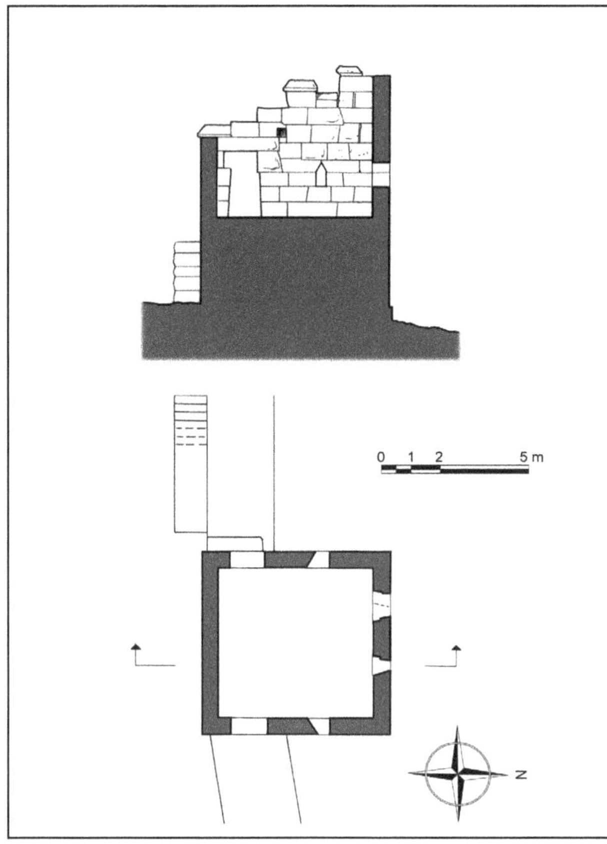

Fig. 47
Messene. Torre quadrata del fronte ovest (ridisegnato dai rilievi di: Adam, *L'architecture militaire grecque*, p. 51)

quello di costituire una serie di postazioni sopraelevate che assicurino una sorveglianza a distanza e che comandino i combattimenti che si svolgono ai piedi delle mura, o alla loro sommità, qualora l'avversario fosse riuscito a conquistarla, dall'altra, quello di assicurare una difesa radente delle cortine nel momento in cui gli avversari ne sono prossimi o cercano di prenderle.
L'utilizzo di queste strutture, in cui lo sviluppo in verticale è preponderante rispetto all'impianto planimentrico, risulta antichissimo. A Gerico, per esempio, esistono resti di torri piene, realizzate con pietrame a secco e con pianta all'incirca semicircolare che datano al VII millennio a. C.[84]. Anche a Khalandriani, nell'isola di Syros, nel mare Egeo, sono presenti torri con pianta curvilinea, risalenti al 2300 a. C.
A Senjirli, nell'Anatolia meridionale, le fortificazioni assire datate al VII secolo a.C. sono caratterizzate da un circuito murario frequentemente scandito da torri semicircolari e quadrate[85]. Nella porta fortificata che dava accesso all'acropoli di Micene compaiono invece torri quadrate[86].
La pianta circolare, maggiormente diffusa nelle fortificazioni più antiche, è probabilmente piú intuitiva e verosimilmente più efficace, se confrontata a quella quadrata, che necessita di maggior controllo geometrico e che implica comunque un aspetto artistico e monumentale.
In ogni caso, più che di torri in senso stretto si doveva trattare di proiezioni della cortina muraria, che conservava la stessa altezza anche in corrispondenza di esse[87]. Torri vere e proprie, a piu piani ed anche con camere accessibili, fanno la loro comparsa nel mondo ellenizzato a partire dall'epoca arcaica[88].
Dal V secolo le torri a doppio livello sembrano essere state di uso generalizzato[89]. Nelle fortificazioni di VI e V secolo, la pratica di torri dal profilo curvilineo che aveva caratterizzato le esperienze dei secoli precedenti, sembra non trovare seguito e le torri presentano quasi ovunque impianto quadrato o rettangolare. Solo dal secolo seguente e progressivamente, si affermeranno anche gli impianti poligonali, circolari o ad U, in analogia con quello che accadrà nell'Occidente medioevale, dove da impianti prevalentemente quadrati, generalmente diffusi in età romanica, si passa a forme poligonali, fino alla ricomparsa di torri circolari, a partire dal XIII secolo[90].
Anche sulla base di questi dati di fatto, sarebbe però semplicistico considerare la transizione dalla pianta quadrata a quella circolare, magari attraverso la fase poligonale,

Fig. 48
Assos (Troade). Torre a pianta rettangolare lungo il tratto di mura datato al IV secolo a.C.

come un fenomeno sistematicamente ricorrente nell'ambito dell'evoluzione dell'architettura militare.

Fino al IV secolo le torri greche in pietra o mattoni sono piene fino al livello della piattaforma difensiva (per esempio la Torre di Pisistrato a Eleusi, o la Torre di Atene). A Messene troviamo forse il primo esempio di torri vuote, con stanza solaiata al livello del cammino di ronda, in comunicazione con quest'ultimo e conclusa da una piattaforma con parapetto merlato, che domina le cortine adiacenti. Tutto il volume sottostante fino al suolo è pieno, secondo una formula che troverà diffusione anche in epoca ellenistica (fortificazioni di Aigosthena, Phile, Oiniadai, Pleuron, Efeso, Priene, torre presso l'angolo sud-ovest dell'agorà nella cinta dell'isola a Iasos)[91].

Nelle torri piene o semipiene non è possibile condurre la difesa al livello del suolo e questo comporta che il nemico, giunto ai piedi della cinta muraria, può essere contrastato con maggiori difficoltà. Per ovviare a questo inconveniente, in epoca ellenistica si introduce la possibilità di tiri radenti dal piano terra delle torri, cave fin dal livello più basso e provviste di aperture di tiro sulle facce esterne. Torri di questo tipo si ritrovano a Iasos (*cinta di terraferma*), Kydna, Eraclea.

Tale soluzione però farà fatica ad affermarsi e la torre piena, almeno fino al cammino di ronda, prevarrà fino all'epoca romana, quando la possibilità di realizzare murature con robusti nuclei in calcestruzzo consentirà di edificare volumi totalmente cavi.

Questa riluttanza è forse da imputare alla paura che le torri cedano sotto i colpi d'ariete o alle azioni del trapano o di mina. In più, in alcuni casi il circuito murario si imposta lungo il perimetro di una parete naturalmente scoscesa, di conseguenza il dislivello fra il suolo interno e il cammino di ronda è piuttosto limitato, giustificando cosí l'adozione di sezioni piene per le torri (Asine, Phile, Pleuron, Kasarmi)[92]. Sempre dal IV secolo, diventa prassi sempre più comune quella di slegare la struttura muraria delle torri dal resto della cortina, per evitare che qualora quest'ultima ceda sotto i colpi delle macchine d'assedio o per opere di mina, trascini nel crollo anche le prime[93].

Torri quadrate o rettangolari

Sono le piú diffuse nelle fortificazioni del mondo ellenico e l'introduzione di torri circolari a partire dal IV secolo a.C. non le farà affatto scomparire[94]. Questo successo si deve alla relativa facilità di costruzione di questi impianti attraverso l'opera muraria in grandi blocchi, all'agevole sistemazione dei vani interni attraverso solai e con la possibilità di realizzare tetti a capanna con timpano parallelo alla cortina, in modo da avere un muro continuo. Da un punto di vista tattico-strategico, queste soluzioni comportavano però alcuni inconvenienti. Si formava, infatti, un consistente angolo morto ai piedi della torre[95], che costringeva i difensori a sporgersi dal parapetto nel tentativo di colpire il nemico, esponendosi ai suoi colpi. Per ovviare a questo problema venivano realizzate *ventiere* lignee basculanti che aprendosi permettevano rapide azioni, richiudendosi immediatamente dopo la loro conclusione[96].

Le torri quadrate manifestano la loro vulnerabilità alle macchine d'assedio e ai colpi d'ariete anche in corrispondenza dei due spigoli sporgenti, che venivano attaccati in direzione obliqua, al fine di di distruggerne o scardinarne le connessioni angolari.

L'impianto quadrato era sconsigliato da Vitruvio, che sottolinea la scarsa resistenza di tali strutture ai colpi dell'ariete e delle macchine da guerra, suggerendo nel contempo il ricorso a tracciati curvilinei o poligonali[97]. Filone di Bisanzio per gli stessi motivi non ne contempla l'uso, prescrivendo anch'egli profili arrotondati, poligonali, o con un solo angolo in sporgenza[98].

A dispetto di questi difetti evidenti e sperimentati, la maggior parte delle cinte murarie saranno affiancate da torri quadrate, con apparizioni solitamente meno frequenti degli altri tipi di torri (poligonali o a pianta curvilinea).

Un gran numero di città avrà fortificazioni provviste soltanto di torri quadrate, come ad esempio Gyphtokastro, Oinoi, Aigosthena, Oiniadai, Pleuron, Stratos, Thorikos, Priene, Efeso, Dema, Europos e Siracusa[99]. A Iasos nella cinta muraria dell'isola nel suo impianto di IV secolo, per quanto noto fino ad oggi, le torri erano tutte quadrate[100], eccetto una, i cui resti mostrano un impianto planimetrico poligonale.

In genere queste torri sono costruite in modo da avere i fianchi perpendicolari all'andamento delle cortine, ma non mancano esempi in alcuni siti (torre angolare a Kydna, grande torre di Aigosthena, torre della Porta del Porto a Oiniadai, torre della Porta di Sydima, alcune torri del fronte occidentale di Alinda e di quello meridionale di Alabanda) di disposizioni dei lati in obliquo.

Questo accorgimento è dettato da consapevoli considerazioni tattiche: uno dei fianchi laterali della torre, infatti, partecipa assieme al fronte principale alla difesa a distanza, mentre l'altro, volto verso la città, può attaccare il nemico alle spalle qualora si trovi in prossimità della cortina.

Filone di Bisanzio, come già detto, non menziona direttamente le torri a pianta quadrata, ma sembra riferirvisi, nella variante appena descritta, quando dice: "*il existe un autre système de fortification, très facile à realiser et présentant une garantie suffisante, dans lequel on construit les courtines obliques; et dans ce système, les tours sont conçues de telle sorte que, de leurs angles adjacents à la muraille, l'un est aigu, et l'autre obtus: ainsi construites même en cas d'approche des ouvrages de charpente (machines roulantes portant le bélier ou tours d'assaut) elles pourraient se protéger les unes les autres*"[101].

Nonostante la scarsa opinione espressa dai trattatisti, anche in periodo imperiale e bizantino l'impianto quadrato delle torri, anche se in contesti strategico-tattici e tecnico-costruttivi profondamente mutati, risulterà comune, assieme ai profili curvilinei e poligonali.

Un altro sistema messo in pratica al fine di limitare l'angolo morto che si formava ai piedi delle torri, in particolar

Fig. 49
Veduta d'angolo di una torre a pianta quadrata della cinta di Pergamo. Da notare la caratteristica scanalatura che rifinisce lo spigolo verticale

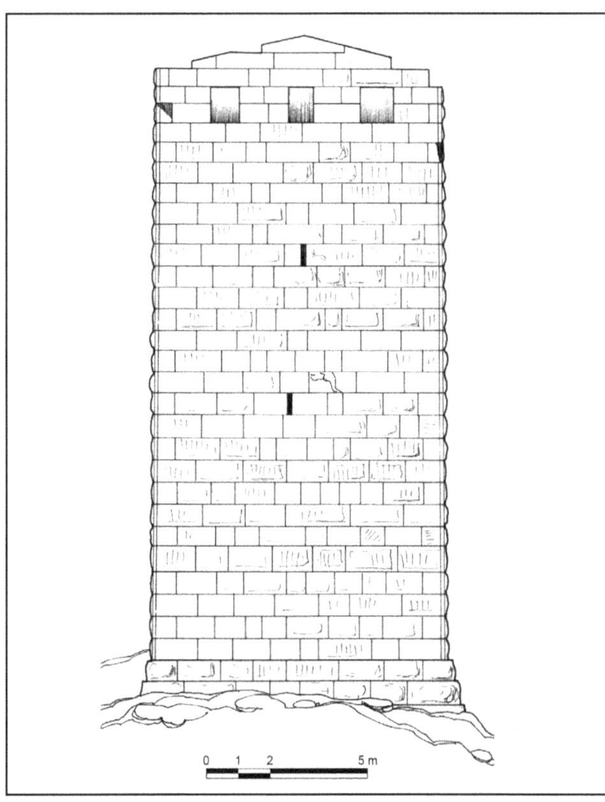

Fig. 50
La grande torre meridionale della cinta dell'acropoli di Aigosthena (disegno tratto da Adam, *L'Architecture militaire*, p. 49)

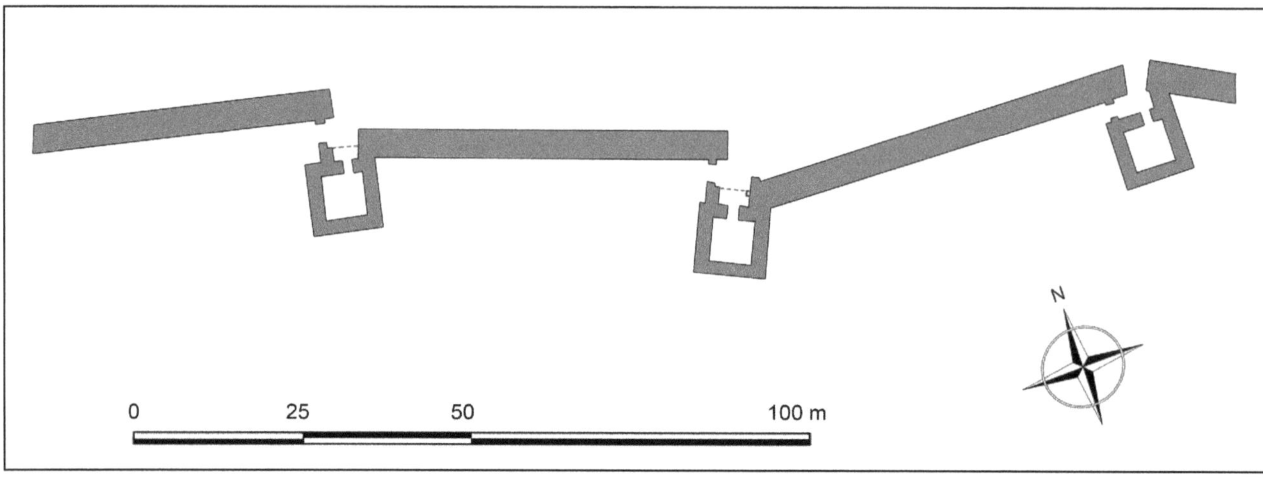

Fig. 51
Mileto, dettaglio del tracciato delle mura che evidenzia la disposizione obliqua delle torri, in corrispondenza delle quali si aprono postierle, rispetto all'andamento delle cortine, espediente volto all'eliminazione dell'angolo morto (ridisegnato dai rilievi di Adam, *L'Architetcure militaire,* p.67)

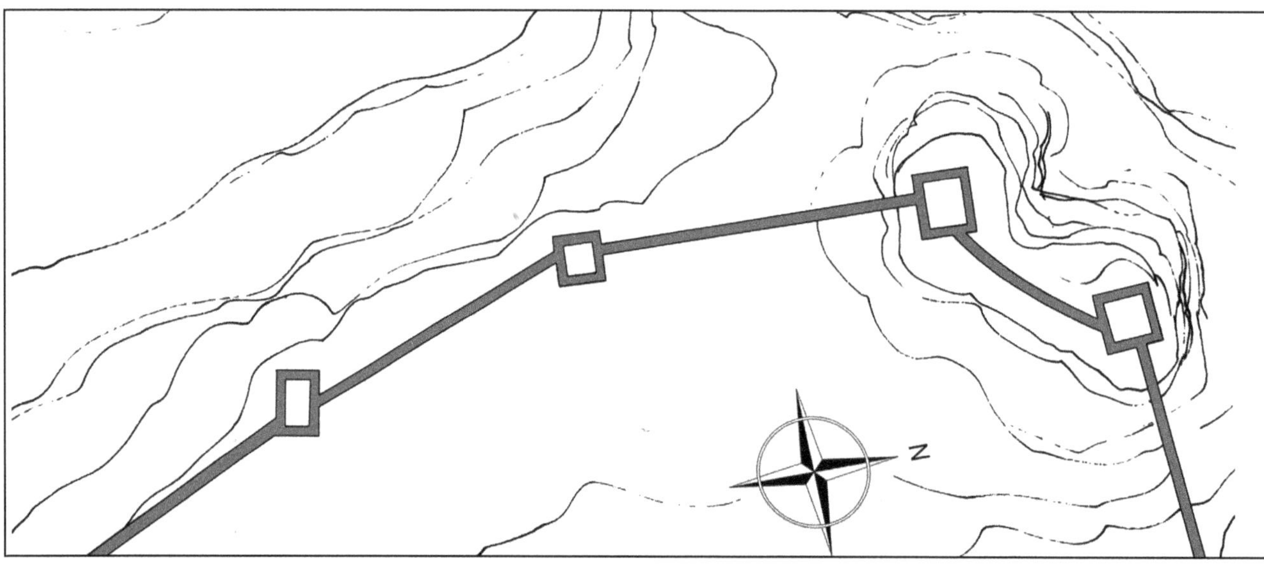

Fig. 52
Alinda, Caria. Torri disposte obliquamente all'andamento delle cortine lungo il fronte meridionale della cinta muraria (ridisegnato dai rilievi di Adam, *L'Architetcure militaire,* p.50)

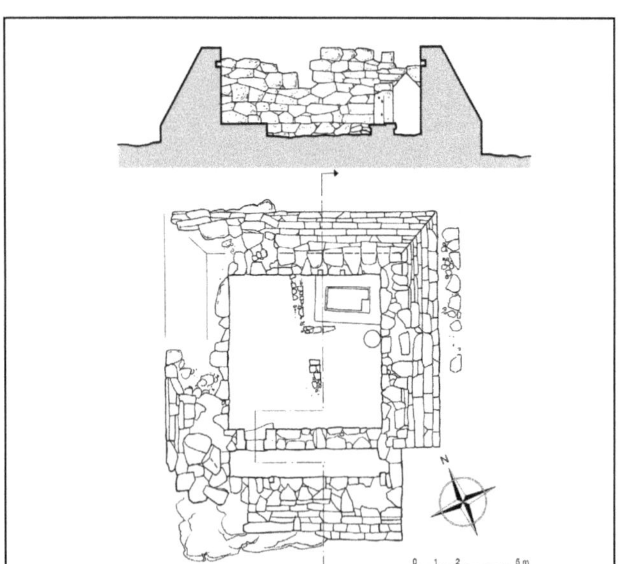

Fig. 53
Kephalari (Argolide). Fortino dal particolare profilo troncopiramidale, efficace per l'eliminazione degli angoli morti e per l'assorbimento degli eventuali colpi portati dai nemici alla struttura (da Adam, *L'architecture militaire*, p. 47)

modo di quelle a pianta quadrata, era quello di realizzarne il basamento con profilo a scarpa, o nel caso di torri o fortini isolati[102], con forma propriamente tronco piramidale. Questo tipo di disegno, che rendeva più efficace la difesa piombante anche grazie alla possibilità di far rotolare lungo le pareti inclinate i proiettili scagliati dalle postazioni più elevate, determinava inoltre una maggior stabiltà e resistenza delle strutture nei confronti delle opere di mina, delle azioni di scalzamento e dei colpi portati con l'ariete. Strutture tronco piramidali o comunque a scarpa si individuano nelle torri-fortino di Kephalari e Ligourion in Argolide, entrambe di epoca ellenistica[103], così come in una torre dell'acropoli fortificata di Samikon, in Triphilia, provvista di pareti inclinate sui tre lati sporgenti e ritenuta della prima metà del IV secolo[104].
Anche a Iasos, nella *cinta muraria dell'isola*, si trovano i resti di una torre rettangolare con basamento a parete inclinata, diversa per materiali e tipologia di apparecchio murario dalle altre strutture del circuito fortificato datate al IV secolo[105].
Il profilo a scarpa trovava applicazione, a partire dalle epoche più antiche, anche nella realizzazione di lunghi tratti di cortine, come ad esempio nella cinta di Troia VI (datata alla prima metà del II millennio a. C.)[106]. Andamento inclinato hanno anche le cortine della cinta arcaica di Focea[107] e quella della prima metà del IV secolo di Cheronea, in Beozia.
I vantaggi difensivi di questi sistemi saranno riscoperti dagli occidentali durante le crociate, in seguito al contatto con esempi arabi e bizantini. Ciò indurrà i costruttori di fortificazioni a realizzare imponenti scarpature nelle mura e nelle torri dei capisaldi in Oriente, intervenendo anche sulla conformazione del terreno di fronte ad esse, fino a renderlo una sorta di piano inclinato rivestito di pietra, detto *glacis*[108]. Tali soluzioni si imporranno progressivamente anche in molte fortificazioni d'occidente, non necessariamente collocate in siti d'altura[109].

Torri poligonali
Le torri poligonali sono una soluzione mediata fra gli impianti quadrati e quelli circolari, che unisce la facilità costruttiva dei muri con andamento planare ai vantaggi strategici dovuti alla riduzione degli angoli morti e alla possibilità dell'abbattimento degli angoli sporgenti, che offrono così solo superfici oblique ai colpi del nemico. La torre di Asine è un caso paradigmatico di architettura militare che si evolve in seguito alle innovazioni che potenziano l'azione delle macchine d'assedio[110]. Essa presenta un tradizionale impianto quadrato nei primi filari del basamento, mentre il resto dell'elevato è contraddistinto da spigoli smussati, anche se le superfici oblique hanno sviluppo decisamente modesto.
Anche nelle fortificazioni di Halos di Tessaglia si riscontra la presenza di una torre dal profilo "ad angoli abbattuti"[111], ma si tratta, sostanzialmente, di impianti ancora quadrati. Impianti propriamente poligonali si osservano invece nella torre sud della porta dei Leoni a Mileto, con quattro facce in aggetto, ad Aspis e a Larissa d'Argo, dove troviamo torri a cinque facce sporgenti e nelle fortificazioni di Samo[112].

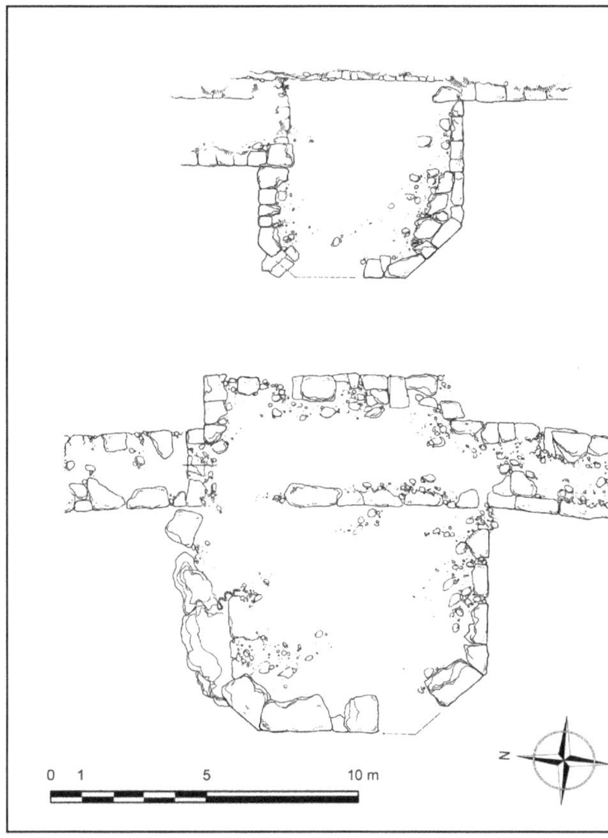

Fig. 54
Argo. Piante di torri poligonali (con cinque facce in proiezione, più il retro), sull'Aspis, tratto dai rilievi di Adam, *L'Architetcure militaire,* p.59)

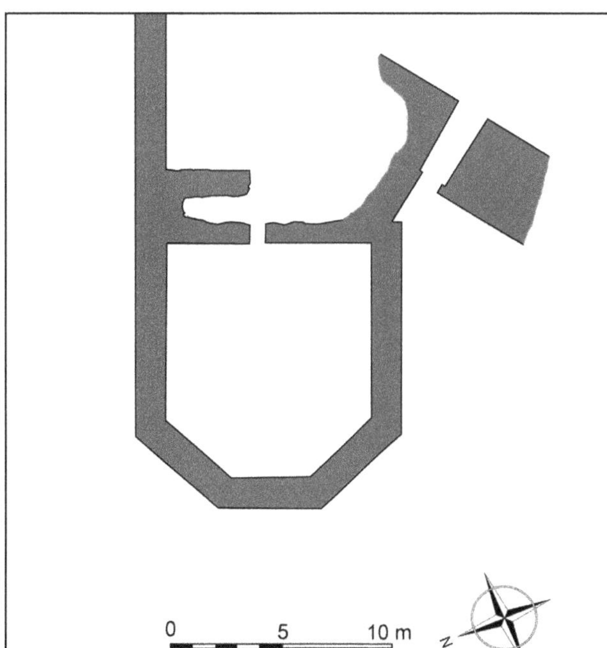

Fig. 55
Samo. Torre poligonale collocata in corrispondenza di una brusca variazione di direzione nel tracciato delle mura. L'opportuna disposizione della torre permette una efficace eliminazione degli angoli morti, sottraendo inoltre la struttura dai colpi frontali. (ridisegnato da Adam, *L'Architetcure militaire,* p.60)

Fig. 56
Assos (Troade), la grande torre semicircolare, con finestre funzionali all'impiego di artiglieria. Questa struttura è verosimilmente da relazionare ad interventi operati durante il pieno Ellenismo sulla presistente cinta muraria

Ad Isaura, un'ampia torre poligonale presenta sei facce in aggetto, traforate da frequenti aperture di tiro che ne incrementano il potenziale offensivo, secondo un sistema di difesa concentrata tipica del periodo ellenistico[113].
Torri poligonali, di impianto regolare o meno, permarranno in uso per tutta l'epoca romana e bizantina[114] e troveranno diffusione nelle fortificazioni europee dei secoli centrali del medioevo[115], perdurando, in alcune aree, anche oltre.
Una variante dell'impianto planimetrico poligonale è costituito dalle *torri a becco di sprone*, nelle quali il corpo turrito non presenta piú facce rettilinee perpendicolari all'attacco condotto frontalmente dal nemico, ma soltanto uno spigolo vivo.
Per molto tempo si è ascritta l'elaborazione di questa tipologia - che godrà di una certa fortuna anche nelle fortificazioni tardo medievali d'occidente[116]- all'epoca bizantina[117]. Per contro, Filone di Bisanzio fin dall'inizio del suo trattato illustra la forma pentagona e tetragona con un solo angolo sporgente come disegni efficaci nella realizzazione di torri[118].
Sono esempi dell'applicazione di questi profili la torre dell'acropoli di Acraiphia in Beozia e la torre del fronte meridionale delle fortificazioni di Paestum, relativa al programma tardo di implementazione delle fortificazioni (273 a. C.).
Nelle fortificazioni del castello Eurialo, a Siracusa, si trova come opera avanzata un possente bastione sporgente, nel quale il disegno sembra anticipare i manufatti che si concepiranno in epoca moderna, in seguito alla diffusione delle armi da fuoco[119].
Tuttavia gli esempi di torri o bastioni a becco risultano sporadici, forse anche a causa della debolezza di questi spigoli sporgenti ai colpi di *lithoboloi* o arieti.

Torri circolari, semicircolari, ad U

Gli impianti circolari e semicircolari o ad U rappresentano la miglior soluzione per le esigenze di difesa e sorveglianza. Filone ne raccomanda l'uso e suggerisce, al fine di facilitarne la costruzione, di misurarne la circonferenza, fornendo ai tagliapietre sagome lignee che ne riproducano il raggio di curvatura[120]. Egli insiste sull'efficienza e sulla resistenza di questo tipo di torri, contro le quali i colpi rimbalzeranno senza che le pietre cedano, in quanto esse sono piú larghe all'esterno che all'interno.
Anche Vitruvio afferma (Libro I, 3, 5)[121] che nella forma rotonda le pietre tagliate a cuneo resistono meglio ai colpi, che le possono solamente spingere verso il centro. Si vuole cioè dire che ogni assise si comporta come un arco a cunei orizzontale[122]. Le strutture curvilinee, attraverso le aperture di tiro e gli spazi fra le merlature dell'ultimo livello, consentono inoltre la possibilità di una difesa panoramica, eliminando l'angolo morto connaturato alla presenza di spigoli sporgenti.
Le torri rotonde, per quanto non manchino esempi precedenti[123], sembrano essersi ridiffuse a partire dalla prima metà del IV secolo a.C., in relazione coi programmi fortificatori del generale tebano Epaminonda nei centri del Peloponneso e con le mutate tattiche di assedio[124].
Progressivamente, il loro uso si propagherà in tutte le aree del mediterraneo ellenizzato, anche se, come già detto, non soppianteranno le torri quadrate, coesistendo spesso all'interno dello stesso impianto fortificato. A Messene esse si trovano ancora in minoranza (3 su 24), così come a Mantinea (7 su 120), dove oculatamente sono poste a difesa delle porte.
Il fiancheggiamento delle porte risulta essere il campo di applicazione privilegiato di queste strutture: torri circolari, semicircolari o ad U sono collocate a difesa degli ingressi principali del Pireo, di Stinfalo, Tebe, Perga, Corinto, Kastraki[125]. Questo utilizzo perdurerà anche in età romana e la presenza di torri rotonde a fianco delle porte urbiche connoterà spesso i programmi di difesa e monumentalizzazione delle città in tutte le aree dell'impero[126].
In alcuni casi il loro impiego all'interno della cinta fortificata si fa preponderante: è il caso di Phigalia, dove ce ne sono 18 su 31 conservate, e di Iasos, nella cinta di terraferma, dove il loro impiego si fa pressoché esclusivo.
Un uso sistematico delle torri a pianta curvilinea si verifica anche nelle fortificazioni di Kleitar, Kasarmi e Gortys d'Arcadia, ma anche nelle altre aree del mediterraneo ellenizzato se ne conservano numerosi esempi[127].

Fig. 57
Nicea. Torre bizantina a pianta curvilinea con paramento in laterizio. In primo piano si nota un tratto di cortina realizzato con la caratteristica muratura di tipo *cloisonné* particolarmente diffusa in epoca comnena e lascaride

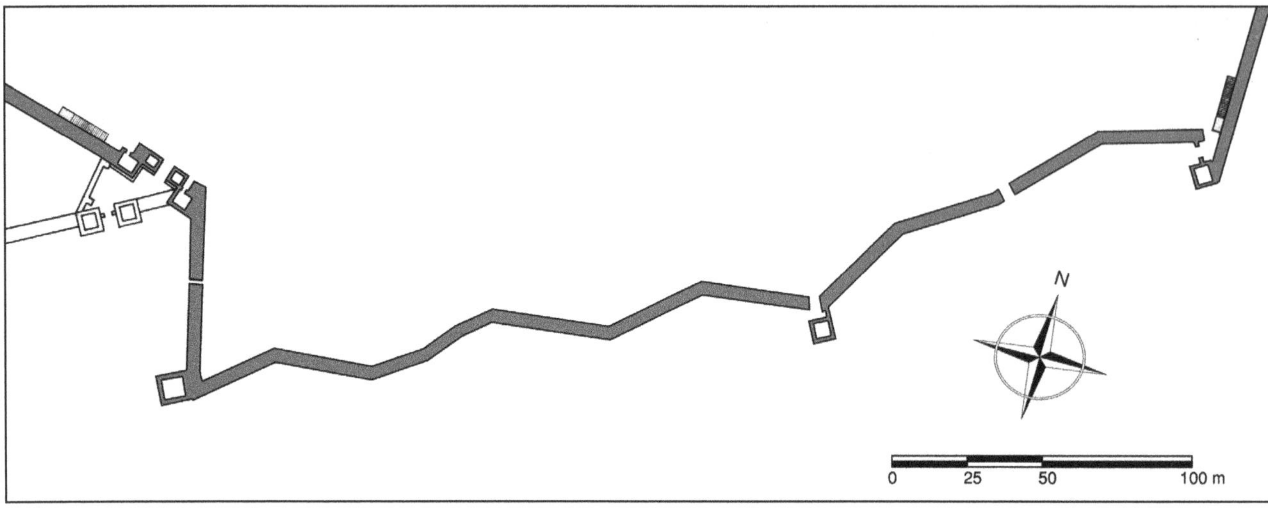

Fig. 58
Tracciato dal disegno a spezzata nelle mura di Mileto (ridisegnato dai rilievi di Adam, *L'Architetcure militaire,* p.68)

I salienti, le cremagliere, i bastioni

Si tratta di sistemi elaborati per provvedere al fiancheggiamento delle cortine murarie e per ovviare al problema dell'angolo morto che si produce inevitabilmente ai piedi di queste ultime. Nel caso del tracciato a salienti[128] e delle cremagliere (che ne rappresentano un caso particolare) questi obiettivi si raggiungono attraverso l'opportuna articolazione del tracciato delle mura, senza quindi la necessità di erigere strutture supplementari che superino in altezza la quota del camminamento di ronda. La cortina muraria è cioè realizzata secondo un disegno a linea spezzata, che crea sul fronte un'alternanza di concavità e convessità, facilitandone la copertura con tiri piombanti o di fiancheggiamento.

La *cremagliera* è un particolare tracciato, caratterizzato da tratti rettilinei discontinui, raccordati da segmenti piú brevi posti in direzione perpendicolare o quasi ai primi[129]. In questo ambito, Garlan[130] distingue ulteriormente in andamenti a *vera cremagliera,* in cui anche le cortine interne presentano un andamento dentellato, e tracciati a *falsa cremagliera,* dove soltanto la superficie esterna è provvista di riseghe in successione, mentre all'interno l'andamento della muratura si mantiene pressoché rettilineo.

Il criterio fondamentale per garantire la reale efficacia di queste postazioni è che la lunghezza di ciascun tratto rettilineo non superi la gittata utile di un'arma da lancio, inoltre lo sviluppo delle cremagliere è studiato in modo che i difensori possano battere il fianco destro degli assedianti che, come è noto, era particolarmente vulnerabile in quanto non protetto da scudo.

Nei casi più antichi i tracciati a salienti, o propriamente a cremagliera, sembrano più condizionati dall'orografia del terreno che da considerazioni di tipo tattico. Gli impianti planimetrici di Troia VI, Tirinto e Micene mostrano comunque che l'applicazione, anche sistematica, di questo tipo di tracciato risale ad epoche molto antiche[131].

Anche in epoca classica il disegno del circuito delle mura secondo tracciati "a denti di sega", che consente di economizzare sulla frequenza delle torri, sembra risentire fortemente della situazione orografica contingente, mentre dal IV secolo fanno la loro ricomparsa, probabilmente ad opera degli ingegneri militari macedoni[132], gli andamenti a cremagliera che, come le torri circolari, erano stati da lungo tempo accantonati[133].

A quest'ultimo periodo risalgono i tracciati a cremagliera di due fortificazioni del Peloponneso, Gortina d'Arcadia e Samikon in Triphilia, un tratto delle mura di Stratos in Acarnania e le lunghe mura del Dema, vicino ad Atene (con postierle aperte in ogni risalto e riseghe piuttosto ravvicinate)[134].

Durante la stagione dell'Ellenismo questi sistemi sono progressivamente perfezionati, secondo schemi che prevedono la copertura reciproca delle opere difensive e la moltiplicazione delle sortite da parte dei difensori tramite, postierle collocate in corrispondenza delle torri o lungo le cortine.

Valutazioni di ordine strategico e tattico, legate anche alle potenzialità delle nuove macchine belliche, diventano i veri criteri informatori per il disegno delle fortificazioni.

Caratterizzato da andamento a linea spezzata con angoli e torri sporgenti, con un disegno che appare informato a criteri di tipo tattico è ad esempio il fronte sud della cinta di Dura-Europos.

Tra la fine del IV secolo e la metà del successivo ai tracciati a cremagliera semplice si andranno a sostituire sempre più di frequente cinte dal tracciato a *cremagliera bastionata,* nei quali il percorso a salienti risulta ritmicamente scandito dalla proiezione di torri, capaci di alloggiare al loro interno, o sulla piattaforma sommitale, le artiglierie pesanti per il tiro radente e la difesa a distanza.

Una delle aree dove queste soluzioni raggiungono un elevato livello di maturazione è la Caria.

A Priene, su gran parte dei fronti sud ed est della cinta muraria, l'applicazione sistematica di tracciati a cremagliera

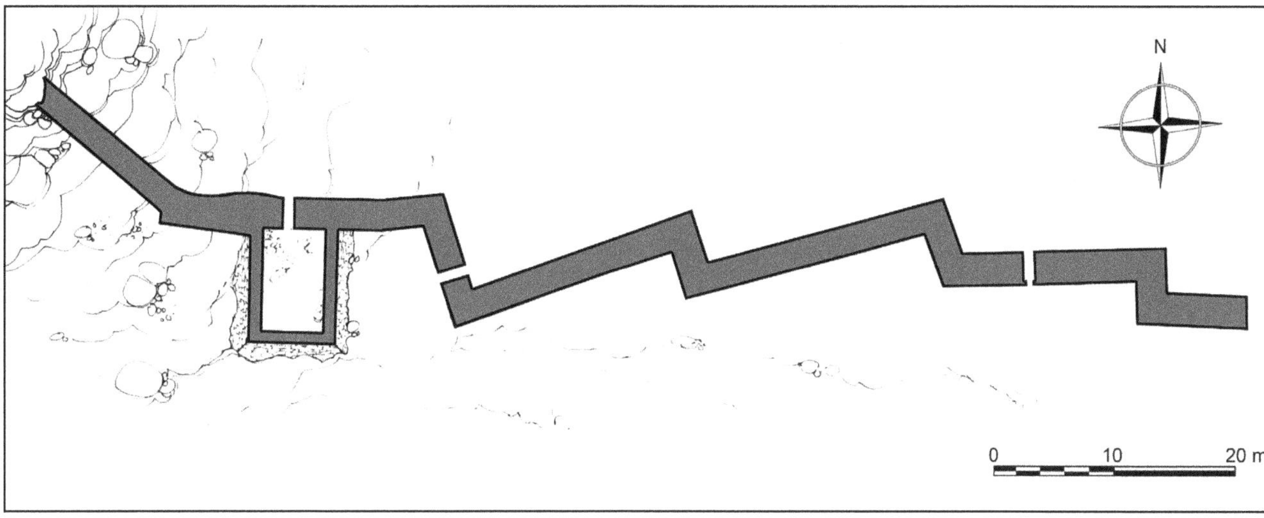

Fig. 59
Samikon, acropoli. Tracciato a cremagliera con postierle (ridisegnato dai rilievi di Adam, *L'Architetcure militaire,* p.66)

consente di utilizzare un minor numero di torri, mentre nelle fortificazioni di Efeso (non lontano, ma in Frigia) questo tipo di profilo si snoda lungo il crinale del Bülbül Dagh.

Sistemi ancor più elaborati possono essere osservati nella cinta muraria di Mileto, nella quale sono applicati simultaneamente tracciati a denti di sega (nel settore sud-est) e a cremagliera bastionata (nel settore ad ovest della porta sud), dove ad ogni risalto della cremagliera sono accoppiate una torre quadrata ed una postierla.

Dispositivi tattici particolarmente raffinati, concepiti secondo i criteri della difesa attiva tipica dell'Ellenismo si ritrovano nella *cinta di terraferma* di Iasos. Qui i tratti a cremagliera, con una postierla ed una feritoia aperte su ogni risalto, sono intervallati da torri ad U profondamente sporgenti, con due postierle ai lati e ben cinque aperture di tiro per pezzi d'artiglieria media o pesante lungo il perimetro. Inoltre, i tratti rettilinei delle cortine sono frequentemente traforati da feritoie per il tiro con l'arco o con gli *scorpiones*, che creano un ulteriore livello di difesa all'altezza del suolo.

Sempre riconducibile all'Ellenismo maturo è l'elaborazione di tracciati a salienti quadrati. Essi dall'esterno appaiono come torri della stessa altezza delle cortine, ma si tratta in realtà di semplici articolazioni di quest'ultime. Gli esempi di questo sistema per il potenziamento della difesa fiancheggiante non sono numerosi nel mondo ellenico, mentre troveranno vasta diffusione nelle fortificazioni tardo romane[135] e di epoca medievale (secondo la tipologia della torre "a gola aperta").

In Grecia si riscontrano nella fortezza tardo ellenistica posta a sud-est della cinta di Gortina e negli interventi tardi sulla collina dell'Aspis ad Argo. In Asia Minore il loro utilizzo appare in due fortificazioni licie: nel fronte est della cinta di Xanthos, in maniera sporadica e nella fortezza di Kydna, dove si alternano sistematicamente alle torri quadrate lungo l'intero perimetro[136].

Possiamo definire i *bastioni* come strutture piene, della stessa altezza delle cortine e sporgenti o meno da essa, che attraverso un'inspessimento della sezione muraria, consentono di intensificare la difesa accogliendo uomini o macchine belliche in corrispondenza di settori della fortificazione considerati nevralgici[137].

Fin dalle epoche più antiche,[138] il ruolo principale dei bastioni è stato quello della protezione delle porte, tradizionalmente punti deboli della cinta muraria. A tale proposito, erano previsti in modo che da essi si potesse battere il fianco destro del nemico giunto in prossimità delle porte, come a Gyphtokastro, dove un bastione sporge dal fianco destro della cortina, ma potevano essere collocati anche su entrambi i lati dell'accesso, come a Mantinea.

Non sempre ad un aumento di spessore del muro, che rendeva queste strutture piene particolarmente resistenti all'azione delle macchine d'assedio, corrisponde una sporgenza rispetto al filo esterno delle cortine: le porte di Gortina d'Arcadia, Kasarmi, Oiniadai, mostrano infatti bastioni sporgenti verso l'interno della cinta muraria.

In epoca ellenistica, le mutate tecniche belliche inducono gli eserciti asserragliati all'interno delle piazzeforti a collocare pezzi d'artiglieria non più soltanto all'interno o alla sommità delle torri, ma anche lungo le cortine. A questo fine, gli architetti militari prevedono lungo le mura apposite postazioni bastionate, all'interno delle quali possono trovare collocazione le catapulte pesanti. Un esempio di articolazione della cortina appositamente studiata per ospitare artiglierie pesanti si ha nella cinta muraria di Eraclea del Latmos: al bastione che si proietta all'esterno, corrisponde una nicchia rettangolare ricavata sul filo interno della cortina e protetta da due setti murari disposti in direzione ortogonale[139].

Una soluzione simile si può trovare ad Efeso, nelle fortificazioni sul monte Coressos[140], dove la scarsella è collocata in adiacenza alla scalinata d'accesso alla *parodos.*

Le Porte

I varchi che mettono in comunicazione l'interno dell'area fortificata con l'esterno, interrompendo la continuità delle cortine murarie, sono da sempre punti di importanza nevralgica e allo stesso tempo di grande vulnerabilità, anche perché i diaframmi che serrano questi accessi risultano particolarmente esposti all'azione del fuoco e delle macchine belliche.

Qualora uno di questi ingressi monumentali cada, si crea una falla di sezione notevole all'interno della cinta muraria, che consente agli assedianti di riversarsi in breve tempo ed in gran numero all'interno di quest'ultima. D'altro canto, un requisito che si manifesta, apparentemente in contraddizione con le esigenze strettamente difensive, è quello di garantire, in tempo di pace, un accesso agevole alla città o alla piazzaforte, con un transito scorrevole per uomini e merci e, in caso di pericolo, un rapido afflusso alla popolazione in cerca di rifugio e alle truppe preposte alla difesa[141].

Non va poi trascurata quella ricerca di monumentalità, permeata di componenti evocative e simboliche, che fin da subito caratterizzerà le realtà urbane del mondo ellenizzato, all'interno della quale le porte rivestiranno un ruolo di centralità.

Per questi motivi, già negli esempi più antichi, le porte furono dotate di strutture ed elaborati accorgimenti difensivi supplementari, senza ignorare le componenti estetiche, monumentali e apotropaiche.

Già a Troia e Tirinto era stato sperimentato il sistema delle *porte scee*, dove l'assediante era costretto ad approssimarsi alla porta tramite un percorso che ne esponeva il fianco destro, non protetto da scudo, ai colpi dei difensori[142].

In alcuni casi venivano realizzati veri e propri corridoi bastionati, che fiancheggiavano su entrambi i lati il tragitto che conduceva alla porta. Ne è un esempio la Porta dei Leoni a Micene, nella quale al primo bastione posto lungo l'accesso in salita a sinistra della porta[143], fu aggiunto un altro bastione sul fianco opposto[144].

Porte collocate in settori naturalmente protetti e contraddistinte da varchi abbastanza angusti sembrano caratterizzare le porte delle fortificazioni dall'età del Bronzo fino al periodo Geometrico, per quanto gli esempi a disposizione non siano molti.

In ogni caso è possibile individuare fino da subito due sistemi principali per l'organizzazione della difesa delle porte, che connotano dal punto di vista tattico queste strutture difensive[145]. A queste categorie, operando eventualmente suddivisioni ulteriori, possono essere ricondotti sia gli esempi più antichi, sia gli impianti più articolati elaborati in epoca ellenistica o successiva.

La prima categoria è caratterizzata da un'apertura che insiste lungo un tratto continuo di mura, con torri o bastioni sporgenti a proteggere l'accesso, su uno od entrambi i fianchi.

La seconda presenta uno schema a corridoio, estroflesso o incassato rispetto al filo delle cortine e delimitato da muri continui sui quali possono attestarsi o meno torri e bastioni[146]. Questi due schemi tipologici sembrano trovare sintesi in quelle complesse elaborazioni dell'accesso fortificato note come *porte a tenaglia* e *porte a corte*.

Le porte del primo tipo, nelle versioni più semplici ed economiche, ma non meno efficaci, presentano una sola torre sporgente (o bastione) e qualora l'orografia lo permetta, un percorso di accesso che obbliga chi si avvicina a volgere il fianco destro alle cortine.

Esse sono largamente diffuse anche in periodo classico ed ellenistico. Se ne ritrovano esempi a Kasarmi, Kydna, Oiniadai e Aigosthena[147]. Qualora l'entrata avvenga frontalmente, la struttura in aggetto per il fiancheggiamento dell'aggressore è collocata sul lato destro, come avviene nella porta est di Eraclea del Latmos, in quella ovest di Thorikos[148] e a Pleuron.

Una ingegnosa soluzione messa in pratica a Sydima in Licia, prevede la collocazione di una torre quadrata, con angolo sporgente in corrispondenza dell'accesso, che avviene in direzione obliqua. Qui, la possibilità di difesa fiancheggiante è incrementata grazie all'introduzione di una risega nel tracciato della cinta muraria, a destra della porta: da questo saliente è infatti possibile prendere il nemico alle spalle.

Un sistema più elaborato, prevede la realizzazione di due corpi turriti ad inquadrare l'ingresso. Oltre ad un evidente potenziamento della difesa, che è condotta così da ambo i lati, questa tipologia conferisce alla porta una maggior monumentalità, tant'è che sarà la soluzione più diffusa per le porte urbiche in età romana, perdurando anche per molti secoli oltre.

La soluzione a doppia torre si ritrova nella porta ovest di Assos, nella porta di Eitioneia al Pireo, nella porta sud di Thorikos, nella porta sud di Phigalia ed in quella di Dura-Europos[149].

A Mileto, nella porta dei Leoni, l'azione delle torri, delle quali una quadrata ed una poligonale, risulta supportata dalla presenza di una risega nell'andamento delle cortine, che appaiono frequentemente traforate da feritoie a livello del cammino di ronda[150].

Anche a Mamakou, nella Locride, nella porta est, una coppia di torri quadrate poste agli estremi dei tratti di cortina serra l'ingresso, ridotto ad uno stretto passaggio e collocato in corrispondenza di una brusca deviazione del tracciato delle mura[151]. Questo accorgimento accentua l'azione di fiancheggiamento da parte delle torri laterali.

La sofisticata soluzione espressa in alcune porte di Mantinea mostra già i caratteri propri della seconda tipologia: qui la porta è alloggiata all'interno di un saliente che determina una discontinuità nello sviluppo delle mura. I tratti di cortina si sovrappongono per oltre venti metri, originando così un corridoio articolato da salienti e da diaframmi successivi; il fiancheggiamento dell'ingresso può avvenire mediante poderose torri rotonde cave, dalle quali è possibile battere il nemico su ogni lato, oppure mediante torri quadrate o rettangolari.

La cinta muraria dell'acropoli di Gortina d'Arcadia, con ampi settori riconducibili ai programmi fortificatori macedoni di IV secolo[152], mostra due diverse interpretazioni del tema della porta detta *a corridoio*. Le porte sud-est e nord sono infatti protette da due tratti di muro tra loro paralleli, in sporgenza rispetto al filo delle cortine. La porta nord-

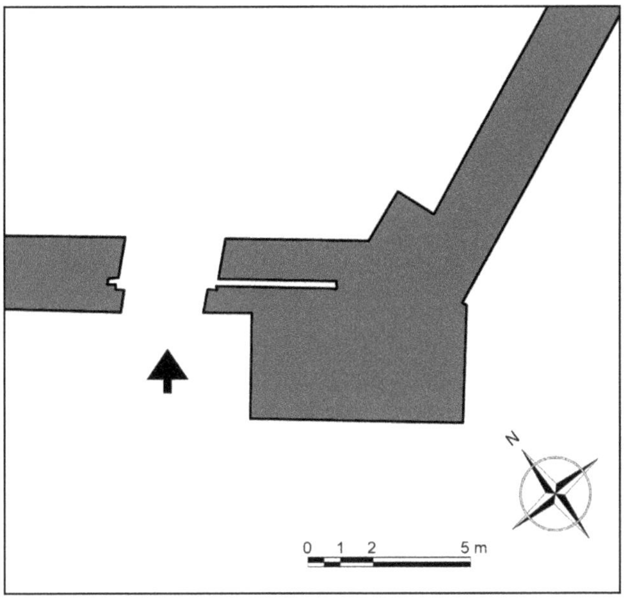

Fig. 60

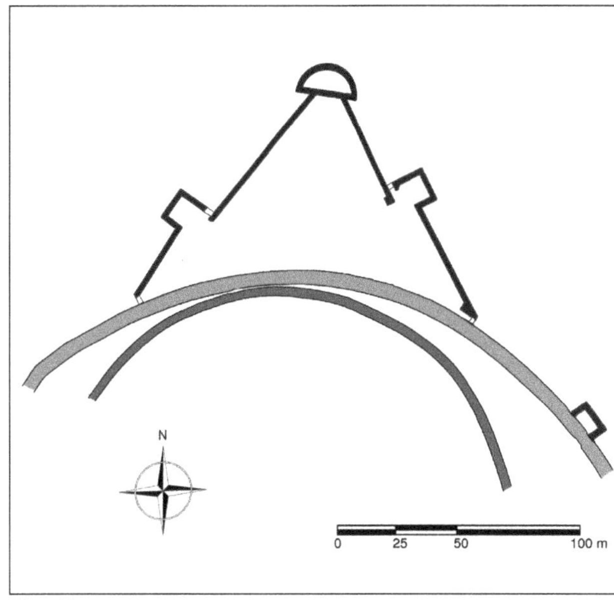

Fig. 61

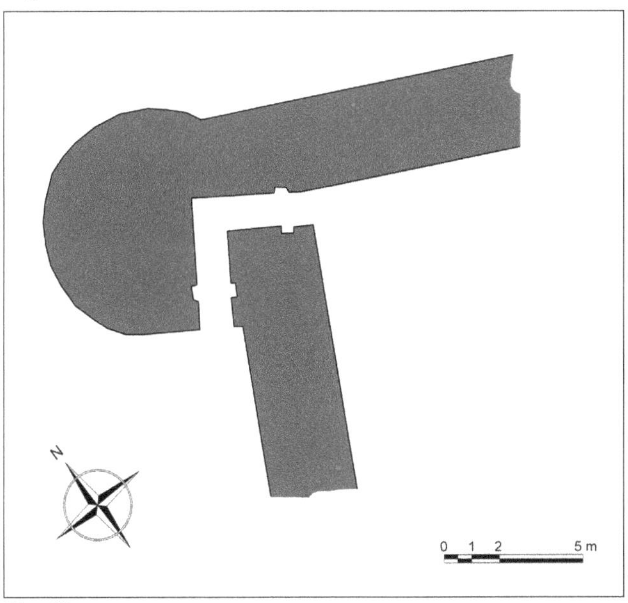

Fig. 62

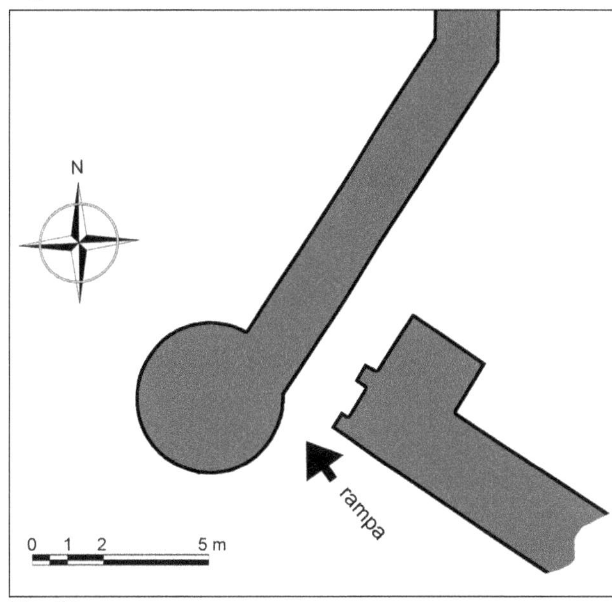

Fig. 63

Fig. 60
Pleuron. Ingresso principale, difeso sulla destra di chi si approssimi, da un bastione rettangolare (ridisegnato dai rilievi di Adam, *L'Architetcure militaire,* p.80)

Fig. 61
Argo. Il grande bastione semicircolare che difende l'estremità settentrionale dell'Aspis (ridisegnato dai rilievi di Adam, *L'Architetcure militaire,* p.68)

Fig. 62
Zarax. Struttura circolare posta a difesa di una postierla dal tracciato a gomito, predisposta per l'interposizione di un doppio diaframma (ridisegnato dai rilievi di Adam, *L'Architetcure militaire,* p.97)

Fig. 63
Kasarmi. Ingresso principale all'acropoli fortificata. L'accesso avviene attraverso una rampa opportunamente situata alla destra della porta (ridisegnato dai rilievi di Adam, *L'Architetcure militaire,* p.78)

Fig. 64
Xanthos, Lycia. Porta sud del tipo a corridoio difesa da due bastioni che inspessiscono le cortine (ridisegnato dai rilievi di Adam, *L'Architetcure militaire,* p.83)

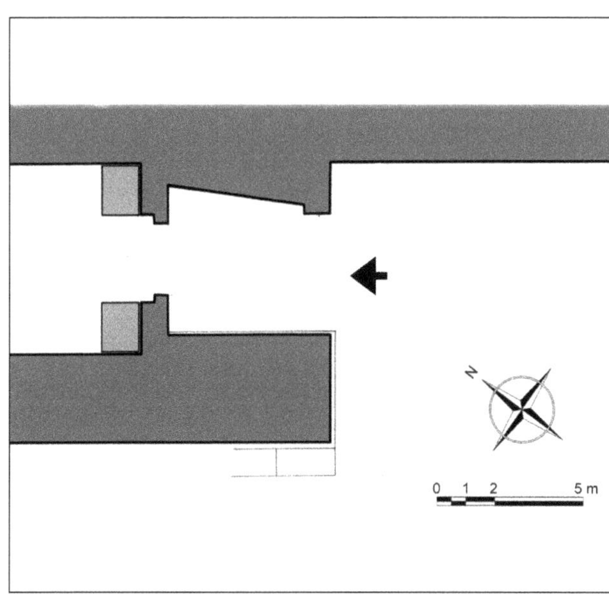

Fig. 64

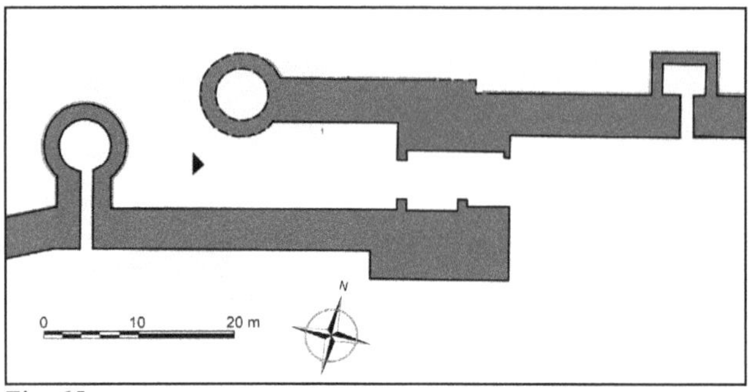

Fig. 65

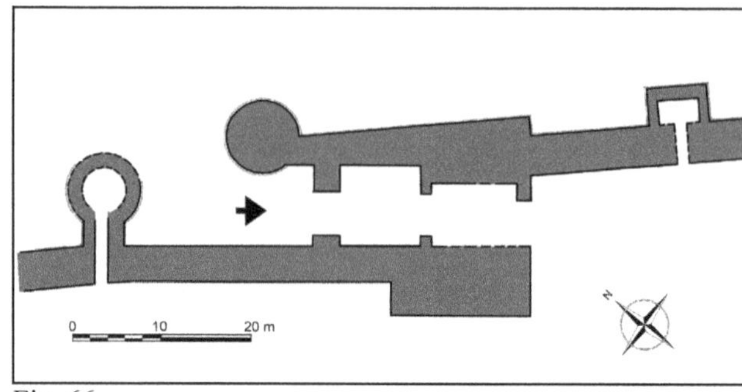

Fig. 66

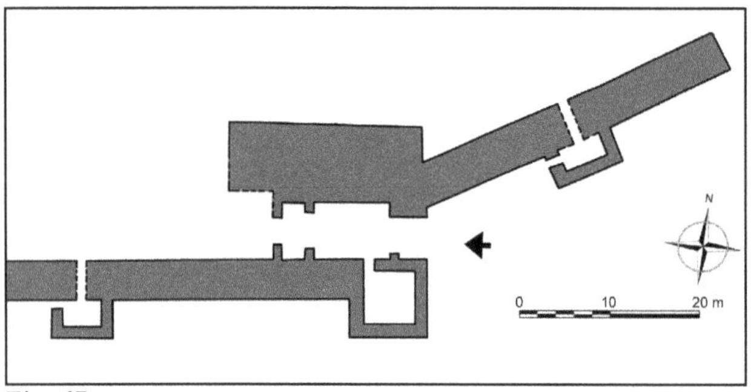

Fig. 67

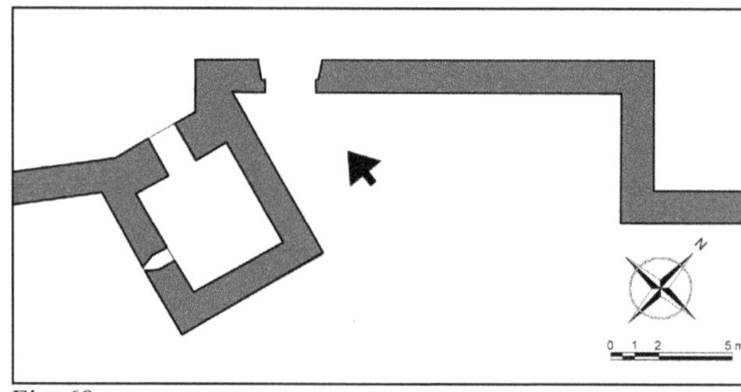

Fig. 68

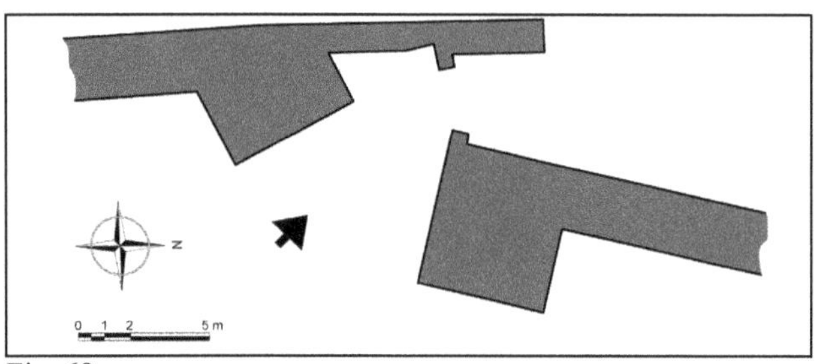

Fig. 69

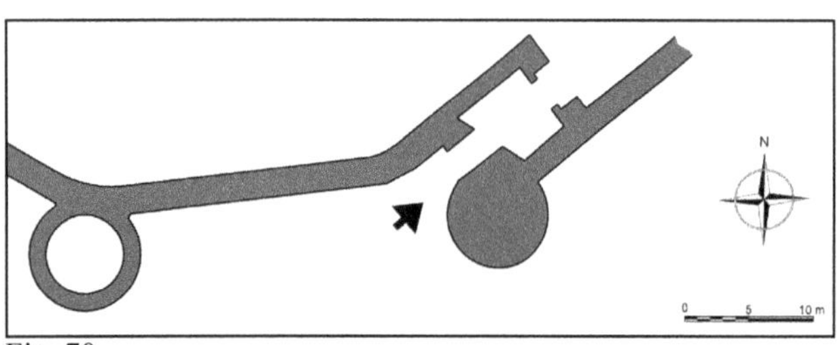

Fig. 70

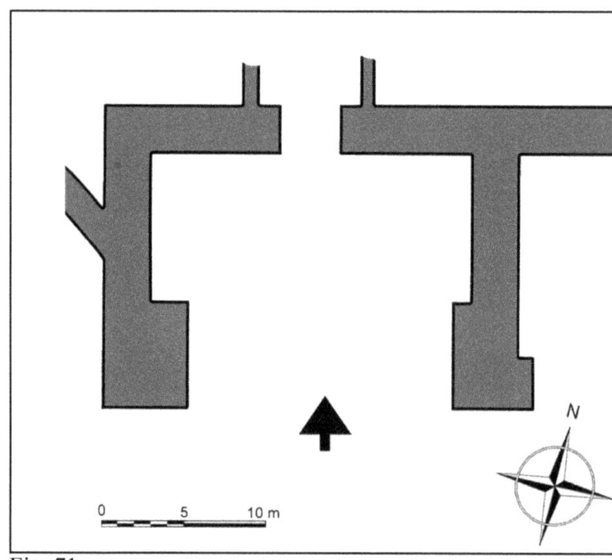

Fig. 71

Fig. 65
Il complesso sistema messo in atto in una porta delle mura di Mantinea. L'ingresso appare difeso da due torri circolari e da un lungo corridoio, terminante in due bastioni ed in una serie di strozzature (ridisegnato dai rilievi di Adam, *L'Architetcure militaire,* p. 71)

Fig. 66
Mantinea. Porta a corridoio difesa da due torri semicircolari (ridisegnato dai rilievi di Adam, *L'Architetcure militaire,* p. 83)

Fig. 67
Mantinea. Porta a corridoio difesa da un bastione di fiancheggiamento (ridisegnato dai rilievi di Adam, *L'Architetcure militaire,* p.83)

Fig. 68
Sidyma. Porta collocata in fondo ad un recesso, difesa da una torre in posizione obliqua e da un saliente che articola la cortina (ridisegnato dai rilievi di Adam, *L'Architetcure militaire,* p. 80)

Fig. 69
Dystos, porta dell'acropoli, con disegno che rielabora il sistema della tenaglia attraverso due corpi in proiezione (ridisegnato dai rilievi di Adam, *L'Architetcure militaire,* p. 87)

Fig. 70
Kastraki, porta dell'acropoli. Il sistema difensivo prevede, oltre alla sovrapposizione dei bracci di cortina, la presenza di una corte compartimentata (ridisegnato dai rilievi di Adam, *L'Architetcure militaire,* p. 91)

Fig. 71
Stratos (Acarnania). La grande porta sud a tenaglia, con corpi bastionati posti a terminazione dei bracci (ridisegnato dai rilievi di Adam, *L'Architetcure militaire,* p. 89)

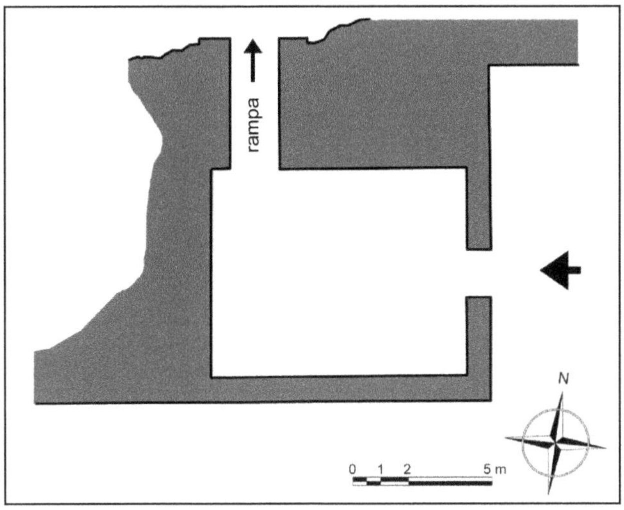

Fig. 72
Typaniai. Porta a corte con accessi non allineati, ma con assi collocati in direzione ortogonale (ridisegnato dai rilievi di Adam, *L'Architetcure militaire,* p. 89)

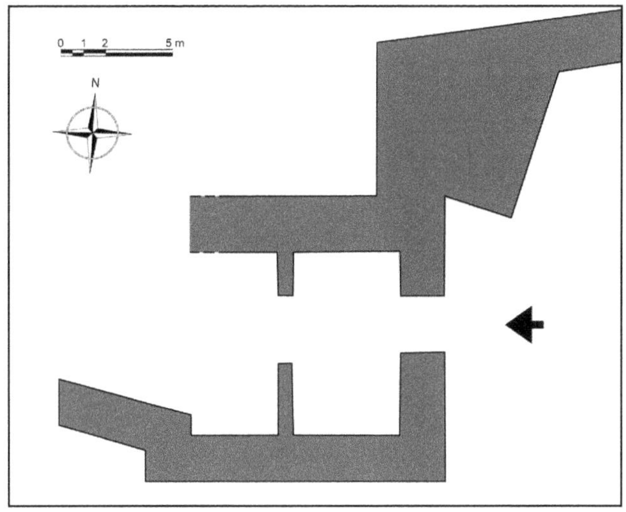

Fig. 73
Gyphtokastro. L'ingresso meridionale, del tipo a corte, con bastione obliquo che batte la destra dell'aggressore (ridisegnato dai rilievi di Adam, *L'Architetcure militaire,* p. 70)

est, risulta invece incassata fra tratti di cortina convergenti, che tornano ad essere paralleli in corrispondenza della strozzatura, secondo un disegno ad imbuto, determinando nel loro tratto terminale un vero e proprio corridoio[153]. In quest'ultimo caso, nel quale si può parlare di sistema *a tenaglia*, il nemico che si approssima alla porta è sottoposto ad un sempre più intenso fuoco di fiancheggiamento su ambo i lati. L'intera cinta fortificata fa ricorso alle torri solo raramente e soprattutto in corrispondenza di settori ben circoscritti, probabilmente risalenti ad un'epoca antecedente[154]. Il fiancheggiamento delle porte è quindi risolto attraverso la predisposizioni di accessi a corridoio, mentre quello delle cortine è ottenuto mediante l'uso del disegno a cremagliera, con risalti sistematici e serrati su gran parte del fronte nord-est.

Esempi di articolate porte *a tenaglia* si ritrovano nelle fortificazioni greche d'occidente, in particolar modo siciliane[155].

A Lentini, ad esempio, la porta a tenaglia a bracci convergenti bastionati ed accessi multipli appare come un prolungamento della stretta gola d'accesso. Ad Agrigento, invece, la porta lungo il muro est si apre al termine di una tenaglia in cui il tracciato dei muri in proiezione segue il naturale andamento orografico[156].

A Siracusa, ancora, l'accesso ovest all'Epipoli è costituito da un'imponente porta a tenaglia a setti convergenti conclusi da un fronte a tre aperture (*tripylon*). Il sistema difensivo dello stadio conclusivo (frutto di interventi maturati in un arco cronologico che va dalla fine del V secolo alla fine del III a.C.) è quanto di più accurato: una tripla serie di opere avanzate, due con cortine in tracciato a denti di sega conduceva la difesa antemurale del *tripylon*, mentre un condotto sotterraneo in diretta comunicazione col forte dell'Eurialo ne attraversava la corte antistante e le mura, conducendo all'interno dell'Epipoli.

Un altro elaborato sistema di difesa *proteichismata*, cioè con successive opere avanzate, caratterizzava in epoca ellenistica l'accesso alla porta nord di Selinunte. Si tratta di articolati dispositivi per la difesa attiva, costituiti da

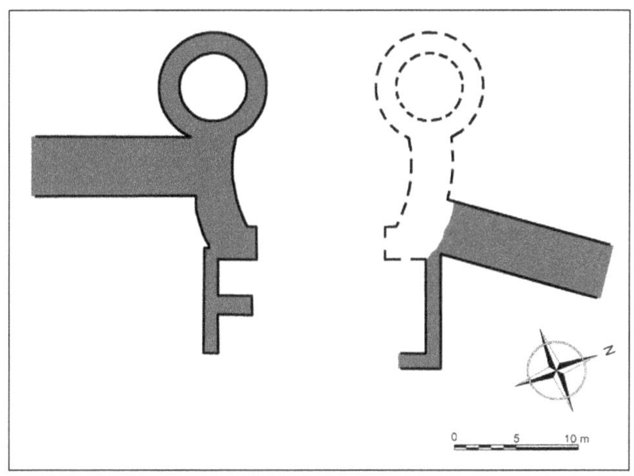

Fig. 74
Mantinea. La porta a tenaglia (ridisegnato dai rilievi di Adam, *L'Architetcure militaire,* p. 89)

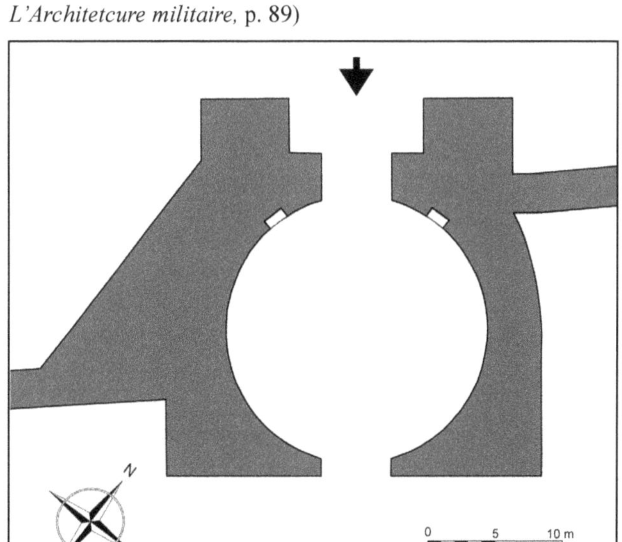

Fig. 75
Messene. La Porta d'Arcadia, con grande corte monumentale a pianta circolare (ridisegnato dai rilievi di Adam, *L'Architetcure militaire,* p. 89)

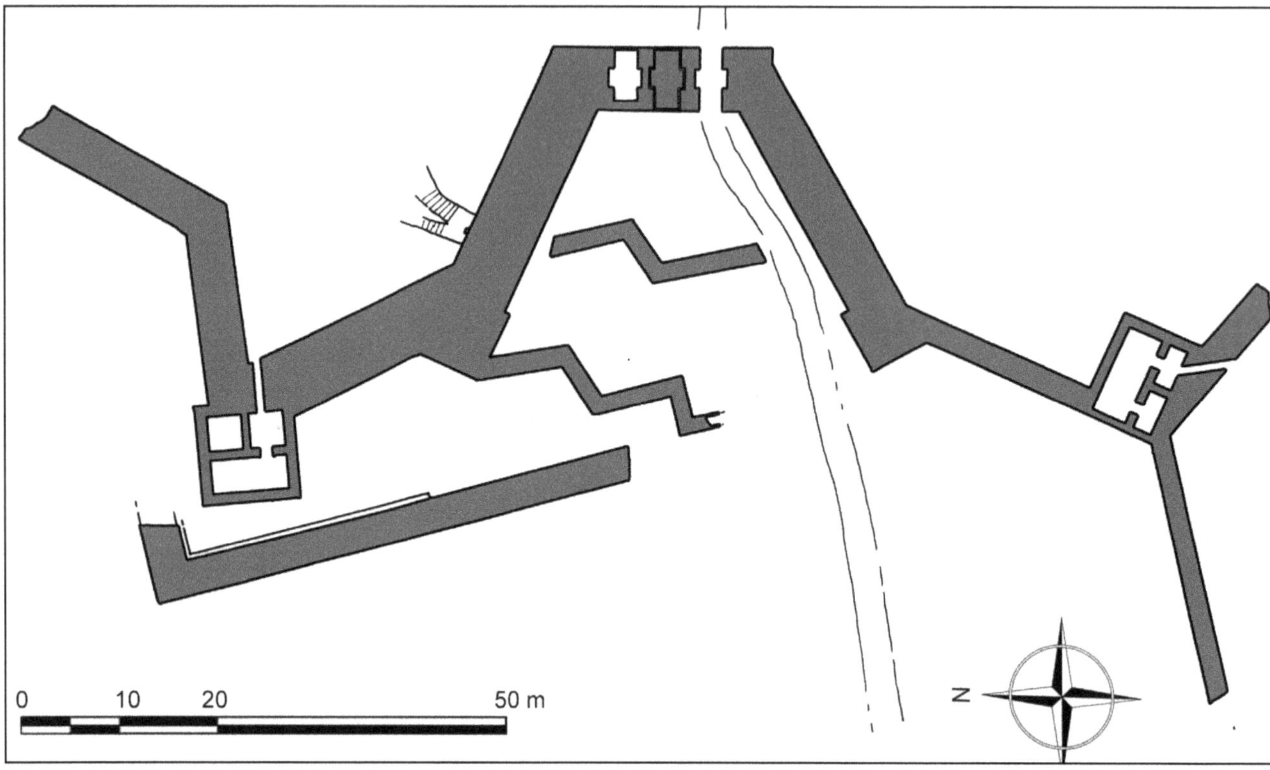

Fig. 76
Siracusa. La grande porta a tenaglia, provvista di opere antemurali situata ai piedi della Fortezza dell'Eurialo (ridisegnato dai rilievi di Adam, *L'Architetcure militaire*, p. 86)

cortine dal caratteristico impianto ad L e trincee, che anche attraverso l'impiego massiccio dell'artiglieria pesante, rendeva virtualmente impossibile l'approccio alla porta vera e propria[157].

La tipologia della porta a tenaglia si presta a molteplici declinazioni, influenzate da fattori orografici, tattici e nondimeno monumentali, il cui repertorio è osservabile anche nelle fortificazioni della madrepatria e dei territori orientali.

A Dystos, in Eubea[158], la porta si apre nel risalto originato dallo slittamento a saliente del tracciato delle mura[159] e la tenaglia è realizzata attraveso la collocazione di due torri sporgenti in direzione obliqua, che assicurano il fiancheggiamento dell'intera area antistante l'ingresso. In più, oltrepassato quest'ultimo, il corridoio prosegue per qualche metro ancora, tramite la sovrapposizione dei tratti di cortina. A Stratos, in Acarnania, la porta meridionale, presenta due bracci bastionati in proiezione rispetto al circuito murario, inquadranti uno spazio pressoché simmetrico davanti all'ingresso vero e proprio.

In Attica le porte del quartiere Ceramico di Atene e le porte Nord del Pireo offrono esempi di opere a tenaglia con bracci rettilinei e paralleli. Nel caso delle porte del settore nord-ovest di Atene[160], sia la Porta Sacra che il *Dipylon* mostrano uno schema a tenaglia, con doppio accesso fortemente arretrato rispetto al filo delle cortine e possenti torri o bastioni agli angoli del profondo corridoio che si crea. Il sistema difensivo è completato da una serie di *proteichisma* che si attestano sui cigli dei fossati, delimitando così punti di passaggio obbligato per l'accesso alla città. Al Pireo le porte ad ovest ed in continuità col circuito nord delle Lunghe Mura, presentano configurazione a tenaglia di sviluppo più contenuto, ma sono ugualmente munite di di bastioni ai quattro angoli dei corridoi rettangolari. In più la porta di Asty è munita di due elementi turriformi fortemente sporgenti dal filo delle cortine che ne difendono ulteriormente l'accesso.

Una struttura a pianta curvilinea è invece collocata all'intersezione della cinta muraria con il settore nord delle Lunghe Mura, immediatamente a sinistra della porta a tenaglia, contribuendone così al fiancheggiamento.

Nella costa meridionale dell'Attica, le fortificazioni di Capo Sounion mostrano similmente una *porta a tenaglia*, in prossimità del suo estremo settentrionale. Si tratta di un dispositivo affine a quelli riscontrati a Dystos e Mantinea, in cui l'accesso si apre lungo la sovrapposizione di due tratti rettilinei di cinta muraria, evitando in questo modo l'approccio frontale alla porta. Il tratto di cortina più esterno si conclude con una torre quadrata che batte il fianco destro di chi si avvicina. In posizione lievemente più arretrata e di dimensioni più contenute, un'altra torre sporgente è collocata sul braccio più interno del corridoio, in modo da poter contrastare frontalmente e sul lato sinistro il nemico che avesse avuto accesso al corridoio[161].

A Iasos, nella *cinta muraria dell'isola*, per quanto sussistano scarsi tratti di elevato, possiamo riconoscere un sistema a tenaglia nelle strutture che mettono in relazione il settore nord dell'agorà con l'attuale istmo, solcato in antico da un canale e che dovevano costituire l'accesso principale alla città caria[162].

Un'altra variante dell'opera a tenaglia prevede la presenza di bracci simmetrici dal disegno curvilineo, più o meno serrati in corrispondenza dell'apertura, arretrati o parzialmente estroflessi rispetto al filo della cortina muraria. Questi dispositivi dal tracciato avvolgente, che compaiono in diverse aree del mediterraneo ellenizzato[163] si trovano spesso in combinazione con possenti corpi turriti che si proiettano fortemente oltre il filo della cortina muraria, moltiplicando le possibilità di fuoco incrociato su tutta l'area antistante.

La porta di Perga, in Pamphilia, presenta ad esempio due torri circolari sui fianchi, a serrare, in un primo accesso, il disegno a tenaglia che si dipana alle loro spalle e che doveva concludersi con l'ingresso vero e proprio[164]. Le torri di questo centro microasiatico, di cui alcune quasi integralmente conservate, dimostrano un'attenzione straordinaria anche per gli aspetti formali, esplicitandone così le aspirazioni celebrative della potenza e del prestigio della città[165].

Queste soluzioni, per la loro efficacia tattica e per l'evidente e solenne monumentalità si imporranno fortemente anche nelle realizzazioni di epoca romana[166].

Qualora alle spalle di un primo ingresso si sviluppi un ambiente centralizzato completamente circondato da setti murari e concluso da un secondo varco, si è soliti definire il dispositivo come *porta a corte*.[167]

In questo caso il sistema difensivo, che non presenta sensibili differenze rispetto alle porte a tenaglia, è piuttosto efficace nell'eventualità che qualche nemico riesca a superare l'ostacolo costituito dal primo diaframma e risulta impercettibile alla vista dell'assediante.

Come in gran parte degli ingressi, la difesa è affidata anche a corpi turriti sporgenti, che ne esaltano pure la monumentalità. Quest'ultimo, come già detto, è un aspetto non trascurabile: la magnificenza della città si manifesta innanzitutto attraverso le sue porte; ciò aiuta anche a comprendere il successo che taluni modelli mutuati dal mondo ellenico riscuoteranno nei programmi urbanistici realizzati dai Romani in numerose regioni dell'impero e le profonde rielaborazioni in chiave monumentale che molte di esse vivranno nel momento in cui le reali esigenze difensive si faranno meno incombenti.

Una *porta a corte* che coniuga aspetti tattici a componenti decisamente monumentali è la Porta d'Arcadia della cinta muraria di Messene: qui, superato il primo ingresso fiancheggiato da due torri quadrate ci si immette in un ambiente a pianta circolare delimitato da muri di grande sezione, dove l'unico altro varco è situato in posizione diametralmente opposta[168].

L'attenzione per gli aspetti estetici e di rappresentanza si manifesta nella Porta d'Arcadia non soltanto per la scelta di un impianto planimetrico solenne ed evocativo, ma anche attraverso una speciale cura nella realizzazione e nella posa in opera di ogni singolo elemento architettonico: si veda ad esempio la raffinatissima finitura superficiale a scalpello o martellina delle bugne, a realizzare una tessitura geometrica, con funzione prettamente decorativa, o la presenza di cornici modanate[169].

Una corte con pianta ad andamento ovoidale, sembra essere stata realizzata nella porta di Elektra a Tebe[170].

Ad essa si saldano sul fronte esterno due possenti torri circolari, esempi unici dell'applicazione di questa tipologia lungo tutta la cinta muraria[171].

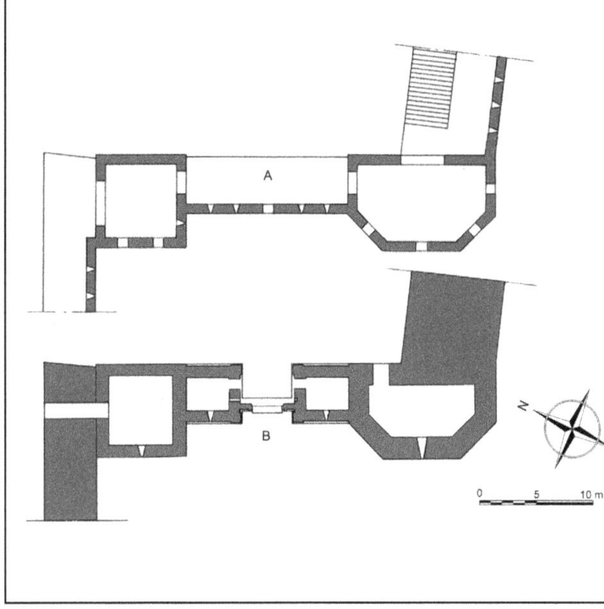

Fig. 77
Mileto. La Porta dei Leoni. Si notino i livelli multipli di difesa (ridisegnato dai rilievi di Adam, *L'Architetcure militaire*, p. 81)

Un complesso sistema di dispositivi difensivi e di ambienti a compartimento pressoché stagno, struttura l'accesso principale alla città di Side, in Pamphilia.

L'articolato disegno di questa architettura, illustra il grado di ingegnosità e raffinatezza raggiunto nella concezione di tali opere durante l'Ellenismo maturo e tardo.

L'ingresso avviene in direzione frontale rispetto al circuito murario; alle due possenti torri in proiezione, che inquadrano il primo diaframma, si aggiungevano, a filo di esso, due corpi turriti svettanti dal cammino di ronda, funzionali al lancio di proiettili di artiglieria[172]. Attraversato il corridoio, un varco successivo immette in un'ampia corte lastricata a pianta semicircolare e di carattere monumentale. L'ambiente è concluso da un passaggio fiancheggiato da due bastioni sporgenti, che conduce all'interno di una corte molto più piccola. Oltrepassato anche quest'ultimo ambiente cintato, un ulteriore varco introduce finalmente all'interno della città.

In altri casi si ritiene opportuno non collocare le aperture della corte in posizione assiale: in questo modo coloro che entrano sono costretti a compiere un percorso tortuoso e inaspettato, aumentando così la propria vulnerabilità. Presentano queste caratteristiche la porta dell'acropoli di Typaniai, in Triphilia, quella della cinta di Eleusi, nel suo tratto orientale e la grande porta di Efeso, in Frigia.

In quest'ultimo caso, la grande corte con pianta che tende al quadrato, parzialmente estroflessa rispetto all'andamento del circuito murario, presenta due accessi verso l'esterno[173]; essi sono protetti da tre torri rettangolari sporgenti, mentre un solo passaggio, collocato in posizione defilata rispetto al doppio ingresso, consente la penetrazione all'interno della città[174].

Le postierle

Da sempre presenti nelle fortificazioni del mondo ellenico, sono varchi secondari di sezione ristretta, aperti opportunamente lungo la cinta muraria o alla base delle torri. Se in tempo di pace possono contribuire a metteri in comunicazione la fortificazione (acropoli fortificata, cinta urbana, *Geländemauer*, o forte isolato) col territorio, il loro ruolo diventa imprescindibile in caso di assedio.

Questa importanza risulta ulteriormente accentuata durante l'epoca ellenistica, quando alla tattica dell'assalto, divenuta oramai generalizzata, si cerca di rispondere con la difesa attiva. Dalle postierle, infatti, è possibile condurre le sortite atte a contrastare o neutralizzare le iniziative del nemico, ma anche le controffensive che possono coglierlo di sorpresa ed i sabotaggi alle macchine d'assedio.

Le irruzioni effettuate dai difensori sul terreno antistante le mura, caratterizzate da rapidità ed imprevedibilità, sono supportate dalle azioni dei soldati appostati lungo le mura o all'interno delle torri.

A questo scopo le postierle risultano quasi sempre protette da dispositivi atti al fiancheggiamento e al tiro dominante, come torri, bastioni o salienti.

Per renderle meno esposte agli attacchi del nemico e per preservare l'incolumità degli uomini impiegati, durante le sortite questi ultimi utilizzano di preferenza postierle aperte sul fianco destro di una struttura sporgente (torre, o risalto della cinta muraria). I difensori fuoriescono così sul terreno antistante le mura volgendo al nemico il fianco sinistro, protetto da scudo, mentre quello destro risulta coperto dalle cortine.

Filone di Bisanzio, nel suo trattato compilato durante la prima metà del III secolo a.C., descrive la tattica da impiegare nelle sortite e i requisiti che devono avere le fortificazioni.

Riguardo alle postierle, egli prescrive che siano numerose e posizionate nelle strutture sporgenti, in modo tale che la squadra fuoriuscita da una postierla, una volta terminata l'azione, possa ripiegare all'interno delle mura attraverso l'apertura della postierla successiva, senza mai dover offrire il fianco destro ai colpi del nemico[175].

Come ha osservato Jean Pierre Adam[176], affinché una manovra del genere risulti efficace su tutto il perimetro fortificato, o su un settore rilevante di esso, ogni torre, o altra struttura in proiezione, dovrebbe essere dotata di due postierle, una per ogni fianco, in modo da poter gestire l'uscita ed il ricovero delle truppe.

Fig. 78
Assos. Postierla

Al momento, però, non si conoscono altri esempi di applicazione di questo accorgimento tattico, tranne che nella *cinta di terraferma* di Iasos[177]. In tutti gli altri casi noti, le postierle si aprono lungo un solo fianco delle torri (di preferenza il destro, come a Mantinea[178]), o in corrispondenza dei risalti delle cremagliere[179].

Per quanto presenti anche in fortificazioni molto antiche, il numero delle postierle sarà incrementato a partire dal secondo quarto del V secolo a.C.[180], con il diffondersi del tipo di cinta muraria *Geländemauer*, mentre, dal secolo successivo, il loro impiego massiccio diverrà insostituibile a causa dei mutati atteggiamenti tattici nella conduzione dell'assedio e della difesa[181].

La loro densità rimarrà comunque alta per tutta l'età ellenistica, anche in quelle fortificazioni che esprimono nel loro impianto planimetrico la concezione di difesa concentrata e aggressiva tipica di questo periodo.

Si sperimentano inoltre postierle dal tracciato più articolato, con disegno a zig-zag o ad L, o con andamento obliquo rispetto allo spessore della cinta muraria, con lo scopo di proteggere in maniera più efficace l'uscita o il rientro delle truppe o per sorprendere ed ostacolare più agevolmente il nemico che fosse riuscito a forzarle[182].

Un ulteriore dispositivo atto a condurre azioni sul terreno antistante le mura era l'*epikampion*, una camera coperta realizzata nell'angolo fra torre e cortina, interamente schermata da un muro tranne che in corrispondenza di una larga apertura posta in adiacenza alla cinta muraria.

Questo ambiente, in comunicazione con l'interno della fortificazione attraverso una stretta postierla, permetteva l'accumulo di un buon numero di uomini che improvvisamente facevano irruzione in massa – e non in file individuali - sul campo di battaglia.

Allo stesso modo, l'*epikampion* poteva assicurare una ritirata più rapida e sicura al termine o in caso di fallimento dell'azione. Il sistema è descritto da Filone di Bisanzio, ma gli unici esempi riscontrati si trovano nelle fortificazioni di Demetrias ed Eraclea del Latmos[183].

Le finestre

Il ruolo principale delle finestre all'interno delle fortificazioni è quello di costituire delle aperture di tiro atte a respingere il nemico, assicurando nel contempo una sufficiente protezione ai difensori. Se si escludono le finestre che traforano il parapetto a schermo continuo (*epalxis*) a coronamento dei cammini di ronda[184], dove le finestre

Fig. 79

Iasos, *cinta di terraferma*. Una delle numerose postierle che traforano le *short lines* delle cremagliere ed i fianchi delle torri. A sinistra della postierla si nota una stretta feritoia funzionale all'impiego di archi o *scorpiones*

Fig. 80
Iasos, *cinta di terraferma*. Postierla affiancata da una finestra funzionale all'impiego di artiglieria

devono necessariamente essere aperte con frequenza, il loro utilizzo lungo le cortine - ai livelli intermedi o a quello del suolo - non è molto diffuso. Ciò può apparire strano, data l'indubbia efficacia di una difesa fiancheggiante e di radenza condotta su molteplici livelli.
Una risposta può essere forse cercata nella difficoltà di realizzare aperture in cortine murarie di grande spessore ed i costruttori di fortificazioni devono essere stati riluttanti a rinunciare alla robustezza delle mura in cambio di un potenziale di fuoco meglio distribuito[185].
Si può anche ipotizzare una predilezione per la posizione di tiro dominante, almeno fino a quando la pratica dell'assalto diretto e simultaneo non rivoluzionerà le tattiche di assedio, tenendo anche conto del fatto che si registra un costante ritardo fra il progredire delle strategie offensive e le contromisure messe in atto nella pratica dell'arte fortificatoria[186].
Un ulteriore fattore che può aver contribuito ad una diffusione assai limitata di questi dispositivi tattici va ricercato nella particolare sistuazione orografica che contraddistingue numerosi siti fortificati, soprattutto d'altura o costieri, nei quali il perimetro della cinta muraria ricalca l'andamento delle balze rocciose, al fine di sfruttare al massimo i vantaggi offerti da una posizione naturalmente sopraelevata.
Il dislivello di quota fra il terreno *extra moenia* ed il camminamento di ronda, somma dello sviluppo delle pareti rocciose (eventualmente conformate in maniera opportuna) e dell'altezza della cinta muraria vera e propria, può essere quindi agevolmente raggiunto con opere aventi elevato piuttosto modesto[187]. In questi casi la quota della *parodos* rispetto al piano di spiccato interno si riduce fortemente, rendendo impossibile o poco vantaggiosa l'apertura di finestre di tiro lungo i livelli inferiori delle cortine.
In ogni caso, anche in siti sprovvisti di difese naturali, l'altezza di gran parte delle cinte murarie, misurata dal livello di spiccato esterno a quello del cammino di ronda, non raggiunge mai quote enormi, attestandosi in media sui quattro metri[188] e la predisposizione di livelli multipli di difesa in ampi tratti di cortina, compreso quello al livello del suolo, risulta rara.
Un incremento dei livelli di difesa lungo le cortine sembra essere una prerogativa di alcune esperienze riferibili all'Ellenismo maturo e tardo di area microasiatica.
Ai raffinati sistemi messi in atto a Side e Perga, in Pamphilia, in cui setti ortogonali al tracciato delle mura e nicchie voltate a botte realizzano una partizione orizzontale dell'elevato[189], si aggiungano gli esempi egei di Efeso, Eraclea e Kydna.
Nei primi due casi, le feritoie al livello basso si trovano lungo i risalti dei tratti di cremagliera, mentre nel terzo caso, si aprono feritoie al livello del suolo in corrispondenza dei salienti a tracciato rettangolare, che articolano la cortina alternanandosi alle torri[190].
Ancora una volta, la *cinta di terraferma* di Iasos, offre un esempio di straordinaria efficacia e maturità nella predisposizione di dispositivi difensivi[191].
Nella fortificazione che cinge un vasta area dell'entroterra a ridosso della città caria, i tratti rettilinei delle cortine sono scanditi sistematicamente da feritoie al livello del

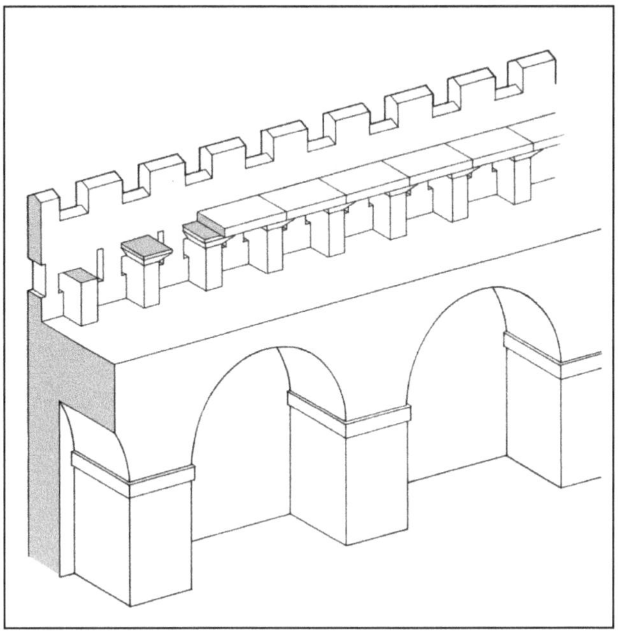

Fig. 81
Spaccato assonometrico ricostruttivo del sistema a livelli multipli di difesa nelle mura di Side in Pamphilia (da Adam, *L'Architecture militaire*, p. 40)

suolo, atte al tiro con l'arco o al posizionamento di piccoli *oxibeloi* anti-uomo[192]. In più, nei risalti delle cremagliere, alla postierla aperta per le sortite controffensive, è accoppiata una feritoia per il fiancheggiamento delle cortine e la copertura degli uomini impegnati nelle azioni sul terreno.
Se, come si è visto, la presenza di feritoie in corrispondenza delle cortine è una soluzione poco diffusa, lungo le torri, invece, l'apertura di finestre di tiro è una pratica pressoché generale, almeno in corrispondenza dei livelli vuoti e praticabili[193].
Qualora vi fossero aperture al livello del suolo[194], quest'ultime prendevano la forma di strette *arciere*, feritoie verticali a strombatura interna, che permettevano di usufruire di un discreto campo di tiro, offrendo nel contempo alle azioni nemico soltanto un'esigua fenditura.
Una seconda strombatura (esterna) poteva essere prevista per incrementare il raggio d'azione delle macchine belliche a dardi o pietre, come si riscontra in una torre ad Eraclea del Latmos[195].
Le aperture possono aumentare di ampiezza, o in quanto collocate a quote più elevate[196], quindi meno esposte ai proiettili degli avversari, o perché preposte alla difesa con pezzi d'artiglieria media o pesante, sia che si tratti di *oxibeloi* o *lithoboloi*, una soluzione che si affermerà sempre di più durante l'età ellenistica.
In caso di torri coronate da parapetto merlato e coperte da tetto, le aperture di tiro erano definite dallo spazio intermerlare; per assicurare una maggior protezione durante le operazioni di ricarica delle armi, potevano essere previste delle *ventiere* lignee basculanti.

Fossati ed opere avanzate
Lo scavo di un fossato lungo l'esterno del perimetro murato o di fronte a determinati settori di esso, apporta numerosi vantaggi difensivi.
In primo luogo il fossato costituisce un ostacolo all'avanzata del nemico - tanto più qualora sia possibile riempirlo d'acqua - e se un dispositivo del genere non protegge dai colpi dei proiettili d'artiglieria (la cui gittata poteva raggiungere distanze tra i 150 e i 300 m[197]), è pur vero che esso impedisce l'approccio alle mura alle torri d'assedio (*helepolis*), agli arieti, ai trapani e a gran parte delle macchine d'assedio. Inoltre, lo scavo di un fossato ai piedi delle mura ne incrementa l'altezza e la posizione di tiro dominante, rendendo anche meno agevoli le manovre delle truppe assedianti giunte in prossimità delle mura.
Per quanto sia stata riscontrata la presenza di fossati anche in fortificazioni molto antiche, come ad esempio nella Prima Smirne e in alcune fortificazioni rodiane di VII secolo, l'uso di questi sistemi di difesa avanzata sembra aver avuto scarsa diffusione nel mondo ellenico fino ai secoli VI e V[198]. Inoltre negli esempi più antichi, si trattava spesso di fosse utilizzate per il prelievo di materiali edili come pietra o argilla (per la confezione di mattoni) da impiegare nell'edificazione delle mura, che di opere di carattere prettamente militare[199], anche se una funzione non esclude a priori l'altra. I fossati realizzati dagli ateniesi nella seconda metà del IV secolo, a differenza di quelli scavati nel secolo precedente, per i quali la destinazione d'uso rimane controversa[200], sembrano assumere connotazioni prettamente difensive, ispirati probabilmente dalla minaccia degli eserciti macedoni e delle loro rivoluzionarie tattiche d'assedio[201]. In quest'area sembra che fosse possibile, in caso di necessità, allagare le ampie trincee (larghe all'incirca 11 m e profonde 4 m) facendovi confluire le acque dell'Eridanos[202].
La soluzione di fossati allagati o allagabili poteva certamente essere vantaggiosamente applicata per quegli insediamenti di pianura o costieri, dove l'approvvigionamento ed il controllo delle acque poteva avvenire in maniera abbastanza agevole. In area egea le città poste lungo le coste, sia in terreno pianeggiante, che su promontori, elaborarono ben presto la soluzione di un canale che le isolasse dalla terraferma. Nella città di Samo, nelle Sporadi meridionali, il fossato venne realizzato per volontà di Policrate già durante il VI secolo. A Cnido, la città collocata all'estremità di una stretta penisola tra il Golfo Ceramico e quello di Smirne, era separata dal continente attraverso la realizzazione di un canale artificiale che ne collegava i porti[203]. A Iasos l'insediamento urbano insiste all'interno di un promontorio proiettato sul mare. Attualmente si tratta di una penisola, ma evidenze archeologiche suggeriscono che doveva esistere un canale, forse in parte artificiale, che tagliava lo stretto istmo, isolando la città ed i suoi ingressi principali dalla terraferma[204]. Oltrepassato il canale, ci si trovava di fronte alla cinta muraria, contraddistinta dalla profonda porta a tenaglia o *dipylon*, che doveva costituire l'ingresso principale alla città.
Allo stesso modo, in epoca ellenistica, l'innesto con la terraferma dei contesti peninsulari di Side e Mileto risultava

robustamente difeso da opere antemurali quali fossati e *proteichisma*[205].
A Paestum, in corrispondenza del fronte sud della cinta sono stati rinvenuti i resti di un largo e profondo fossato, verosimilmente riempito o riempibile d'acqua, che risultava bipartito tramite una palizzata lignea, della quale sono riconoscibili i fori sul fondale[206]. A Selinunte, in Sicilia, in corrispondenza della porta nord, lungo l'articolato *proteichisma* collocato presso il bordo interno dell'unico fossato vero e proprio, erano concentrati le batterie d'artiglieria atte a contrastare l'avanzata delle armate nemiche[207]. Una situazione ancor più complessa si rileva nelle opere antemurali del forte Eurialo a Siracusa, dove il primo dei tre fossati è collocato a oltre 200 metri dalla cinta muraria[208], in modo da rendere problematico l'approccio alla fortificazione anche ai proiettili delle catapulte più potenti. In più, gli altri due fossati sono entrambi preceduti da cortine avanzate, atte alla dislocazione di truppe per la conduzione di una difesa attiva volta a contrastare l'avanzata del nemico verso le mura. Infine, il fossato più prossimo alle cortine è provvisto di cunicoli sotterranei che lo collegano con l'interno della piazzaforte, verosimilmente utilizzabili per sabotare le eventuali azioni di riempimento o di superamento della barriera. Si tratta di uno dei pochi casi dove sembrano trovare applicazione i dettami di Filone di Bisanzio a proposito delle opere avanzate: egli prescrive infatti la costruzione di tre fossati antemurali, dei quali quello più prossimo alla cinta sarà protetto sul ciglio interno da un *proteichisma,* mentre gli altri due, da palizzate. Il terreno risultante dallo scavo è utilizzato per realizzare terrapieni fra i fossati, resi accidentati attraverso palizzate, arbusti spinosi e trincee, al fine di ostacolare l'avanzata delle truppe e delle macchine nemiche[209].
Il dispiegamento di opere antemurali multiple, posizionate anche a grande distanza dalla fortificazione principale, oltre a richiedere un gran numero di effettivi da impiegare nella difesa avanzata, poteva però comportare il rischio di offrire riparo alle truppe nemiche che si fossero impadronite di questi capisaldi.
A partire dal II secolo, anche in concomitanza con lo sviluppo dell'artiglieria pesante tardo-ellenistica, che poteva neutralizzare qualsiasi tipo di macchina ossidionale, si preferì optare per modelli di difesa più concentrata[210], limitando spesso le opere antemurali ad un singolo fossato, ad un solo *proteichisma*, o alla loro combinazione. La difesa a distanza era in tal modo delegata alle grandi torri per il fuoco d'artiglieria e alle batterie alloggiate in postazioni lungo le cortine.
Una imponente e più tarda rielaborazione del tema del *proteichisma* riguarda le mura tardo imperiali di Costantinopoli. Esse offrono un grandioso - ed a tutt'oggi senza precedenti - esempio di doppia cinta muraria, nel quale le cortine, poste a distanza ravvicinata ed aventi andamento parallelo, risultano ambedue scandite da poderose torri[211]. Le mura teodosiane garantirono la difesa della capitale dell'Impero d'Oriente per molti secoli, assumendo un forte valore simbolico anche all'interno dell'immaginario medievale occidentale[212].

Note al capitolo 2

1 Sulla definizione di Ellenismo, cfr. Lucio Russo, *La rivoluzione dimenticata. Il pensiero scientifico greco e la scienza moderna, (*Milano: Feltrinelli, 1996, 27-31. Per quanto riguarda i riferimenti cronologici, nella nota n. 10, l'autore osserva come risulterebbe più logico far coincidere la nascita di questo fenomeno con l'inizio delle spedizioni di Alessandro Magno, piuttosto che con la sua morte. Su quest'ultimo argomento, si veda anche: Hans Lauter, *Die Architektur des Hellenismus,* (Darmstadt: Wiessenchaftliche Buchgesellschaft, 1986), trad. it. *L'Architettura dell' Ellenismo,* (Milano: Longanesi, 1999), 11-14.

2 Si tratta in realtà di un contesto spiccatamente diacronico, dove il riuso e il ripristino delle strutture difensive appaiono una costante, tuttavia l'impianto del programma fortificatorio sembra poter essere attribuito al IV secolo a.C.; sulla cinta dell'isola cfr. *infra*, 77-127.

3 Le datazioni proposte per questa straordinaria fortificazione, oscillanti fra il VI ed il II sec. a.C., sembrano essersi attestate negli ultimi anni all'epoca ellenistica, anche se all'interno di un'ampia forbice cronologica. Tuttavia, si tratta di una questione ancora aperta e che non ha mancato di suscitare dibattiti e polemiche. Per una panoramica sugli studi, sulle attribuzioni precedenti e per la descrizione e l'analisi puntuale delle strutture, cfr. *infra* 131-150.

4 Col termine di origine greca *poliorcetica*, si intende qui l'arte dell'assedio delle città e delle piazzeforti.

5 Si veda Adam, *L'architecture militaire grecque*, passim; Russo, *La rivoluzione dimenticata*, 131-138; Roberto Sconfienza, "Introduzione alla guerra d'assedio in età ellenistica", *Armi antiche. Bollettino dell'Accademia di San Marciano* 1995, Torino, (1998), 41-74.

6 Cfr. Russo, *La rivoluzione dimenticata,* 24-49 e passim.

7 Cfr.Adam, *L'architecture militaire grecque,* 39, 105-110.

8 Cfr. Russo, *La rivoluzione dimenticata,* 82-88, 131-138; Una probabile applicazione di criteri di tipo prospettico nel disegno delle fortificazioni ellenistiche è sostenuta da Sconfienza, "Introduzione alla guerra d'assedio", anche se le considerazioni in merito alla concezione delle fortificazioni sulla base di parametri prospettici multifocali non è argomentata in maniera convincente. Si tratta tuttavia di un'intuizione suggestiva e meritevole di approfondimenti.

9 Sui progressivi mutamenti che interessarono l'arte fortificatoria in seguito alla diffusione dell'artiglieria a polvere, cfr.: Antonio Cassi Ramelli, *Dalle caverne ai rifugi blindati, trenta secoli di architettura militare,* (Bari: Adda Editore, 1996), 309-432; Cesare De Seta, Jacques Le Goff, a cura di, *La città e le mura,* (Roma-Bari: Laterza 1989), 323; Vittorio Franchetti Pardo, "I trattati sull'architettura e l'ingegneria militare dal XIV al XVI secolo" in: *Città, architetture, maestranze tra tarda antichità ed età moderna,* (Milano: Jaca Book, 2001), 331-360; Amelio Fara, *La città da guerra,* (Torino: Einaudi, 1993), 15-19 e *passim.*

10 Costituiscono testi di riferimento generali in questo ambito: Robert Lorentz Scranton, *Greek Walls,* (Cambridge-Massachussets: Harvard University Press, 1941); Frederick Elliot Winter, *Greek Fortifications,* Journal of Classical Association of Canada 9 Suppl.,(Toronto: The University of Toronto Press, 1971); Arnold Walter Lawrence, *Greek Aims in Fortification,* (Oxford: Clarendon Press,1979); Adam, *L'architecture militaire grecque*, per l'area microasiatica: Mc Nicoll, *Hellenistic Fortifications*, Pimouguet-Pedarros, *Archéologie de la defense*; Nel panorama italiano, per quanto non manchino studi specifici, non si riscontra la presenza di opere di sintesi sull'architettura militare del mondo antico ed anche lo spazio dedicato all'architettura della difesa all'interno di opere di carattere generale risulta piuttosto limitato. Antonio Cassi Ramelli, per esempio, nel suo: Cassi Ramelli, *Dalle caverne ai rifugi blindati*, dedica soltanto pochissime pagine (pp. 26-29 e 41-48, dove si descrive il forte dell'Eurialo) alla fortificazione del mondo ellenico, ignorandone la portata innovativa ed il carattere paradigmatico che essa assumerà rispetto agli sviluppi successivi dell'arte fortificatoria.

11 Adam, *L'architecture militaire grecque*; si tratta di un'opera fondamentale, scritta da un architetto esperto conoscitore della tecnica costruttiva antica, con validi disegni di rilievo di fortificazioni, ricostruzioni grafiche e dettagli costruttivi.

12 In particolare, per il quinto libro della Sintassi Meccanica di Filone di Bisanzio si farà riferimento ad Yvon Garlan, *Recherches de Poliorcetique grecque,* Bibliothèque des Écoles françaises d'Athènes et de Rome, 223, (Paris: De Boccard, 1974), con traduzione e commento; per quanto riguarda il trattato di Vitruvio, si farà riferimento alla traduzione di Antonio Corso ed Elisa Romano, in Pierre Gros, a cura di, *Vitruvio. De Architectura*, (Torino: Einaudi), 1997.

[13] Cfr. Garlan, *Recherches de Poliorcetique grecque*, 278 segg.; Filone di Bisanzio, scienziato operante sulla fine del III sec., scrisse un trattato sulla meccanica, in cui tre libri *Belopoeica, Paraskeuastica e Poliorcetica,* sono dedicati alla tecnologia militare. Sull'attività scientifica di Filone, si veda anche Russo, *La rivoluzione dimenticata*, passim.
[14] Cfr. Adam, *L'architecture militaire grecque,* 5; cfr. anche: Yvon Garlan, Jean Pierre Adam, "Les fondations dans la construction antique", *Dossier de l'archéologie*, 25, (Dijon: Editions Faton, 1977), 44-49; si veda inoltre: Winter, *Greek Fortifications*, 92.
[15] Sulle prescrizioni fornite da Vitruvio (I, 5) per la realizzazione delle fondazioni della cinta muraria si veda: Gros, a cura di, *Vitruvio. De Architectura*, 42-47 e note. Altrove, trattando di costruzioni non militari, egli consiglia inoltre di attribuire alla risega di fondazione una larghezza pari alla metà dello spessore della muratura in elevazione che essa sostiene, ma tale criterio di dimensionamento risulta raramente rispettato. Così in Fulvio Giuliani-Cairoli, *L'edilizia nell'antichità*, (Roma: Carocci, 1991), 119.
[16] Cfr. Adam, *L'architecture militaire grecque*, 12; cfr. anche Pimouguet-Pedarros, *Archéologie de la defense,* 358-359, sulla compresenza di murature totalmente in pietra da taglio e ad emplecton e sulla predisposizione di fondazioni direttamente sulla roccia affiorante nel circuito di tipo Geländemauer.
17 Adam, *L'architecture militaire grecque,* 12.
[18] Sull'evoluzione della concezione della difesa si veda: Yvon Garlan, "La Poliorcétique grecque de Périclès à Dèmètrios Poliorcète", in *Recherches de Poliorcetique grecque*, Bibliothèque des Écoles françaises d'Athènes et de Rome, 223, (Paris: De Boccard, 1974); riguardo alla specifica situazione caria si veda: Pimouguet-Pedarros, *Archéologie de la defense*, 32-63; cfr. anche *infra*, 65-73.
[19] Cfr. *infra,* 65-76.
[20] Cfr. Winter, *Greek Fortifications*, 101-125.
[21] Adam, *L'architecture militaire grecque*, 8-15; Ian Hogg, *Storia delle fortificazioni*, (Novara: De Agostini, 1982), 8-18; Winter, *Greek Fortifications*, passim.
[22] Adam, *L'architecture militaire grecque,* 8-15; Appare sintomatico come Platone (Leggi, VI), ancora in pieno IV secolo, teorizzi una città sprovvista di mura o le cui fortificazioni siano semplicemente costituite dall'allineamento delle pareti delle abitazioni lungo il perimetro.
[23] Per esempio: Corinto, Eleusi, Eretria, Megara Iblea, Naxos, Lentini. Cfr. Adam, *L'architecture militaire grecque,* 12 e Winter, *Greek Fortifications, passim.*
[24] Con i termini tedeschi di Geländemauer o Landschaftsfestungen si indicano i circuiti fortificati, che sopravanzano largamente l'area occupata dall'insediamento urbano, includendo vaste porzioni di chora. Cfr.: Armin Von Gerkan, *Griechische Städteanlagen*, (Berlin und Leipzig: Ed. de Gruyter, 1924), 110-111, Ernst Kirsten, *Die griechische Polis als historisch-geographische Problem des Mittelmeerraumes*, (Bonn: Duemmler, 1956), 57-70; Winter, *Greek Fortifications*, 111-115; Frederick Elliot Winter, "Problems of tradition and innovation in greek fortifications in Asia Minor late fifth to third century B.C.", *Revue d'Etudes Anciennes*, 96, 1-2, (Bordeaux: Presses Universitaires de Bordeaux, 1994), 29; Pimouguet-Pedarros, *Archéologie de la defense*, 47, 106.
[25] Garlan, R*echerches de Poliorcetique grecque,* 21-125.
[26] Si vedano: Roland Martin, *L'urbanisme dans la Grèce antique,* (Paris: Picard, 1956), 194; Winter, *Greek Fortifications*, passim; Lawrence, *Greek Aims in Fortification*, 148-151; Garlan, R*echerches de Poliorcetique grecque,* 189; sull'adattamento di circuiti Geländemauer tramite diateichisma riguardo alle fortificazioni carie si veda: Pimouguet-Pedarros, *Archéologie de la defense*, 47.
[27] Cfr.: Garlan, R*echerches de Poliorcetique grecque,* passim; Sconfienza Roberto, "L'arte dell'assedio e della difesa nella Grecia antica. Teorie fonti e fortificazioni tra IV e III sec. a.C.", *Armi antiche. Bollettino dell'Accademia di San Marciano* 1999, (Torino: Accademia di San Marciano, 2003), 75-105.
[28] Cfr.: Pimouguet-Pedarros, *Archéologie de la defense*, 47; Winter, *Greek Fortifications*, 112-125.
[29] Cfr. Adam, *L'architecture militaire grecque,* dove è riportata una citazione di Pausania in merito ai vantaggi mostrati dalle mura in mattoni crudi rispetto a quelle in pietra, sotto i colpi delle macchine d'assedio; allo stesso modo, Winter, *Greek Fortifications,* 71, ricorda gli apprezzamenti espressi da Apollodoro di Damasco nei confronti di tali strutture.
[30] Una descrizione dettagliata di fortificazioni realizzate con questa tecnica costruttiva si trova in Pierre Leriche, Olivier Callot, "Observation sur les remparts de brique crue d'Ai Khanoum et de Doura Europos", in Pierre Leriche, Henri Treziny, a cura di, *La fortification dans l'histoire du monde grec,* Actes du Colloque International La fortification et sa place dans l'histoire politique, culturelle et sociale du monde grec, Valbonne, décembre 1982, (Paris: Editions du Centre national de la recherche scientifique, 1986), 289-298.
[31] Cfr. Winter, *Greek Fortifications*, 69-73.
[32] Cfr. Adam, *L'architecture militaire grecque,* 20.
[33] Cfr. Winter, *Greek Fortifications*, 72.
[34] Fortificazioni realizzate con murature ciclopiche, che nel mondo ellenico sono indice di forte arcaismo, si ritrovano in altre aree del mediterraneo, per esempio in Italia, fino ad epoche molto più recenti (anche IV secolo). A tale proposito si veda Lorenzo Quilici, Stefania Quilici Gigli, a cura di, *Fortificazioni antiche in Italia. Età repubblicana,* Atlante tematico di topografia antica 9, (Roma: L'Erma di Bretschneider, 2000), passim. Si veda anche Jea Pierre Adam, *L'arte di costruire presso i Romani,* (Milano: Longanesi, 2001), 111.
[35] Cfr. Adam, *L'architecture militaire grecque*, 23.
[36] Per una classificazione dettagliata si veda Scranton, *Greek Walls* e Giuseppe Lugli, *La tecnica edilizia romana*, (Roma: Bardi, 1957).
[37] Adam, *L'architecture militaire grecque*, 23.
[38] Ibidem. Di diversa opinione Pimouguet-Pedarros, *Archéologie de la defense*, 71, che imputa il ritorno in uso dell'apparecchio poligonale a giunti curvilinei nella Caria in epoca ellenistica, oltre che ad un revival arcaicizzante, ad una sua superiore resistenza meccanica ai colpi delle macchine d'assedio e ai cedimenti del terreno.
[39] Alcuni autori usano indifferentemente i termini opera poligonale e muratura lesbia, tuttavia sia Winter, *Greek Fortifications*, 79-82, che Adam, *L'architecture militaire grecque,* 27, sulla scia di Scranton, riservano questa denominazione all'opera poligonale a giunti curvilinei.
[40] Cfr.: Adam, *L'architecture militaire grecque,* 27; Mc Nicoll, *Hellenistic Fortifications*, 3, nel registrare la presenza di blocchi con giunti inclinati all'interno di strutture in opera quadrata, fa ricorso all'espressione "ashlar, some block trapezoidal".
[41] Si vedano in questo libro i capitoli quarto e quinto.
[42] Con questo termine, derivato dal latino opus quadratum, gli studiosi italiani indicano l'opera in grandi blocchi la cui forma tende al parallelepipedo. In alcuni tipi di apparecchio regolare si individuano ortostati e diatoni. Gli autori anglofoni fanno ricorso al termine "ashlar", per definire l'opera quadrata, i componenti sono in questo caso "stretchers and headers", mentre fra quelli francofoni è diffusa la dicitura "appareil rectangulier à carreaux et boutisses".
[43] Per un repertorio delle possibili combinazioni si vedano: René Ginouves, Roland Martin, *Dictionnaire méthodique de l'architecture grecque et romaine*, (Roma: École Française de Rome, 1992), 99 e passim; Adam, *L'arte di costruire presso i Romani*, 118; Roberto Marta, *Tecnica costruttiva romana*, (Roma: Kappa, 1991)
[44] Cfr. Adam, *L'architecture militaire grecque,* 27.
[45] Cfr. Pimouguet-Pedarros, *Archéologie de la defense*, 72.
[46] Cfr. Pimouguet-Pedarros, *Archéologie de la defense*, 75
[47] Pimouguet-Pedarros, *Archéologie de la defense*, 65-66, individua nelle fortificazioni di Caria diversi tipi di bugnato: "Dans la catégorie des parements à bossage, nous avos jugé utile d'établir un sousgrupe...: le bossage d'économie, le bossage brut ornamental, le bossage segmentaire. Le premier est un bossage brut d'extraction, simplement dégrossi; le second, un bossage qui a été travaillé de façon à acquerir un aspect naturel, celui de la pierre à la sortie de la carrière; le troisiéme, un bossage qui se caractérise par une face regulière et un profil en demi-lune, dit profil en coussin".
[48] Adam, *L'architecture militaire grecque*, 25, 27. L'uso del paramento a bugnato, di reminescenza classica, caratterizza per esempio la parte inferiore della torre angolare a pianta circolare del castello di Lucera, pertinente probabilmente all'ambito svevo.
[49] Sul rischio della muratura ad emplecton, che se non eseguita con accuratezza, poteva dar luogo a tre strati verticali separati e scarsamente coerenti, si veda Vitruvio (2, 8, 1-2), citato anche in Giuliani Cairoli, *L'edilizia nell'antichità*, 175.
[50] Cfr. Winter, *Greek Fortifications*, 91.
[51] Cfr. Winter, *Greek Fortifications*, 93.
[52] Cfr. Winter, *Greek Fortifications*, 95.
[53] Cfr. Giuliani Cairoli, *L'edilizia nell'antichità*, 180-181.
[54] Per esempi sull'applicazione di questa tecnica a Iasos in epoca tardo antica o proto-bizantina, si veda *infra*, 109-117.
[55] Si veda *infra*, 77-127.
[56] La traduzione letterale del termine "parodos" riportata da Pimouguet-

Pedarros, *Archéologie de la defense*, 50, nota 137, è "une route qui longe" – cioè "una strada che costeggia"; sull'uso di questo termine in luogo di "cammino di ronda", cfr. Winter, *Greek Fortifications*, passim.

[57] Cfr.: Adam, *L'architecture militaire grecque,* 37; Winter, *Greek Fortifications*, 138.

[58] Winter, *Greek Fortifications*, 138, sostiene che in Grecia, almeno dalla prima metà del VI sec., la soluzione del parapetto merlato fosse di uso comune. A detta dello stesso autore i merli in pietra trovarono diffusione a partire dalle guerre del Peloponneso.

[59] Si veda: Adam, *L'architecture militaire grecque,* 38.

[60] Il parapetto merlato, già in uso nelle fortificazioni egizie, sarà la soluzione più diffusa nelle fortificazioni del mondo antico e del medioevo ed il suo uso permarrà a lungo anche nelle architetture militari della cosiddetta "epoca di transizione", nate per rispondere all'uso oramai generalizzato delle armi da fuoco nell'assedio delle piazzeforti. A tale proposito vedi Cassi Ramelli, *Dalle caverne ai rifugi blindati, passim.*

[61] Cfr. Adam, *L'architecture militaire grecque,* 37.

[62] Cfr. Winter, *Greek Fortifications*, 311-324.

[63] Cfr.Garlan, *Recherches de Poliorcetique grecque, passim.*

[64] Cfr. Adam, *L'architecture militaire grecque,* 37. Il termine tecnico usato da Winter, *Greek Fortifications*, passim è *"screen wall"*, ripreso da Pimouguet-Pedarros, *Archéologie de la defense*, con *"mur écran"*.

[65] Cfr.: Adam, *L'architecture militaire grecque,* 37; Winter, *Greek Fortifications*, 140; Pimouguet-Pedarros, *Archéologie de la defense,* 53, dove l'autrice suggerisce, proprio tramite l'esempio di Eraclea del Latmos, che i sistemi ad epalxis siano stati introdotti in Caria alla fine del IV secolo.

[66] Cfr.:Adam, *L'architecture militaire grecque,* 37; Winter, *Greek Fortifications*, 141.

[67] Cfr. Adam, *L'architecture militaire grecque,* 37. Si veda anche: Cassi Ramelli, *Dalle caverne ai rifugi blindati,* 233-265.

[68] Cfr. Adam, *L'architecture militaire grecque,* 39.

[69] Adam, *L'architecture militaire grecque,* passim;

[70] Cfr. Fritz Krischen, "Festunsstudien in Karien un Ionien", *Archaeologischer Anzeiger*, 28 (1913), p. 476.

[71] Si veda: Mc Nicoll, *Hellenistic Fortifications*, 111-117.

[72] Sul sistema di coronamento della cinta di terraferma di Iasos, cfr. Pimouguet-Pedarros, *Archéologie de la defense*, 378; cfr. anche *infra*, 131-150.

[73] Cfr. Adam, *L'architecture militaire grecque,* 39.

[74] Cfr.: Winter, *Greek Fortifications*, 142-143; Adam, *L'architecture militaire grecque,* 39. Per una trattazione dettagliata e proposte cronologiche, si veda: Mc Nicoll, *Hellenistic Fortifications*, 126-131 e 148-151.

[75] Cfr.:Mc Nicoll, *Hellenistic Fortifications*, 150, dove l'autore propende invece per parapetti merlati, sia a Side che Perga.

[76] Cfr.: Winter, *Greek Fortifications*, 142; Adam, *L'architecture militaire grecque,* 39.

[77] Cfr. Mc Nicoll, *Hellenistic Fortifications*, 144, 150.

[78] Cfr. Garlan, *Recherches de Poliorcetique grecque,* 378 e segg.

[79] Cfr. Mc Nicoll, *Hellenistic Fortifications*, 127-131, 148-156.

[80] Cfr. Fritz Krischen, *Die Stadtmauern von Pompei und Griechissche Festungbaukunst in Italien und Sizilien,* (Berlin: De Gruyter, 1941), 6 e segg.; si veda anche: Winter, *Greek Fortifications*, 121.

[81] Cfr. Winter, *Greek Fortifications*, 150-151.

[82] Il termine è qui riportato nell'accezione francese di "condotto drenante", così come riportata da Adam, *L'architecture militaire grecque,* 45 e non va confuso con quello in uso nel gergo dell'architettura militare di ambito italiano (ma anche francese), dove sta ad indicare un'opera difensiva avanzata antemurale, accezione accolta anche da Cassi Ramelli, *Dalle caverne ai rifugi blindati,* 457.

[83] Cfr. Adam, *L'architecture militaire grecque,* 45.

[84] Cfr. Adam, *L'architecture militaire grecque,* 46.

[85] Cfr.: Hogg, *Storia delle fortificazioni*, 17; Adam, *L'architecture militaire grecque*, 9, 12.

[86] Cfr. Hogg, *Storia delle fortificazioni*, 18.

[87] Cfr. Winter, *Greek Fortifications*, 152.

[88] Cfr. Winter, *Greek Fortifications*, 153.

[89] Cfr. Winter, *Greek Fortifications*, 154. In seguito si costruiranno torri alte fino ad otto piani.

[90] Cfr. Adam, *L'architecture militaire grecque,* 46. Sull'evoluzione tipologica delle fortificazioni in Europa in periodo medievale: Cassi Ramelli, *Dalle caverne ai rifugi blindati,* 136 e segg.

[91] Cfr. Adam, *L'architecture militaire grecque,* 48.

[92] *Ibidem.*

[93] Cfr. Garlan, *Recherches de Poliorcetique grecque,* 196.

[94] Adam, *L'architecture militaire grecque,* 236, nel trattare delle fortificazioni di Eraclea, considerate come uno degli esempi più maturi fra le architetture militari ellenistiche, sottolinea come le torri quadrate e rettangolari siano del tutto preponderanti.

[95] Stesse considerazioni di ordine tattico sulle torri quadrate del medioevo occidentale sono condotte da Cassi Ramelli in: Cassi Ramelli, *Dalle caverne ai rifugi blindati,* 136 e segg.

[96] Anche queste strutture saranno elaborate durante il pieno e tardo medioevo europeo; cfr. Cassi Ramelli, *Dalle caverne ai rifugi blindati,* 136 e segg.

[97] Cfr.: Vitruvio (I, 5, 5), in Gros, a cura di, *Vitruvio. De Architectura,* 45. Le note critiche mettono in risalto come Vitruvio sembri attingere, forse per via indiretta, all'opera di Filone di Bisanzio.

[98] Cfr.:Adam, *L'architecture militaire grecque,* 49.

[99] Adam, *L'architecture militaire grecque,* 49.

[100] Cfr. *infra*, 77-127.

[101] Così nella traduzione riportata da Adam, *L'architecture militaire grecque,* 49.

[102] Cfr. Adam, *L'architecture militaire grecque*, 71.

[103] Cfr. Adam, *L'architecture militaire grecque*, 72.

[104] Cfr. Adam, *L'architecture militaire grecque*, 185.

[105] Si veda *infra*, 95-103.

[106] Cfr. Adam, *L'architecture militaire grecque,* 9.

[107] Cfr. Ömer Özyiğit, "The city walls of Phokaia", *Revue d'Etudes Anciennes*, 96, 1-2, (Bordeaux: Presses Universitaires de Bordeaux, 1994), 77-109.

[108] Cfr. Stefano Bertocci, "Elementi qualificanti gli ambienti e le murature dei castelli della valle di Petra", in Marco Bini, Stefano Bertocci, *Castelli di pietre. Aspetti formali e materiali dei castelli crociati nell'area di Petra in Transgiordania*, (Firenze: Polistampa, 2004), 135.

[109] Si veda ad esempio il caso del castello di Gisors, dove la motta sembrerebbe essere stata rivestita da conci di pietra, al fine di renderla un'enorme glacis. Così in Marco Bini, *Il castello di Gisors*, (Firenze; Polistampa, 2005), 57-61. Cfr. anche Cassi Ramelli, *Dalle caverne ai rifugi blindati*, 126 e segg.

[110] Cfr. Adam, *L'architecture militaire grecque*, 58.

[111] Cfr. Friedrich Stahlin, *Das hellenische Tessalien*, (Hakkert Verlag: Amsterdam, 1924), 179

[112] Si è ritenuto opportuno precisare il numero delle facce sporgenti dalla cortina perché, convenzionalmente, indicando il numero delle facce senza nessuna specifica, si è soliti comprendervi anche quella (o quelle) integrata nel muro di cinta. Cfr.: Adam, *L'architecture militaire grecque,* 60, Garlan, *Recherches de Poliorcetique grecque,* 333.

[113] Cfr. Winter, *Greek Fortifications*, 167.

[114] Basti pensare, solo per fare un esempio, alla cinta muraria teodosiana di Costantinopoli, scandita da ben 96 torri quadrate ed ottagonali e dotata di un *proteichisma* quale difesa avanzata.

[115] Sempre a titolo di esempio, si confrontino il poderoso donjon del castello di Gisors in Normandia, in Bini, *Il castello di Gisors*, o le torri poligonali del Castello dell'Imperatore a Prato, in Marco Bini, Cecilia Luschi, Andrea Bacci, *Il castello di Prato*, (Firenze: Polistampa, 2005).

[116] Si vedano ad esempio il dongione del castello di La Roche Guyon, quello di Chateau Gaillard e la Porta Narbonense di Carcassonne, in A. Cassi Ramelli, *Dalle caverne ai rifugi blindati*, 157-162.

[117] Cfr. Adam, *L'architecture militaire grecque*, p. 60, che cita in nota l'esempio delle fortificazioni bizantine di Xantos, mostrando invece nel testo come l'esistenza di raffinati sistemi a becco di sprone sia documentata in esempi ben più antichi.

[118] Si veda la traduzione e il commento di Y. Garlan al testo di Filone di Bisanzio, in Garlan, *Recherches de Poliorcetique grecque,* 279 e segg.; Cassi Ramelli, *Dalle caverne ai rifugi blindati,* 153, sottolinea come in alcuni esempi medievali, soprattutto di epoca federiciana (ad esempio nelle piazzeforti di Lucera, Prato, Astura), si siano individuate anticipazioni delle bastionature a spigolo sporgente caratteristiche del XVI secolo, ma in realtà le evidenze archeologiche e le fonti letterarie mostrano che tali tipi erano stati già sperimentati a partire dall'epoca ellenistica.

[119] Così in Adam, *L'architecture militaire grecque,* 60. Sull'evoluzione dell'architettura militare in seguito all'introduzione delle armi da fuoco pesanti si veda: Cassi Ramelli, *Dalle caverne ai rifugi blindati,* 309 segg., sull'attività dei trattatisti fra tardo XIV e XVI secolo, si veda Vittorio Franchetti Pardo, "I trattati su architettura e ingegneria militare", in Vittorio Franchetti Pardo, *Città, architetture, maestranze tra tarda*

antichità ed età moderna, (Milano: Jaca Book, 2001), 331-360.
[120] Cfr. Adam, *L'architecture militaire grecque*, 62.
[121] Cfr. Gros, a cura di, *Vitruvio. De Architectura*, 8-9, 93 e le note 212-224.
[122] Adam, *L'architecture militaire grecque*, 62. Sull'*effetto volta*, che caratterizza questo tipo di strutture, si veda anche Cassi Ramelli, *Dalle caverne ai rifugi blindati*, 234-235, che estende il concetto anche ai perimetri fortificati di forma convessa
[123] Hanno profilo curvilineo torri situate ad Halai (Beozia), Mendolito e Monte Finocchito (Sicilia). Impianto propriamente semicircolare si incontra in alcune torri pertinenti le fortificazioni di Megara Iblea (Sicilia, inizio V sec.), Corinto (tra la metà del V sec. ed i primi anni del IV), Eleusi (con perimetro ancor più estroflesso). Cfr. Garlan, *Recherches de Poliorcetique grecque*, 151-152.
[124] Su questo aspetto si veda Garlan, *Recherches de Poliorcetique grecque*, 106 e segg.
[125] Cfr. Adam, *L'architecture militaire grecque*, 62.
[126] Cfr. Pierre Gros, *L'architettura romana. Dagli inizi del III secolo a.C. alla fine dell'alto impero. I monumenti pubblici*, (Milano: Longanesi, 2001), 28-58.
[127] Adam, *L'architecture militaire grecque*, 62.
[128] Secondo Cassi Ramelli, *Dalle caverne ai rifugi blindati*, 460, si definisce saliente "qualsiasi opera angolata col vertice verso il campo nemico"; Adam, *L'architecture militaire grecque*, 68, li considera articolazioni della cortina muraria, in forma di semplice diedro o con perimetro più complesso, differenziandoli dalle cremagliere, per le quali individua un disegno ed una terminologia precisi.
[129] Gli autori anglofoni utilizzano per definire questi segmenti della cremagliera il termine specifico di "jogs", mentre quelli francofoni vi si riferiscono utilizzando "decrochements". Fra gli autori italiani non si riscontra la presenza di una terminologia univoca, pertanto all'interno della presente trattazione si sono usati indifferentemente i termini dente, risega, risalto o tratto saliente.
[130] Cfr. Garlan, *Recherches de Poliorcetique grecque*, 246-250.
[131] Cfr. Adam, *L'architecture militaire grecque*, 8, 66.
[132] Cfr. Adam, *L'architecture militaire grecque*, 68. Si è visto come il IV secolo possa essere considerato un vero spartiacque nella storia della tecnica militare del mondo antico (Garlan, *Recherches de Poliorcetique grecque, passim*). Per quanto si registri uno scarto fra la diffusione delle tecniche belliche e l'adeguamento delle architetture militari, proprio durante questo secolo si elaborano i tipi ed i componenti che perdureranno senza fondamentali modifiche fino alla diffusione delle armi da fuoco.
[133] Cfr.Adam, *L'architecture militaire grecque*, 66.
[134] Adam, *L'architecture militaire grecque*, 66.
[135] Cfr.Adam, *L'architecture militaire grecque*, 68 cita ad esempio le torri di Belisario a Roma, le torri di Autun e di Carcassonne.
[136] Cfr. Adam, *L'architecture militaire grecque*, 68, 123 e segg., 241.
[137] Cfr: Adam, *L'architecture militaire grecque*, 71; Garlan, *Recherches de Poliorcetique grecque*, 262.
[138] Bastioni a difesa delle porte o su tratti della cortina di particolare importanza strategica, si riscontrano già nelle fortificazioni di Troia e Micene, Senjirli. A tale proposito cfr. Adam, *L'architecture militaire grecque*, 9; Hogg, *Storia delle Fortificazioni*, 17-18.
[139] Cfr.: Garlan, *Recherches de Poliorcetique grecque*, 262.
[140] Cfr. Adam, *L'architecture militaire grecque*, 111.
[141] Sui sistemi approntati per la difesa delle porte si veda Adam, "Approche et defense des portes dans le monde hellenisé", 5-43.
[142] Cfr.: Adam, *L'architecture militaire grecque*, 77.
[143] Si trattava quindi di una disposizione non ottimale, dove il fiancheggiamento investiva il lato sinistro degli aggressori, solitamente protetto da scudo.
[144] Cfr.: Hogg, *Storia delle fortificazioni*, 18; Adam, *L'architecture militaire grecque*, 77.
[145] Cfr. Winter, *Greek Fortifications*, 208.
[146] L'individuazione di queste tipologie principali è dovuta a Winter, *Greek Fortifications*, 208-233.
[147] Adam, *L'architecture militaire grecque*, 78.
[148] Adam, *L'architecture militaire grecque*, 78.
[149] Adam, *L'architecture militaire grecque*, 78.
[150] Cfr. Jean-Pierre Adam, "Approche et defense des portes dans le monde hellenisé", in: Symphorien Van de Maele, John M. Fossey, a cura di, *Fortificationes antiquae*, (Amsterdam: J.C. Gieben, 1992), 5-43. Si tratta quindi di un coronamento delle mura ad *epalxis*, con parapetto continuo scandito da aperture di tiro.
[151] Cfr. Winter, *Greek Fortifications*, 213.
[152] Cfr. Roland Martin, *Les enceintes de Gortys d'Arcadie. Bulletin de correspondance hellenique*, 71-72 (Atene: Ecole française d'Athènes, 1947), 85-119.
[153] Cfr.Winter, *Greek Fortifications*, 210.
[154] Cfr. Adam, *L'architecture militaire grecque*, 179
[155] Cfr.Winter, *Greek Fortifications*, 227-228. Si vedano anche: Frederick Elliot Winter, "The Chronology of the Euryalos Fortress at Syracuse", *American Journal of Archaeology* 67, (Norwood: Archaeological Institute of America, 1963), 250.
[156] Si veda la planimetria riportata in Winter, *Greek Fortifications*, 224.
[157] Winter, *Greek Fortifications*, 230-233 introduce così la questione: "... The defences of the North Gate at Selinus, wich seem to belong to the early decades of the third century, were still more elaborate; in fact the gateway is almost lost in the maze of outworks wich defended it".
[158] Cfr. Adam, *L'architecture militaire grecque*, 87
[159] Una soluzione praticata anche a Mantinea.
[160] Cfr.: Winter, *Greek Fortifications*, 210; Adam, *L'architecture militaire grecque*, 200.
[161] Si veda la planimetria di Anastasios Orlandos, pubblicata in Adam, *L'architecture militaire grecque*, 208.
[162] Per una descrizione dettagliata della cinta muraria cfr. infra pp. 93-158. Si vedano inoltre la pianta di Charles Textier, *Description de l'Asie Mineure*, III, (Paris, Firmin Didot Frères, 1849), tav. 142 ed i rilievi di Daniela Santarsiero, in *Studi su Iasos di Caria*, Bollettino d'Arte, Supplemento 31-32, (1985), tav. XXII.
[163] Questi tipi si riscontrano per esempio a Tindari, in Sicilia, a Mantinea, in Arcadia, a Perga, in Pamphilia, cfr. Adam, *L'architecture militaire grecque*, 85.
[164] Cfr. Adam, *L'architecture militaire grecque*, 244.
[165] Le torri quadrate della cinta muraria erano ad esempio caratterizzate da un paramento isodomo bugnato con nastrino perimetrale al livello inferiore, che diventava liscio ai piani superiori. L'ultimo livello, con aperture preposte all'impiego di pezzi d'artiglieria, era inquadrato da un marcapiano a listello sporgente e da un timpano con cornici modanate, che celava la retrostante copertura a capanna. Ancora più elaborato doveva essere il partito architettonico delle torri circolari poste a guardia delle porte: nell'ultimo livello la muratura era articolata da una decorazione di ordine dorico, con lesene e trabeazione a metope e triglifi e conclusa da un cornicione aggettante che circondava il tetto conico. Cfr. la ricostruzione grafica di Lanckoronsky Karl, *Städte Pamphyliens und Pisidiens*, (Wien: Tempsky,1890) già pubblicata in Winter, *Greek Fortifications*, 88-89. Si veda anche Adam, *L'architecture militaire grecque*, 244 e Mc Nicoll, *Hellenistic Fortifications*, 128-130.
[166] Sulla diffusione di modelli derivanti dall'ambito microasiatico nell'occidente romano si veda: Gros, *L'architettura romana*, 52-58; Adam, *L'architecture militaire grecque*, 85.
[167] Gli autori francofoni usano in questo caso il termine di "porte a cour", mentre quelli anglofoni l'espressione di "courtyard gate".
[168] Adam, *L'architecture militaire grecque*, 90.
[169] Cfr. Adam, *L'architecture militaire grecque*, 32. L'autore chiama questo tipo di trattamento superficiale del bugnato "parement broché", sottolineando come esso sia presente anche nelle fortificazioni di Eleusi e Sounion.
[170] Winter, *Greek Fortifications*, 229 definisce come ipotetica parte del perimetro della corte.
[171] Cfr. Adam, *L'architecture militaire grecque*, 62.
[172] Così nell'interpretazione di Winter, *Greek Fortifications*, 182-183. Considerazioni sulla tipologia di artiglierie impiegate per la difesa di questa ed altre porte di città microasiatiche, in Winter, "Problems of tradition and innovation in greek fortification", 29-52.
[173] Nella pianta pubblicata da Winter, *Greek Fortifications*, 227 e tratta da Lawrence, *Greek Aims in Fortification*, sono distinti un accesso principale, "road" , ed uno pedonale, "footpath".
[174] Adam, *L'architecture militaire grecque*, 92.
[175] Si veda la traduzione e il commento alla Sintassi Meccanica di Filone in Garlan, *Recherches de Poliorcetique grecque*, 279 segg.
[176] Cfr. Adam, *L'architecture militaire grecque*, 93.
[177] Adam, *L'architecture militaire grecque*, 93. Per una descrizione dettagliata di tale sistema difensivo, cfr. *infra*, 131-150.
[178] Cfr. Winter, *Greek Fortifications*, 240.
[179] Postierle aperte in maniere sistematica lungo il fianco delle cremagliere si riscontrano già nelle Lunghe Mura di Dema, Attica, ma anche in sistemi più evoluti, come nella cinta di terraferma di Iasos, dove ogni passaggio è accoppiato ad una feritoia.

[180] Cfr. Winter, *Greek Fortifications*, 239.

[181] Le fortificazioni di Mantinea, Stratos e Gyphtokastro presentano postierle aperte con notevole frequenza sia lungo il circuito murario, sia in corrispondenza dei fianchi delle torri. Si veda Winter, *Greek Fortifications*, 243-244.

[182] Postierle aperte in direzione obliqua rispetto al filo della cortina si riscontrano a Siracusa, nell'Epipoli, mentre il disegno ad L caratterizza alcune postierle di Mantinea, Paestum, Eraclea, Zarax in Laconia. Cfr.: Winter, *Greek Fortifications*, 244-245; Adam, *L'architecture militaire grecque*, 93.

[183] Così in Winter, *Greek Fortifications*, 246.

184 Cfr *supra*, pp. 37-40. Naturalmente nel caso più comune di mura coronate da parapetto merlato, le aperture di tiro erano costituite dagli spazi intermerlari.

[185] Cfr. Adam, *L'architecture militaire grecque*, 105.

[186] Adam, *L'architecture militaire grecque*, 105.

[187] Adam, *L'architecture militaire grecque*, 105. L'autore cita come esempi alcuni settori delle cinte di Asine, Eraclea, Kasarmi, Phyle, Pleuron e Rhamnonte.

[188] Così secondo Adam, *L'architecture militaire grecque*, 105, "...la plus grande partie des murs d'enceinte atteint une hauteur médiocre (4 metrès en moyenne du sol extérieur au chemin de ronde, parfois moins, 3 metrès à 3,50 metrès à Gyphtokastro ou à Messène)". I dati riportati dagli altri autori, che calcolano però l'altezza totale al lordo del parapetto merlato o dell'epalxis risultano in contraddizione con questa posizione. Winter, *Greek Fortifications*, 134, per esempio afferma: "To judge from extant remains, the average heigt of classical walls (including parapet and merlons) did not exceede 7,00- 9,50 m., e. g. at Phyle (c.a. 8,50-9,50 m.) and Messene (c.a. 7,00-9,00 m.)". L'autore circoscrive al periodo ellenistico le realizzazioni la cui altezza supera i 10,00-12,00m., individuando a partire dal V secolo una progressiva tendenza all'aumento dell'elevazione e dello spessore delle mura. Pimouguet-Pedarros in: Pimouguet-Pedarros, *Archéologie de la defense*, 50, afferma che in area Caria cortine più alte di 6.00 m. non sono precedenti al V secolo e che superiori a 10.00 m., sono posteriori al IV. Anche al netto del parapetto (normalmente attorno ai 2.00-2.50 m., ma che risulta conservato solo in rari esempi), si tratta di altezze ben superiori a quelle individuate dall'architetto francese, che in ogni caso, argomenta le sue posizioni attraverso numerosi rilievi metrici di dettaglio.

[189] Cfr. *supra*, 39-40.

[190] Cfr. Adam, *L'architecture militaire grecque*, 159.

[191] Cfr. *infra* pp. 131-150.

[192] Cfr.: Winter, "Problems of tradition and innovation in greek fortifications", p. 39; Mc Nicoll, *Hellenistic fortifications*, 113-116.

[193] Occorre ricordare che buona parte delle torri, anche in età tarda, era contraddistinta da un volume pieno al livello inferiore, o fino alla quota del cammino di ronda.

[194] Adam, *L'architecture militaire grecque*, 106, fa notare come a Gyphtokastro, le torri vuote al piano terra siano comunque prive di aperture di tiro all'esterno.

[195] Cfr. la disposizione degli *oxibeloi* e dei *petroboloi* proposta in: Fritz Krischen, *Die befestigungen von Heracleia am Latmos*, Milet III, 2, Berlin,1922, p. 31 fig. 24,

[196] Adam, *L'architecture militaire grecque*, 106 riporta i casi delle finestre delle torri ai piani elevati di Messene e Chalkis, larghe all'incirca 40 cm.

[197] Sull'uso dell'artiglieria nel mondo antico i testi di riferimento sono: Eric William Marsden, *Greek and Roman Artillery: Historical Development*, (Oxford: Clarendon Press, 1970), 1998; *Greek and Roman Artillery: Technical Treatise*, (Oxford: Clarendon Press, 1971) 1998.

[198] Cfr. Winter, *Greek Fortifications*, 269-270.

[199] Il procedimento consistente nel ricavare materiale attraverso lo scavo di una trincea esterna parallela al circuito murario e di utilizzarlo per edificare le strutture in elevazione sembra contraddistinguere le realizzazioni più antiche. Esso sarà largamente adottato, con significati simbolici, ma soprattutto per scopi militari, anche dai Romani. Cfr. Winter, *Greek Fortifications*, 269, nota n.2.

[200] Winter, *Greek Fortifications*, 270-271, riporta le opinioni di alcuni autori. Egli dal canto suo, afferma che non ci sono prove convincenti di una funzione realmente militare delle fosse di V secolo (*telma*) che gli scavi hanno riportato alla luce ad Atene, in prossimità del Dipylon; esse appaiono precedenti alla realizzazione del *proteichisma* i cui fossati avanzati hanno invece funzioni indubbiamente militari.

[201] Winter, *Greek Fortifications*, 281 fa notare che il sistema adottato all'Eurialo, nella sua configurazione finale ascrivibile all'epoca in cui Filone opera, presenta numerose concordanze con i precetti del trattatista. Sebbene nessuno dei tre fossati raggiunga la larghezza fissata da Filone in 70 cubiti, (anche perché a Siracusa i fossati sono scavati su suolo roccioso), tuttavia "...the total distance from the battery to the outer edge of the outermost ditch is about one hundred and sixty metres, almost the same as in Philo's system". Si veda anche Adam, *L'architecture militaire grecque*, 112, con ricostruzione grafica in sezione del dispositivo descritto nel trattato.

[202] Winter, *Greek Fortifications*, 281.

[203] Si veda Winter, *Greek Fortifications*, 272.

[204] Cfr. *infra* pp. 77.

[205] Cfr. Winter, *Greek Fortifications*, 278-279.

[206] Cfr. Adam, *L'architecture militaire grecque*, 112. Il fossato doveva essere largo una ventina di metri e profondo all'incirca sei.

[207] Cfr. Winter, *Greek Fortifications*, 280-281

[208] Cfr. Winter, *Greek Fortifications*, 112.

[209] Si vedano la traduzione di Winter, *Greek Fortifications*, 273-275 e quella di Garlan, *Recherches de Poliorcetique grecque*.

[210] Cfr. Winter, *Greek Fortifications*, 286.

[211] Cfr. Cfr. Adam, *L'architecture militaire grecque*, 113.

[212] Sulle componenti simboliche ed urbanistiche si veda Franchetti Pardo, *Città, architetture, maestranze*, 62-63.

3. L'evoluzione dell'architettura della difesa nel mediterraneo ellenizzato

Il presente capitolo intende presentare in estrema sintesi le linee evolutive che caratterizzano la concezione e la pratica dell'architettura della difesa nel mondo ellenico a partire dalle esperienze della prima Età del Ferro, fino alle sofisticate elaborazioni del tardo Ellenismo e alle loro declinazioni in periodo imperiale. Sembra infatti opportuno, dopo aver analizzato la fortificazione antica di ambito ellenico nei suoi elementi strutturanti, illustrarne l'evoluzione cronologica in relazione all'affermazione di diversi modelli insediativi e alle trasformazioni dei contesti storico-culturali[1]. L'architettura militare si denota infatti come componente imprescindibile del fenomeno urbano e del rapporto fra uomo e territorio; ancora, essa si rivela indicatore sensibile delle vicende politiche, sociali e tecnologiche che maturano in seno ad una civiltà, così come della ricezione di elementi esterni.
La necessità di un approccio interdisciplinare allo studio di realtà così complesse è, come già detto, del tutto evidente, per quanto nell'ambito della presente ricerca gli aspetti materiali delle architetture risultino privilegiati.
Sullo studio dell'evoluzione dell'arte militare e delle tecniche belliche antiche, che costituisce uno dei presupposti per la conoscenza delle fortificazioni, ma che non è oggetto di specifica trattazione all'interno di questo lavoro, si rimanda alle opere di Yvon Garlan e di Eric William Marsden, presenti in bibliografia.

Le fortificazioni elleniche dalla prima età del ferro all'epoca delle espansioni coloniali

I circuiti difensivi di età geometrica della Grecia continentale si limitavano probabilmente alla protezione della sola acropoli, riutilizzando e riadattando le precedenti strutture dell'età del bronzo[2], generalmente semplici cinte murarie in blocchi di pietra o mattoni crudi. Negli insediamenti delle isole o nelle colonie sulle coste dell'Asia Minore, data la limitata estensione dei centri urbani di fondazione, il perimetro della fortificazione poteva includere, almeno inizialmente, l'intero centro abitato. Tuttavia, a causa del rapido accrescimento, si ripropose ben presto anche qui la condizione di un vasto abitato privo di difese sviluppato attorno ad un nucleo fortificato[3]. Si trattava in ogni caso di fortificazioni generalmente di sviluppo limitato e di semplice concezione, dove la funzione difensiva era affidata in larga parte alla barriera verticale costituita dalle mura e dalla conformazione naturale del terreno (rupi, pendii scoscesi, scogliere a strapiombo).
Gli unici dispositivi tattici erano rappresentati dai salienti (come semplici risalti nel tracciato delle mura) e dai bastioni in proiezione, mentre per la realizzazione di torri vere e proprie o di tracciati sistematicamente a salienti (denti di sega o cremagliere), sarà necessario attendere alcuni secoli. Durante l'VIII secolo a.C., l'espansione coloniale ellenica in vaste aree del Mediterraneo e la crescita delle città della madrepatria posero il problema del disegno urbano dei nuovi insediamenti, all'interno del quale l'aspetto della difesa rivestiva certamente un ruolo di primo piano. Nel caso degli insediamenti coloniali si trattava di stabilire delle consistenti, durevoli e attive comunità, all'interno di territori lontani e spesso ostili; esse quindi dovevano essere capaci di garantire la propria sopravvivenza e di esercitare un'attrazione nei confronti dei cittadini della madrepatria. Pertanto, si rese sempre più necessario fortificare l'intero perimetro cittadino, invece che la sola acropoli. Con riferimento alle città greche dell'Asia Minore, occorre osservare che sia nelle colonie di vecchia data – sviluppatesi ben aldilà degli originari perimetri fortificati ed in aree talvolta sprovviste di difese naturali – sia nelle nuove fondazioni, l'implementazione di programmi fortificatori si rese necessaria a causa del pericolo attacchi da parte di nemici a conoscenza delle più evolute tecniche d'assedio di origine orientale. La concezione della fortificazione, durante il periodo che va dalla metà dell'VIII secolo alla metà del VII, rimane abbastanza elementare, ma rispetto alle cinte di Età Geometrica, si registrano nondimeno delle evoluzioni: lungo le cortine in pietra e o mattoni crudi, in corrispondenza di punti strategici come angoli o ingressi, appaiono più di frequente torri e bastioni, mentre la lavorazione dei blocchi si fa più accurata. L'utilizzo di torri nelle fortificazioni delle città coloniali (in Asia Minore così come nel mediterraneo occidentale) sembra derivato dai contatti con culture orientali come quella egizia, quella lidia, frigia, persiana, cartaginese e probabilmente (in maniera indiretta) con quelle assira e babilonese, che disponevano di una notevole padronanza delle tecniche d'assedio e di difesa[4].
Questi dispositivi tattici si diffusero ben presto anche nei centri della madrepatria. Allo stesso modo, il progresso che si registra nel mondo greco in merito alle tecniche di lavorazione della pietra nella seconda metà del VII secolo, che investe anche l'architettura civile, religiosa e la scultura monumentale, sembra possa essere almeno in parte imputato ai contatti con il mondo egizio.

Le fortificazioni delle città della madrepatria e delle colonie microasiatiche dalla metà del settimo secolo all'epoca delle guerre persiane

La politica di espansione in area egea operata dalla Lidia a partire dai primi decenni del VII secolo, impose alle città greche di dotarsi di fortificazioni efficaci o di adattare quelle esistenti alle nuove esigenze difensive. Se durante i primi conflitti sembra probabile che i Lidi conducessero la guerra d'assedio delle città principalmente attraverso la pratica del blocco, verso la fine del secolo e all'inizio di quello successivo, la perizia acquisita nelle tecniche militari di matrice orientale permise loro di effettuare campagne vittoriose in numerosi centri della Ionia, rivelando così l'inadeguatezza delle loro fortificazioni. In questo periodo non tutte le città erano provviste di cinta muraria e quelle costruite ex novo o riadattando circuiti precedenti,

pur essendo spesso estese a tutto il perimetro urbano, si rivelavano inefficaci a causa della superiorità militare dei Lidi, la cui azione era supportata da macchine d'assedio. Sembra infatti che le uniche città capaci di resistere con successo a tali assedi fossero quelle che, per collocazione topografica, si rivelavano inaccessibili a tali dispositivi, come la Vecchia Priene, o Mileto, che racchiusa all'interno di una penisola, era protetta da una potente flotta.
I conquistatori Lidi, una volta impadronitisi delle città greche, provvidero spesso a smantellarne le fortificazioni, almeno in corrispondenza di settori nevralgici, pur all'interno di un regime di relativa tolleranza nei confronti dell'elemento ellenico[5]. L'egemonia lidia sulle città della Ionia si interruppe a causa dell'espansione di un'altra grande potenza orientale: la Persia.
La rapida conquista della Lidia e delle città microasiatiche rivelò l'impressionante efficienza delle armate persiane nella guerra d'assedio; esse erano infatti addestrate alla pratica dell'assalto diretto, che veniva condotto attraverso la realizzazione di rampe e terrapieni, ma anche con opere di mina e tramite l'uso dell'ariete[6]. Nonostante la risonanza e la preoccupazione che destarono tali eventi nella madrepatria, accompagnati dall'evidente constatazione dell'inadeguatezza delle fortificazioni tradizionali, le città greche faticarono ad applicare contromisure efficaci nell'ambito dell'architettura militare all'avanzata delle truppe persiane.
Una strategia più attiva sembra essere stata quella perseguita dalla città insulare di Samo. Durante il VI secolo, venne infatti fortemente potenziata la flotta, al fine di assicurare alla città egea una supremazia sui mari, sia nei confronti delle città greche ostili, sia nell'ottica della minaccia persiana. Anche le fortificazioni della città riferibili a questo periodo esprimono questo profondo legame fra la città e la sua flotta. Policrate, tiranno di Samo, ne estese infatti il circuito murario, fortificandone le coste con mura, torri e moli, al fine di garantire la difesa dei due porti e delle aree destinate al rimessaggio delle navi. L'opera che ha carattere di eccezionalità è però il grande canale antemurale, che isolava il centro urbano dal resto dell'isola, mettendo in comunicazione i due porti. Questo dispositivo appare atto a neutralizzare il pericolo di un assedio condotto con rampe, opere di mina e macchine belliche, che avevano rivelato la loro efficacia devastante durante le campagne condotte dai Persiani contro le città della Ionia[7].
Ugualmente volta alla conquista di una supremazia militare marittima sarà la politica ateniese, a partire da Temistocle, che non si limiterà alla creazione di una grande ed aggressiva flotta, ma provvederà anche a dotare di imponenti fortificazioni il Pireo, che i reparti di retroguardia potevano difendere agevolmente. La fortificazione del porto, in vista di un possibile pericolo di assedio tramite blocco, doveva così apparire prioritaria anche rispetto ad un incremento delle difese urbane.
Per quanto riguarda le città della costa microasiatica, confluite in seno all'impero persiano, i governanti, dotati spesso di autonomia decisionale nella risoluzione di conflitti locali, sembrano aver promosso in alcuni casi rilevanti programmi fortificatori, concepiti secondo criteri atti a far fronte alle tecniche ossidionali orientali. La fortezza tardo arcaica di Larissa (Buruncuk) ne è un esempio; si tratta, infatti, di un circuito fortificato sistematicamente scandito da torri vuote a doppio livello (a non più di 35 metri l'una dall'altra) concluse verosimilmente da una piattaforma scoperta e con porte a corridoio protette da torri in proiezione, che ne fiancheggiano l'ingresso. Per quanto riguarda la tecnica costruttiva impiegata, si riscontra un paramento in opera *lesbia*, con giunti e finitura superficiale molto accurati caratterizzati da uno o più ricorsi orizzontali in blocchi parallelepipedi di contrastante cromia, che non ha termini di paragone nelle architetture militari precedenti.
Nel corso del VI secolo e all'inizio di quello successivo, comunque, molte città della madrepatria, seppure con un certo ritardo rispetto alle città della Ionia, sembrano accrescere il loro perimetro fortificato, o dotarsi di difese nel caso ne fossero sprovviste, anche se non sempre si arrivò ad includere l'intera area edificata. Nei centri dove lo sviluppo urbano risultava meno rapido, per contro, si ritennero adeguate le fortificazioni di periodo precedente, fossero cinte urbane o addirittura acropoli fortificate[8].
In ogni caso, da un punto di vista tattico, le fortificazioni della madrepatria, compreso il primo programma di fortificazione del Pireo, apparivano meno avanzate di quelle di tardo VI secolo sperimentate nelle città microasiatiche, verosimilmente a causa del fatto che i costruttori non si erano dovuti ancora misurare con le temibili tecniche d'assedio di tradizione orientale.
Ciò avvenne con le spedizioni persiane del 490 e del 480-479, quando numerose città della Grecia verificarono l'insufficienza el'inadeguatezza dei propri sistemi fortificati nei confronti delle truppe e delle tecniche ossidionali persiane. Molte delle fortificazioni della terraferma, delle isole e delle città microasiatiche possono essere ricondotte al periodo immediatamente successivo alla guerra persiana del 480-479, quando il pericolo di una nuova invasione e l'esperienza del conflitto precedente suggerirono ai Greci di dotare i propri insediamenti di fortificazioni più efficaci. I nuovi impianti fortificati non si limitavano, in genere, alla protezione della sola acropoli, ma arrivavano a comprendere tutta o gran parte dell'area urbana edificata. Inoltre, i costruttori, che avevano compreso l'effetto devastante dei colpi d'ariete sulle strutture murarie, optarono per mura di maggior spessore e soprattutto di fattura più accurata, al fine di garantirne solidità e resistenza.
Le tecniche murarie più diffuse che prevedevano l'uso della pietra erano l'opera poligonale e quella quadrata, che impiegavano blocchi di consistenti dimensioni lavorati a piè d'opera e caratterizzati da giunti sottili, per evitare le azioni di scalzamento. Le torri a due piani risultavano dislocate con maggior frequenza lungo le cortine, al fine di assicurarne il fiancheggiamento. Le porte erano piazzate in punti strategici, come ad esempio lungo i risalti del circuito fortificato, assumendo spesso impianto a corridoio, o erano protette da una o due torri.
Nonostante ciò, si trattava comunque di una strategia difensiva abbastanza passiva, che tendeva a rendere disagevole l'approccio del nemico alle mura, sfruttando al meglio le difese naturali come pendii, rupi o scogliere e, nel

momento in cui esso fosse giunto ai piedi della cinta, al suo contrasto da posizioni dominanti (torri e cortine).
Le colonie dell'Occidente sembrano non aver offerto, in questa fase, un contributo determinante allo sviluppo dell'arte fortificatoria del mondo ellenico, in quanto le fortificazioni dei centri siciliani o dell'Italia meridionale, che abbracciano spesso l'intero perimetro dell'abitato, appaiono di concezione piuttosto elementare, almeno fino alla seconda metà del V secolo.
Ciò è probabilmente dovuto alla superiorità tecnologica e militare posseduta dai coloni greci rispetto alle popolazioni indigene o alle altre genti stabilitesi in quei territori, che permetteva loro di poter sostenere confronti militari in campo aperto, lasciando alle fortificazioni il ruolo di barriera contro agguati improvvisi o attacchi notturni. Risulta altresì verosimile una mancanza di familiarità, almeno fino a questo periodo, da parte sia dei Greci d'Occidente, sia degli altri popoli coinvolti[9], con le tecniche d'assedio praticate nei territori del mediterraneo orientale.

L'evoluzione delle fortificazioni tra gli anni precedenti la guerra del Peloponneso e la fine del quinto secolo

Gli anni successivi alle guerre persiane sono caratterizzati da una serie continua di lotte interne al mondo greco. In questo scenario, la città di Atene si configura come potenza egemonica, soprattutto a scapito di Sparta, grazie al suo particolare benessere economico, alla efficienza delle proprie armate di terra e soprattutto della propria flotta. Quella perseguita da Atene, posta alla guida della Lega Delio-Attica è una politica espansionistica, volta all'acquisizione di nuovi territori ed al controllo di numerose città elleniche. Nei cinquant'anni che precedono lo scoppio della guerra del Peloponneso, chiamati dagli storici *pentacontaetia*, si assiste ad un consistente incremento di fortificazioni in numerose regioni della Grecia.
In primo luogo le ragioni sono da ricercare nell'espansione territoriale ateniese, che è accompagnata dall'edificazione di fortezze ed avamposti volti a garantire il controllo militare delle aree acquisite. Fanno quindi la loro comparsa all'interno dello scenario ellenico istallazioni militari permanenti di carattere spiccatamente extra-urbano, in cui sono stabilmente alloggiate guarnigioni che hanno anche il compito di ostacolare l'eventuale avanzata di eserciti nemici. Queste fortezze, spesso collocate a presidio dei confini, sembrano essere state diffuse sia in Argolide, ma soprattutto in Attica, per quanto, nel corso del V secolo, la loro esistenza sia documentata più dalle fonti letterarie che dai resti materiali[10].
La politica aggressiva delle città egemoni spinge i centri sprovvisti di fortificazioni, o dotati di sistemi oramai obsoleti, ad implementare le proprie difese, tanto più che proprio in questo periodo si registra una tendenza all'urbanizzazione di alcune fra le regioni più arretrate dell'entroterra greco, come ad esempio l'Acarnania, l'Etolia e la Tessaglia[11], che non potranno prescindere dal dotarsi di fortificazioni. Sia nei casi di centri di nuova fondazione, sia in quelli di fortificazione di insediamenti presistenti, l'intero perimetro edificato viene compreso all'interno della cerchia muraria, data la palese inadeguatezza di una semplice acropoli o nucleo interno fortificato, mentre fa la sua comparsa una nuova tipologia di circuito: la *Geländemauer*. Queste cinte murarie di enorme estensione si sviluppano ben oltre il perimetro edificato delle città, includendo al loro interno vasti settori della *chora*, comprese aree agricole o destinate al pascolo, che potevano rivelarsi preziose nel caso degli estenuanti assedi condotti attraverso la pratica del blocco[12]. L'investimento della piazza tramite blocco risultava altresì difficoltoso, risultando improbabile, da parte di un esercito assediante pur numeroso, ottenere un totale isolamento di un circuito di tali dimensioni. Un esempio eclatante di questo tipo di fortificazione, con impianto risalente alla metà del V secolo, sono le Lunghe Mura di Atene, che si estendono per alcuni chilometri mettendo in comunicazione la città con il porto del Pireo e la costa[13].
Il tracciato delle cinte *Geländemauer*, dove possibile, si sviluppava lungo i settori più inaccessibili del territorio cittadino, in particolare in corrispondenza di rupi, ripidi pendii, sponde marittime o fluviali, manifestando la volontà dei costruttori di rendere il meno agevole possibile agli assedianti la possibilità di un assalto su vasta scala alle mura.
Qualora in determinati settori le difese naturali apparissero efficaci, le mura potevano ridursi in spessore ed altezza e si poteva risparmiare sulla frequenza delle torri, che erano così collocate soltanto in corrispondenza di punti nevralgici, quando non del tutto assenti[14]. Uno degli svantaggi maggiori ed immediatamente evidenti di un sistema così concepito era la necessità di un gran numero di effettivi da poter dislocare lungo il vastissimo perimetro, al fine di poterne assicurare il controllo e la difesa. In ogni caso, sembra poco probabile che le città provviste di questo tipo di circuito disponessero di forze così ingenti da poterne sorvegliare contemporaneamente e con efficacia tutti i tratti[15].
Per ovviare a questo inconveniente, si ritenne opportuno collocare postierle attraverso le quali condurre azioni sul terreno antistante le mura nel momento in cui il nemico cercava di avvicinarsi. Nei primi esempi di V secolo la frequenza delle postierle è piuttosto esigua ed esse sono di preferenza collocate in corrispondenza dei settori considerati più sicuri e facilmente difendibili. Questi possono essere però considerati i prodromi di un transito verso una concezione della difesa più attiva, che solo a partire dal IV secolo segnerà profondamente il disegno delle fortificazioni elleniche.
Per ciò che riguarda l'impiego di torri, occorre osservare che nei settori sprovvisti di difese naturali ed in corrispondenza degli ingressi, si assiste ad un incremento della loro frequenza, in quanto tali strutture, soprattutto se a più di un livello, consentono il fiancheggiamento di ampi tratti di cortina da parte di un numero relativamente esiguo di combattenti. Oltre agli evidenti vantaggi di tipo tattico descritti in precedenza, l'esigenza di mantenere permanentemente le guarnigioni interno dei circuiti fortificati o delle fortezze disseminate sul territorio, spesso collocati a distanze non esigue dai centri abitati, unita alla necessità di garantire una sorveglianza costante, inducono i progettisti ad optare talvolta per torri cave (in alcuni casi anche al piano terra),

per quanto la soluzione di torri piene al livello inferiore o fino al cammino di ronda risulti ancora la più diffusa[16].
Dal punto di vista tecnico-costruttivo, è probabile che l'affermarsi di fortificazioni di tale estensione abbia indotto i costruttori ad optare più spesso per mura edificate in blocchi di pietra, almeno nella parte basamentale[17], a scapito delle costruzioni in mattoni crudi (che non saranno comunque abbandonate e che si dimostreranno anche in seguito atte a resistere alle pratiche di assedio). Anche negli interventi di ristrutturazione di cinte murarie in mattoni crudi, come ad esempio in quelle di Atene e Corinto, si diffuse gradualmente la pratica di fare appoggiare le cortine sopra ad un più o meno esteso zoccolo in pietra.
Questi processi possono essere spiegati con la maggior durevolezza che la pietra assicura rispetto all'argilla essiccata. Le opere in pietra, infatti, nonostante i tempi ed i costi di realizzazione sicuramente molto superiori, necessitano, per essere mantenute in efficienza, di meno continui e più contenuti interventi di manutenzione e ristrutturazione. Ciò dovette quindi apparire ai costruttori come un investimento economicamente vantaggioso, se valutato sul lungo periodo[18].
Anche l'affermazione di paramenti murari in pietra a corsi orizzontali più o meno regolari, nei confronti dell'opera poligonale (che comunque continuerà ad essere impiegata per secoli) può essere dovuta a criteri di rapidità e di economicità. Quest'ultima, infatti, richiede manodopera altamente specializzata, in grado di sagomare a pie' d'opera ogni singolo blocco, mentre nel caso di apparecchi rettangolari o trapezoidali, la quasi totalità della lavorazione può avvenire in cava secondo procedure standardizzate.
I processi che avevano contraddistinto le decadi precedenti alla Guerra del Peloponneso si accentuano, senza subire però alterazioni sostanziali, anche nel corso del conflitto.
Si assiste all'intensificarsi dei programmi di fortificazione a presidio dei confini e dei territori extra urbani, sia nell'ambito delle forze aderenti alla Lega del Peloponneso, sia da parte di quelle facenti capo alla Lega Delio-Attica. Anche le città che non si erano inizialmente schierate, nella prospettiva di un conflitto generalizzato, si dotano rapidamente di circuiti fortificati, o rinnovano quelli esistenti, con la consapevolezza del ruolo oramai insostituibile assunto da tali mezzi nell'ottica di una resistenza agli attacchi.
Sia durante gli scontri della *pentacontaetia,* così come nel corso della Guerra del Peloponneso, i comandanti delle armate considerano l'assalto diretto, sia pure condotto con tattiche e mezzi ancora poco raffinati, come uno dei sistemi più efficaci per concludere con successo e con rapidità un assedio, in alternativa all'investimento della piazza tramite blocco[19]. In questo periodo non sembrano essere stati elaborati in Grecia strumenti e tecniche realmente innovativi nell'ambito della poliorcetica, ma si ripropongono i sistemi adottati dagli eserciti persiani contro le città della Ionia durante il secolo precedente.
In questo ambito, alcuni dei dispositivi offensivi più semplici e di largo impiego, qualora la conformazione del terreno ne consentisse la realizzazione erano rappresentati da rampe e terrapieni, elevati in prossimità delle cortine al fine di raggiungerne la quota sommitale. Lo stesso scopo poteva essere raggiunto in taluni casi ed in maniera più rapida, attraverso l'uso di scale.
Anche l'ariete, la cui percussione risultava efficace nel provocare il collasso di settori di torri e cortine era utilizzato dagli eserciti greci di questo periodo; per contro, non sembra che essi avessero familiarità con le tecniche di mina. Queste ultime, nei primi decenni del IV secolo, contribuiranno ad arricchire il panorama dei sistemi e degli strumenti a disposizione delle armate elleniche, assieme al trapano (variante dell'ariete efficace contro le mura in mattoni crudi), alle testuggini capaci di trasportare uomini e macchine in cima alle mura e ad alcune macchine incendiarie[20]. Le macchine d'artiglieria e le torri d'assedio, già sperimentate negli scontri fra le colonie siciliane e i cartaginesi, sembrano però aver avuto scarsissima diffusione fra gli eserciti della madrepatria, almeno nei primi decenni del IV secolo[21].

Poliorcetica e fortificazioni dall'epoca di Dionisio il Vecchio fino alla rivoluzione macedone.

La Sicilia della fine del V secolo a.C. e della prima metà di quello successivo, appare come il teatro di ingenti e frequenti operazioni militari, che vedono le colonie greche impegnate sia in lotte interne, ma soprattutto contro la potenza cartaginese. I Greci d'Occidente si trovano ora a doversi misurare con le armate cartaginesi, i cui assedi sono condotti impiegando mezzi e tattiche mutuati dalle civiltà del Vicino Oriente[22]. Nella campagna militare contro Selinunte, nel 409, l'assalto alle mura era avvenuto utilizzando sei enormi torri mobili (un dispositivo ancora sconosciuto nell'occidente greco) e sei arieti, probabilmente piazzati accanto o all'interno del primo livello delle torri.[23] L'assedio aveva avuto esito positivo: in seguito all'apertura di una breccia nelle mura, l'esercito cartaginese era riuscito ad impadronirsi della città. Nello stesso anno, la città di Imera soccombe all'esercito punico, che questa volta vanifica la barriera opposta dalle mura attraverso lo scavo di una galleria di mina.[24] Nell'arco di qualche anno, si verificano nuovi tentativi di invasione da parte cartaginese, che portano alla capitolazione (anche se gli assalti diretti non avevano avuto esito decisivo) delle città di Agrigento e Gela.[25] Nell'ambito della risposta militare offerta dai greci d'occidente, assume particolare rilievo la figura di Dionisio I il Vecchio, che in quegli anni era divenuto tiranno di Siracusa.
Egli, contando su di un potere pressoché assoluto e sulla disponibilità di ingenti risorse economiche, attuò all'inizio del IV secolo una politica fortemente aggressiva nei confronti dei cartaginesi. La sua azione si manifestò anzitutto nei colossali programmi difensivi intrapresi a Siracusa, dove cinse di mura in pietra le pendici dell'Epipoli[26] fino a raggiungere il sito dell'Eurialo e fortificò l'isola di Ortigia. Questi impianti, nonostante la grandiosità della loro estensione,[27] non appaiono di concezione innovativa, sia per ciò che concerne il loro tracciato (assimilabile a quello di tipo *Geländemauer* in uso in Grecia dal V secolo), sia per quanto riguarda la dotazione di particolari dispositivi dislocati lungo le cortine ed atti a contrastare la minaccia di un assedio condotto con mezzi avanzati. Sicuramente

un circuito di questo tipo rendeva disagevole un assedio tramite blocco, ma, d'altro canto, necessitava di un numero enorme di effettivi che ne garantissero la sorveglianza e la difesa lungo tutto il perimetro. La porta occidentale che immette nell'Epipoli, concepita secondo un ingegnoso disegno che rinserra il nemico in avvicinamento all'interno di due bracci convergenti, rappresenterebbe un eccezionale progresso nella difesa degli accessi, ma la sua attribuzione all'età di Dionisio I è controversa[28]; essa apparirebbe piuttosto come un'opera riferibile al tardo IV secolo, quando si assiste all'introduzione di appropriate contromisure nei confronti dei potenti dispositivi offensivi divenuti oramai di uso generalizzato.

Il grande contributo nel campo del progresso della poliorcetica offerto da Dionisio I e dai suoi ingegneri militari risiede, più che nello sviluppo di innovativi sistemi di fortificazione, nella costruzione di efficaci macchine d'assedio, quali il mondo greco non aveva prima d'allora conosciuto. Le torri mobili d'assedio (*helepolis,* distruttori di città, secondo la terminologia impiegata in seguito dai trattatisti ellenistici) costruite dai Siracusani, superavano verosimilmente per stazza quelle impiegate dai loro avversari cartaginesi, che pure erano servite loro da esempio. La stessa considerazione può essere probabilmente valida anche per gli arieti.[29] Il dispositivo elaborato dai Siracusani durante i primissimi anni del IV secolo, che rivoluzionò irrevocabilmente l'arte militare del mondo ellenico, sia nei suoi aspetti offensivi che nel campo delle fortificazioni, fu indubbiamente la catapulta.[30]

In questo periodo, in cui non esistevano ancora dispositivi a torsione[31], i proiettili scagliati dalle catapulte si limitavano a dardi, la cui gittata e potenza doveva però apparire enorme; inoltre una volta acquisita dimestichezza con i sistemi di propulsione, la realizzazione di macchine capaci di scagliare pietre non dovette tardare di molto.

Le artiglierie nevrobalistiche potevano inoltre essere posizionate all'interno delle torri d'assedio, oltre che in batterie collocate a terra; in questo modo si ostacolavano le operazioni dei difensori appostati sia sulle mura, sia le sortite aventi lo scopo di neutralizzare le macchine belliche degli assedianti.[32]

I decenni immediatamente seguenti alla Guerra del Peloponneso, pur all'interno di scenari caratterizzati da conflitti armati pressoché continui, mostrano una scarsa ricezione da parte degli eserciti ellenici della madrepatria e dei territori egei delle esperienze maturate in ambito siciliano. Se nel settore delle armi offensive si assistette ad un impiego più frequente di torri mobili, testuggini, arieti, trapani ed opere di mina[33], tuttavia le le innovazioni siracusane nel campo dell'artiglieria non sembra abbiano goduto di grande fortuna.

Per quanto riguarda l'architettura militare, occorre poi osservare che nonostante l'evidenza della reale vulnerabilità ad un attacco condotto con le nuove macchine belliche di fortificazioni fino a quel momento considerate inespugnabili, si registrarono ben pochi progressi. La spiegazione a queste constatazioni, che delineano uno stato di ritardo nell'arte militare da parte delle città della Grecia e dell'area egea rispetto alle colonie occidentali, è stata ricercata nella condizione di prostrazione economica in cui molte di esse versavano in seguito al logorante e generalizzato conflitto peloponnesiaco[34].

Per avvertire un sostanziale passo in avanti nel campo della poliorcetica, occorrerà attendere l'azione di Filippo di Macedonia che, supportato da un potere personale e da mezzi economici paragonabili a quelli di Dionisio I, comprenderà le potenzialità dei mezzi offensivi sperimentati dai siracusani perfezionandone l'efficacia, in vista del suo ambizioso programma di conquista ed unificazione della Grecia.[35] Intorno alla metà del IV secolo, gli ingegneri militari al servizio di Filippo II incrementarono fortemente l'efficacia delle macchine d'assedio, inoltre svilupparono l'artiglieria attraverso l'adozione di sistemi a torsione, rendendo utilizzabili, accanto agli *oxibeloi* anche catapulte in grado di scagliare pietre, i *lithoboloi* o *petroboloi*, i cui effetti si rivelavano devastanti anche nei confronti delle mura ed in particolare contro i parapetti merlati.[36] Gli anni successivi portarono ad un ulteriore affinamento di questi dispositivi, cosicché alla vigilia della spedizione di Alessandro Magno in Asia, il mondo greco era in grado di padroneggiare i mezzi e tecniche di assedio introdotti appena una generazione prima.

In questi anni erano stati effettuati tentativi volti all'elaborazione di contromisure atte a respingere i temibili assalti delle truppe macedoni; queste consistevano in primo luogo alla predisposizione di opere che impedissero l'approccio diretto alle mura da parte delle *helepolis* e delle altre macchine belliche. Lo scavo di un fossato antemurale sembra essere stata, in questo periodo la soluzione più praticata e sempre più comune a partire dalla metà del secolo. D'altro canto, il suo riempimento da parte delle forze assedianti risultava in molti casi l'unico espediente possibile per la conduzione di un assalto vittorioso[37].

Gli ingegneri al seguito di Alessandro, oltre a potenziare le artiglierie nevrobalistiche, concepirono torri d'assedio componibili, che potevano essere ridotte in elementi di dimensione contenuta, trasportate al seguito delle truppe e rapidamente assemblate nel momento in cui si assediava la piazza. I tecnici e gli addetti alle macchine, inquadrati in appositi reparti, costituivano oramai una componente insostituibile della compagine macedone, al pari dei contingenti specializzati nell'assalto.[38]

La possibilità di alloggiare le artiglierie, gli arieti e forse anche le torri d'assedio sulle navi, rese inoltre possibile la conduzione degli assedi direttamente dal mare, sfatando la convinzione che una fortificazione collocata sulla cresta di una scogliera fosse imprendibile tramite assalto.[39] Inoltre, durante le campagne condotte da Alessandro nei territori orientali, il contributo offerto da tecnici provenienti dalle regioni già conquistate, che possedevano ampie conoscenze ed una tradizione plurisecolare nell'ambito della poliorcetica, si rivelò importante.[40]

L'apporto di queste tecniche di provenienza asiatica, la possibilità di contare su di un numero enorme di effettivi e le smisurate risorse economiche a disposizione di Alessandro, ne resero l'avanzata inarrestabile.

Successivamente, le imprese di Demetrio Poliorcete mostrano come, sul finire del IV secolo e nei primi decenni di quello seguente, gli strumenti e le tecniche d'assedio elaborati dai Macedoni avessero raggiunto un livello di raffinatezza e di efficacia prima d'ora, e per taluni aspetti anche in seguito, sconosciuti. I mezzi offensivi adoperati da Demetrio negli assedi di Rodi e Salamina segnano quindi probabilmente il culmine dell'evoluzione della poliorcetica greca,[41] per quanto si tratti di un perfezionamento od un incremento di stazza di quelli che avevano già fatto la loro comparsa all'epoca di Alessandro.[42]

Agli enormi progressi avvenuti nel corso della seconda metà del IV secolo nell'ambito degli scontri campali e della guerra d'assedio, da mettere in relazione con le campagne macedoni, non sembra corrispondere una immediata ed adeguata risposta nel campo dell'architettura militare. Essa, infatti, almeno all'inizio, sembra adattarsi molto lentamente alle subentrate strategie ed i numerosi assalti conclusi con esito favorevole da parte degli assedianti denotano questa disparità di maturità.[43] Nondimeno, appare presto chiara la necessità di una difesa decisamente più attiva, volta ad impedire un approccio delle macchine assedianti alle torri o alle cortine, il cui effetto si dimostrava molto spesso disastroso nei confronti degli assediati. Qualora non vi fossero ostacoli che contrastassero l'avanzata delle macchine d'assedio nemiche, l'unico sistema era quello di effettuare sortite, al fine di colpire il nemico in avvicinamento e di neutralizzarne le macchine.

Naturalmente si trattava di azioni molto pericolose, in quanto i difensori erano esposti ai colpi dei nemici e delle artiglierie posizionate lungo il fronte d'attacco. Per agevolare questi *raid* controffensivi si moltiplicarono in questo periodo le postierle aperte lungo le cortine ed anche sui fianchi delle torri. Quest'ultime, di grande utilità nell'opera di fiancheggiamento delle macchine e delle truppe d'assalto nemiche, sono previste con maggior frequenza lungo il circuito murario, mentre si affermano progressivamente le piante poligonali e curvilinee, che offrono, da una parte, maggior resistenza ai colpi inferti dalle macchine nemiche, mentre dall'altra, attraverso l'eliminazione o il contenimento degli angoli morti, offrono il vantaggio di una difesa panoramica.

Un altro sistema che assicura il fiancheggiamento è ottenuto attraverso lo sviluppo del tracciato secondo un disegno a salienti. L'uso dei tracciati sistematicamente a denti di sega o a cremagliera[44] è una conquista, nel mondo ellenico, non anteriore alla seconda metà del IV secolo[45], che troverà poi largo impiego anche nelle esperienze successive. Sempre riguardo al tracciato delle mura, occorre osservare che fino alla fine del IV secolo continua ad essere diffusa la tipologia *Geländemauer*, nella quale il circuito si dipana secondo un percorso vincolato alla presenza di difese naturali, che si snoda spesso anche a grande distanza dall'agglomerato urbano vero e proprio.

A partire dal IV secolo, sempre più spesso si promuove la realizzazione di un setto divisorio all'interno di tali enormi cinte, il *diatechisma*, che permette agli assediati, qualora si renda necessario, la conduzione di una difesa più concentrata, o si provvede, per la stessa esigenza, alla contrazione del circuito fortificato.[46]

Per quanto riguarda la difesa delle porte, la semplice soluzione dell'accesso aperto sul fronte, fiancheggiato da torri e i già sperimentati sistemi *a tenaglia* e *a corridoio*, evolvono sovente verso sistemi *a corte*, caratterizzati da un ingresso esterno e da uno più arretrato, posto al termine di uno spazio delimitato. Questa dotazione di dispositivi e diaframmi supplementari è dovuta al timore che i proiettili d'artiglieria, pietre o dardi incendiari, danneggino facilmente le porte, consentendo così alle forze nemiche un rapido ingresso all'interno della città.

Anche le mura registrano un progressivo aumento in altezza e spessore, mentre il semplice parapetto merlato a coronamento del cammino di ronda, risulta in molti casi rimpiazzato da uno schermo continuo (*epalxis*) provvisto di strette feritoie ed a volte protetto da una tettoia.

Tali gallerie coperte si rivelavano funzionali nel proteggere i difensori dal pericolo di proiettili a traiettoria parabolica e da quelli scagliati dall'alto delle *helepolis*.

Al pericolo di azioni di scalzamento, mina e ai colpi dell'ariete si risponde, da un punto di vista tecnico costruttivo, con l'adozione di paramenti e nuclei più solidi.

Se è vero che l'uso del mattone cotto o crudo non scompare, soprattutto in quei territori orientali dove perdurava una lunga tradizione, sempre di più si opterà per paramenti in pietra. In tale ambito, per quanto l'uso dell'opera poligonale non cessi, sono sempre più diffuse le cortine in opera quadrata, a ortostati e diatoni, con questi ultimi aventi la funzione di ancorare i setti esterni all'*emplecton* mediano.

Una delle maggiori problematiche che impegna i costruttori di sistemi fortificati è l'elaborazione di dispositivi e tattiche volte a contrastare l'azione delle macchine belliche, cercando nel contempo di limitare i rischi dei difensori.

Una delle risposte più efficaci era rappresentata dall'impiego delle artiglierie anche da parte dei difensori, quando queste tecnologie cominciarono ad essere disponibili, in seguito alle imprese macedoni: esse permettevano infatti una difesa a distanza, evitando di esporre direttamente le forze impiegate ai colpi del nemico. Inizialmente collocate all'interno o sulla piattaforma sommitale delle torri, postazioni d'artiglieria di diverso calibro furono progressivamente alloggiate anche lungo le cortine, divenendo ben presto armi indispensabili nell'arsenale di qualsiasi piazzaforte.

Lo stesso disegno delle torri ne risultò fortemente condizionato: la necessità di alloggiare pesanti batterie di *oxibeloi* e *lithoboloi* ne fece incrementare l'estensione planimetrica, la robustezza ed in alcuni casi anche lo sviluppo verticale.

Naturalmente, questo processo di adattamento ai nuovi criteri nella progettazione di fortificazioni non fu immediato e se alcune esperienze del tardo IV secolo mostrano un elevato grado di maturità, altre realizzazioni contemporanee appaiono attardate su schemi tipologici e prassi costruttive scarsamente efficaci nell'ottica di una difesa più aggressiva.

Durante la seconda metà del IV secolo, come già detto, il bilancio fra attaccanti e difensori appare comunque favorevole ai primi ed occorreranno alcuni anni perché le contromisure adottate in seno all'arte fortificatoria ripristinino una situazione d'equilibrio.[47]

La poliorcetica e l'arte fortificatoria in età ellenistica e romana.

Il lungo arco cronologico che va dal terzo decennio del III secolo fino al definitivo insediarsi del dominio romano in tutto il mediterraneo ellenizzato è caratterizzato da un contenuto sviluppo delle tecniche e delle tattiche offensive[48]; questo nonostante uno stato di guerra pressoché permanente in gran parte dei territori, l'abilità e la padronanza di numerosi sovrani e generali ellenistici nell'arte della guerra e i progressi nel perfezionamento delle macchine belliche.[49]

Per contro, la predisposizione di contromisure alla guerra d'assedio, che trovavano nell'architettura della difesa una delle componenti fondamentali, si rivela un'istanza costante e generalizzata in tutto il mondo ellenico, sistema turbolento ed instabile il cui baricentro gravita ora nelle grandi città dei regni orientali. Come è stato fatto notare a tale proposito[50], è sintomatico che le più considerevoli campagne di conquista coronate da successo siano state quelle condotte da Filippo V nei territori della Grecia propriamente detta: un'area che dalla fine del IV secolo era caratterizzata da stagnazione economica e militare.

È quindi perlopiù in Oriente, dove viceversa molti centri conoscono uno sviluppo ed una prosperità senza precedenti, che le opere fortificate concepite in seguito all'assimilazione delle tecniche di assalto meccanizzato[51] introdotte dai Macedoni e sulla base di una poliorcetica di tradizione plurisecolare, contribuiranno al ristabilirsi dell'equilibrio fra attacco e difesa.

Il rinnovamento che si coglie nella fortificazione ellenistica durante il III e II secolo, sembra investirne, sia pure con diverse portate, tutti gli aspetti, portando alla comparsa o allo sviluppo di soluzioni e forme fino a quel momento sconosciute.[52]

Da un punto di vista strategico, sebbene le mura continuino ad essere l'ostacolo fisico più importante nei confronti del nemico, assumono grande e progressiva rilevanza i sistemi di difesa avanzata, in corrispondenza dei quali si concentrano ora gran parte dei combattimenti.[53] L'obiettivo primario, perseguito attraverso sistemi difensivi multipli, appare in questo periodo quello di mantenere a distanza le armate e le macchine nemiche, con la consapevolezza degli esiti disastrosi che un approccio diretto alle mura poteva comportare.

La cinta muraria principale risulta allo stesso tempo potenziata attraverso dispositivi tattici per la conduzione della difesa a distanza, alla predisposizione di più livelli di difesa lungo le cortine e alla dotazione di sistemi atti a neutralizzare l'azione delle macchine nemiche.

Nel campo delle tecniche costruttive i cambiamenti sono meno sensibili: accanto alle mura in pietra permane in alcune aree l'uso del mattone, mentre l'introduzione della malta a base di calce quale legante, per quanto suggerita da Filone di Bisanzio almeno per la realizzazione delle fondazioni, rimane un fenomeno abbastanza sporadico e riconducibile probabilmente ad influenze orientali.[54] Un incremento di resistenza delle murature delle cortine ed in particolare delle torri, che dovevano essere in grado di sopportare gli choc derivanti dall'azione delle macchine belliche e dei proiettili d'artiglieria, è quindi ottenuto di preferenza ricorrendo all'aumento di spessore del setto murario e del basamento fondale oppure tramite una efficace orditura del paramento in pietra con *diatoni* profondamente inseriti nel nucleo e con l'applicazione di zanche a rendere solidali i blocchi.

I paramenti isodomi e pseudo isodomi risultano in questo periodo i più diffusi, per la loro versatilità e relativa economicità, tuttavia paramenti in opera poligonale sembrano continuare ad essere realizzati anche all'interno di ingenti programmi fortificatori.[55] Una grande variabilità di forma e di finitura superficiale è allo stesso modo riscontrabile nei blocchi dal profilo bugnato che caratterizzano i paramenti in opera quadrata di molte fortificazioni ellenistiche, dove alle componenti prettamente funzionali si aggiungono aspetti estetici e simbolici che risentono anche delle peculiari tradizioni costruttive regionali.

Durante l'Ellenismo maturo le più profonde trasformazioni inerenti le fortificazioni riguardano però la morfologia di cortine e torri. L'esigenza di elaborare forme funzionali alle condizioni della moderna guerra d'assedio, in cui le mura ed il terreno antistante sono il principale teatro degli scontri armati, traspare dall'opera teorica di Filone di Bisanzio. Per quanto riguarda il tracciato dei circuiti, nel libro sulla *Poliorcetica* è posta attenzione all'individuazione di quelli ottimali in relazione al contesto naturale in cui insiste il sito da fortificare, descrivendo le peculiarità delle diverse soluzioni e illustrando suggerimenti per la ristrutturazione o l'adattamento di circuiti presistenti. Inoltre, si propongono tracciati davvero innovativi, come quelli a "meandro", a segmenti semicircolari o la "doppia cortina"[56].

I resti delle fortificazioni pervenutici, in particolar modo di area italiota e microasiatica, mostrano una ricezione, anche se a volte parziale, di tali dettami. L'impiego massivo dell'artiglieria, soprattutto a protezione di quei settori considerati nevralgici, appare in ogni caso criterio informatore del disegno delle fortificazioni di questo periodo. L'utilizzo di questi dispositivi, la cui gittata a detta di alcuni autori poteva raggiungere i 350-400 metri[57], risulta infatti oramai generalizzato ed insostituibile, sia al fine di impedire alle macchine e alle truppe nemiche l'approccio alle mura, sia come supporto nella conduzione di controffensive secondo i mutati atteggiamenti tattici.

Le batterie d'artiglieria sono quindi impiegate lungo tutto lo sviluppo del circuito, posizionate all'interno delle camere delle torri, o dislocate lungo le cortine, eventualmente su più livelli e in alcuni casi all'interno di postazioni appositamente predisposte, inoltre le postazioni d'artiglieria sono frequentemente impiegate in corrispondenza dei capisaldi e opere lineari antemurali che circondano il perimetro fortificato principale.

Il sistema delle sortite improvvise, che consentono di attaccare di sorpresa il nemico nei suoi settori più vulnerabili, impone la presenza di numerose postierle, sistematicamente disposte lungo tutto lo sviluppo del circuito. Una soluzione molto praticata già a partire dalla seconda metà del IV secolo, ma che si affermerà ampiamente anche nelle realizzazioni successive, risulta quella di aprire la postierla in corrispondenza del risalto di un tratto a cremagliera, in modo che gli uomini che irrompono sul campo di battaglia abbiano al loro ingresso il fianco destro protetto dalla cortina. In età ellenistica, le postierle possono essere anche aperte in corrispondenza di un fianco delle torri in proiezione, o su entrambi[58], in modo che al termine del *raid*, la squadra fuoriuscita da una postierla, possa trovare riparo attraverso quella aperta nella struttura successiva, secondo le indicazioni di Filone[59]. Strutture complementari come l'*epikampion* possono essere previste al fine di agevolare la concentrazione e l'azione di truppe sul terreno antistante le mura.

All'interno del percorso volto alla messa a punto di soluzioni ottimali per la conduzione di una difesa di carattere decisamente aggressivo, l'elaborazione del tracciato a *cremagliera bastionata*[60] costituisce un esito paradigmatico. Essa si configura infatti come sintesi in grado di coniugare i due aspetti che governano la strategia difensiva in questo periodo, cioè un impiego il più largo possibile dell'artiglieria, sia contro obiettivi a distanza, sia per il fiancheggiamento delle mura e la possibilità da parte dei difensori di condurre in ogni settore del circuito rapide azioni di sabotaggio o controffensive.

L'utilizzo dell'artiglieria condiziona notevolmente anche l'impianto planimetrico e la struttura delle torri. Sebbene le piante rettangolari non scompaiano, si assiste ad una maggior diffusione delle piante poligonali, circolari, semicircolari o ad U, che uniscono ad una superiore resistenza ai colpi del nemico i vantaggi di una copertura panoramica. Solo raramente i pezzi d'artiglieria più pesanti erano alloggiati al piano terra delle torri, anche in quei casi in cui le torri presentavano camere anche ai livelli più bassi, ciò al fine di sfruttare la posizione dominante nei confronti delle catapulte nemiche di calibro simile collocate al livello del suolo[61]. Più di frequente le macchine più potenti erano alloggiate al secondo livello, in modo da non compromettere troppo la resistenza e la stabilità delle strutture, mentre ai piani superiori (torri a quattro o cinque piani, alte fino ad una ventina di metri divennero comuni in questo periodo) trovavano collocazione le batterie più leggere.

In ogni caso le torri necessitavano di imponenti basamenti solidi, in grado di sopportare il peso dei piani superiori, delle macchine e i traumi derivanti dai colpi nemici; così, anche in epoca ellenistica, buona parte delle torri era caratterizzata da un primo livello pieno e, anche in presenza di camere al piano terra, queste potevano essere provviste in alcuni casi di muri di controventamento che incrementassero l'inerzia delle strutture[62].

Rispetto alle torri dei periodi precedenti, le torri dell'Ellenismo maturo presentano un maggior numero ed una maggior frequenza all'interno dello stesso livello funzionale di aperture di tiro, siano esse semplici feritoie, oppure vere e proprie finestre per l'impiego di grandi pezzi d'artiglieria. Tali aperture potevano essere protette, durante la fase di ricarica, da diaframmi lignei basculanti.

Se fino alle epoche precedenti gran parte degli uomini dislocati presso le torri era posizionata sulla piattaforma sommitale, adesso la quasi totalità dei combattimenti è condotta da parte dei difensori dall'interno delle torri stesse, che in numerosi casi presentano l'ultimo livello coperto da tetto a falde, in modo da proteggere gli occupanti dai tiri a traiettoria curva o dai proiettili scagliati dall'alto delle torri d'assedio. Per quanto riguarda l'evoluzione delle cortine, si è già accennato in precedenza all'affermazione, peraltro non esclusiva, di sistemi di parapetto a setto continuo (*epalxis*), frequentemente traforati da strette aperture, a partire dalla seconda metà del IV secolo. Questo tipo di soluzione evolve in alcuni casi verso la realizzazione di vere e proprie gallerie coperte, anche su livelli multipli (secondo le indicazioni di Filone di Bisanzio riguardo al tracciato a "doppia cortina" e come avviene a Side, Perga, Aigosthena). Queste articolate strutture sono inoltre funzionali alla realizzazione di ambienti coperti (casematte) che consentono di offrire riparo a uomini e mezzi anche lungo le cortine.

Riguardo alla difesa degli accessi, non sembrano essere introdotti durante l'Ellenismo maturo dispositivi particolarmente innovativi nella struttura delle porte, rispetto a quelli già sperimentati a partire dalla metà del IV secolo, probabilmente perché essa era largamente demandata alle torri e ai complessi sistemi di protezione avanzata, che nel corso del III secolo assumeranno un ruolo di primo piano.

La predisposizione di fossati multipli, di barriere antemurali e di una serie di capisaldi per la difesa avanzata, manifesta, al pari del potenziamento dell'artiglieria, la volontà da parte dei difensori di mantenere le forze nemiche il più possibile a distanza rispetto al circuito principale. Anche se durante il tardo Ellenismo quest'ultimo riacquisterà un ruolo di primo piano per la difesa delle piazzaforti, attraverso un ulteriore potenziamento delle sue strutture e le difese avanzate si ridurranno ad un singolo (ma non meno efficace) fossato e/o *proteichisma*[63], resta valida all'interno dei sistemi fortificati l'individuazione di un quadruplice linea difensiva[64].

La prima e più esterna era costituita dalle opere avanzate, che dovevano essere rese inefficaci e sgomberate, spesso con grande dispendio di mezzi e tempo da parte degli assedianti, che si trovavano così esposti agli attacchi delle truppe assediate, che potevano organizzare sortite a ridosso di ogni settore del circuito.

L'utilizzo in massa della fanteria per la conduzione, al momento opportuno, di attacchi a terra contro le armate e le macchine nemiche costituiva a tutti gli effetti la seconda linea difensiva.

A ciò si aggiungeva il fuoco dell'artiglieria, terza ed importantissima linea difensiva, che poteva battere con continuità le forze nemiche non appena fossero giunte a distanza utile, concorrendo così sia l'azione degli uomini a terra, sia alla difesa delle mura, una volta che il nemico era riuscito a raggiungerle.

Infine, le mura costituivano il quarto, ultimo e fondamentale diaframma difensivo, la cui violazione da parte dell'esercito assediante era contrastata attraverso l'utilizzo di complessi e ben protetti dispositivi difensivi.

A partire dalla seconda metà del III secolo e fino alla definitiva sottomissione degli stati ellenistici alla potenza romana, la parità fra attacco e difesa nell'ambito della guerra d'assedio nell'ambito geografico preso in esame, appare quindi pienamente ristabilita. Lo stesso Filone di Bisan-

zio nel suo trattato, accanto all'illustrazione di un vasto repertorio di tecniche di assalto e difesa delle piazzeforti, si sofferma a lungo sui metodi di presa delle città per tradimento o tramite blocco. Allo stesso modo, l'analisi degli eventi storici intercorsi durante questo periodo, testimonia come questi antichi sistemi si rivelassero in alcuni casi più efficaci e risolutivi rispetto alle elaborate tattiche d'assedio "scientifiche" divenute oramai di dominio generalizzato[65].
In questo contesto va valutata l'ascesa politico-militare di Roma che, in seguito ad una serie di eclatanti campagne di conquista o attraverso accordi diplomatici, si ritroverà ben presto a governare gran parte dei territori pervasi dalla *koiné* ellenistica.
Di fronte ad una politica così aggressiva, come appare quella romana nelle aree summenzionate, può apparire singolare che durante i primi secoli di dominio, nonostante l'elevato grado raggiunto dalla cultura architettonica e la innegabile perizia degli ingegneri romani nella realizzazione di ambiziosi programmi tecnici, il contributo all'evoluzione dell'arte fortificatoria appaia decisamente limitato. Da un punto di vista strettamente militare questa stasi potrebbe spiegarsi col fatto che la *"Roma tardo-repubblicana entrò in contatto con la grande tradizione architettonico-militare greca, quando già il nerbo della sua potenza militare risiedeva nella mobilità e nell'eterogeneità delle specializzazioni della legione, non nelle piazzeforti; furono proprio gli scontri campali che permisero ai Romani di aver ragione dei grandi eserciti ellenistici, lenti nelle manovre e ormai inesorabilmente legati ad una logica bellica di tipo ossidionale"*.[66]
Nel primo periodo imperiale l'instaurarsi della *pax romana* in molti dei territori in questione non offrì alcuno spunto per l'elaborazione di nuovi sistemi difensivi. Seppure non manchino in tutto l'Impero, province orientali incluse, esempi di imponenti cinte murarie e possenti porte urbiche fortificate, esse appaiono più propriamente l'espressione di una ricerca di monumentalità che evochi la potenza ed il prestigio di Roma stessa[67].
Certamente, l'enfasi attribuita all'aspetto urbanistico e simbolico di queste opere non ne esclude aprioristicamente una reale funzionalità difensiva, tuttavia occorre ammettere che i sofisticati dispositivi elaborati dagli ingegneri militari dell'Ellenismo maturo, efficienti all'interno di una serie di operazioni coordinate, trovarono scarso seguito nelle realizzazioni della prima epoca imperiale. Una funzione eminentemente militare connotava invece le fortificazioni lineari dislocate lungo i *limes* di un impero divenuto enorme, tuttavia, date le consuetudini belliche di gran parte dei popoli antagonisti, si trattava spesso di presidi militari non concepiti per doversi confrontare con le complesse tecniche di assedio "meccanizzato".[68]
Le stesse indicazioni fornite da Vitruvio, che verosimilmente poteva annoverare una lunga esperienza di ingegnere militare[69] e che in più punti, trattando di fortificazioni e macchine belliche sembra rifarsi alle opere di Filone di Bisanzio e di Ctesibio d'Alessandria[70], appaiono improntate ad una strategia difensiva meno elaborata di quella che aveva caratterizzato il mondo ellenizzato nei secoli immediatamente precedenti[71].
A dire il vero, per quanto le tattiche adottate dagli eserciti romani nell'assedio delle piazzeforti dimostrassero tutta la loro efficacia, anche lo sviluppo dell'artiglieria consistette più che altro in un adattamento dei congegni precedentemente elaborati su pezzi di medio calibro[72] e nell'applicazione di criteri modulari di tipo empirico per il loro dimensionamento[73].
"I Romani non diedero alcun contributo allo sviluppo della tecnologia militare fino all'anonimo autore del De rebus bellicis (IV secolo d.C.). Ancora questo autore usa solo termini greci per tutte le macchine belliche".[74]
Il problema della fortificazione dei centri urbani all'interno e ai margini dell'impero romano si ripropose, in seguito al periodo di instabilità della seconda metà del III secolo d.C. e, con crescente urgenza, a partire dal IV secolo[75], quando la pressione delle popolazioni barbariche (intendendo con questo termine sia le genti germaniche stanziate oltre i confini dell'impero, sia le potenze orientali) determinarono in vaste aree uno stato di insicurezza pressoché endemico.[76]
Profondi mutamenti dei contesti tattici, contraddistinti innanzitutto dalla progressiva scomparsa delle enormi ed articolate macchine ossidionali dei secoli precedenti, a favore di una guerra basata sul dinamismo e sul peso crescente della cavalleria, caratterizzarono l'attacco e la difesa durante l'età tardo imperiale. Allo stesso modo, una radicale evoluzione delle tecniche costruttive, contrassegnata dall'affermarsi dell'uso del calcestruzzo e dalla predilezione per paramenti realizzati in mattoni e piccoli elementi lapidei, a scapito dell'opera in grandi blocchi di tradizione ellenica, interessò la struttura delle opere fortificate.
Così, come è stato osservato, ad un primo sguardo che si limiti all'aspetto esteriore, i programmi fortificatori della tarda antichità sembrano aver ben poco in comune con le realizzazioni dei secoli precedenti; tuttavia un'analisi approfondita che indaghi anche gli aspetti funzionali e tattici fa emergere un intimo legame con la grande tradizione ellenistica.[77]

Note al capitolo 3

[1] Nella presentazione si ripercorre, con alcune modifiche, lo schema proposto da Winter, *Greek Fortifications*, che assieme a Garlan, *Recherches de Poliorcetique grecque*, costituisce il testo di riferimento del presente capitolo.
[2] Cfr. Winter, *Greek Fortifications*, 289-290.
[3] Cfr. Winter, *Greek Fortifications*, 290.
[4] Cfr. Winter, *Greek Fortifications*, 291.
[5] Cfr. Winter, *Greek Fortifications*, 294.
[6] Winter, *Greek Fortifications*, 299, usa l'espressione "scientific siege-techniques".
[7] Cfr. Winter, *Greek Fortifications*, 296.
[8] Winter, *Greek Fortifications*, 298 cita ad esempio le città di Eleusi (in cui la cinta di Pisistrato fu ritenuta sufficiente fino alla prima metà del V secolo) e le città di Eretria e Karistos, con circuiti di VI secolo e considerate difendibili nel 490.
[9] Cfr. Winter, *Greek Fortifications*, 302. L'autore si riferisce in particolare ad Etruschi e Cartaginesi, sottolineando come le fortificazioni delle genti italiche, compresi i Romani, rimangano di concezione assai primitiva fino a tutta l'epoca arcaica ed a volte anche oltre. Sulle fortificazioni italiche antiche si veda: Quilici, Quilici Gigli, a cura di, *Fortificazioni antiche in Italia, passim.*
[10] Cfr, Winter, *Greek Fortifications*, 303, 306.
[11] Cfr. Winter, *Greek Fortifications*, 304. Sulla cinta muraria come espressione della dimensione urbana stessa nell'immaginario greco a partire dall'epoca classica, si veda Garlan, *Recherches de Poliorcetique grecque*, 92-97
[12] Sulla *Geländemauer* vedi anche *supra* 34, con riferimenti bibliografici. Sulla tecnica dell'assedio delle città tramite blocco o assalto durante la guerra del Peloponneso si veda Garlan, *Recherches de Poliorcetique grecque*, 107-125.
[13] Cfr. Adam, *L'architecture militaire grecque*, 201.
[14] Cfr. Adam, *L'architecture militaire grecque*, 105. Si veda anche Winter, *Greek Fortifications*, 305.
[15] Cfr. Winter, *Greek Fortifications*, 305 e alla nota 50.
[16] Garlan, *Recherches de Poliorcetique grecque*, 151-152.
[17] Cfr. Garlan, *Recherches de Poliorcetique grecque*, 149.
[18] Winter, *Greek Fortifications*, 304.
[19] Sui casi e sui mezzi adoperati durante la Guerra del Peloponneso, con descrizione dettagliata delle pratiche di investimento e assalto, si veda Garlan, *Recherches de Poliorcetique grecque*, 106 segg.
[20] Tutti questi dispositivi sono descritti, analizzando principalmente le fonti letterarie dell'epoca da Garlan, *Recherches de Poliorcetique grecque*, 136-147. Una fonte preziosa in questo contesto è costituita dal trattato di Enea Tattico, *Sulla difesa dei luoghi fortificati*, compilato probabilmente negli anni immediatamente precedenti al 350 a.C. Esso illustra quali fossero le conoscenze nell'ambito dell'arte militare possedute in Grecia durante la prima metà del IV secolo, cioè immediatamente alla vigilia delle rivoluzioni tattiche e tecnologiche operate dalle armate macedoni. Su questo argomento si veda anche Winter, *Greek Fortifications*, 309-310.
[21] Se il contributo delle colonie occidentali al progresso della poliorcetica ellenica appare limitatissimo durante le epoche precedenti, a partire dall'ultima decade del V secolo, la Sicilia e l'Italia meridionale si riveleranno un fertile terreno per la sperimentazione di tecniche d'assedio e di sistemi di fortificazione, a volte con largo anticipo rispetto alle città della madrepatria.
[22] Cfr. Garlan, *Recherches de Poliorcetique grecque*, 163.
[23] Cfr. Winter, *Greek Fortifications*, 311.
[24] Cfr. Winter, *Greek Fortifications*, 311
[25] Cfr. Garlan, *Recherches de Poliorcetique grecque*, 156. Si veda anche Winter, *Greek Fortifications*, 313, a proposito degli assalti condotti contro Agrigento con l'impiego di torri mobili e rampe e contro Gela, le cui mura erano state violate grazie ai colpi d'ariete.
[26] Cfr. Winter, *Greek Fortifications*, 314. Si veda anche Adam, *L'architecture militaire grecque*, 251 e Garlan, *Recherches de Poliorcetique grecque*, 186-189.
[27] Le mura che circondavano l'Epipoli sembra avessero uno sviluppo di circa 27 km, come riportato da Adam, *L'architecture militaire grecque*, 248.
[28] Garlan, *Recherches de Poliorcetique grecque*, 187-189, riporta i pareri di diversi autori, optando per una datazione alla fine IV secolo del *tripylon* occidentale. Winter, *Greek Fortifications*, 315, osserva: "Yet it is doubtful thath the existing gate can have been built in the time of Dionysios. It is much more probable thath it dates from the second half of the fourth century".
[29] Cfr. Garlan, *Recherches de Poliorcetique grecque*, 163. Si veda anche Winter, *Greek Fortifications*, 316. La fonte letteraria principale utilizzata dall'autore sono in questo caso gli scritti di Diodoro Siculo.
[30] Cfr. Garlan, *Recherches de Poliorcetique grecque*, 166. L'autore ricostruisce le vicende dell'introduzione della catapulta nel mondo ellenico, sostenendo la tesi di una sua invenzione in ambiente siciliano, proprio all'epoca di Dionisio I, contro alcune posizioni che ne ascrivono l'ideazione all'ambito mesopotamico o comunque orientale e la sua ricezione in occidente attraverso la mediazione fenicia e cartaginese. Cfr. Winter, *Greek Fortifications*, 218, nota 28 e p. 316, dove l'autore propende per un'origine siracusana della catapulta, sottolineando la portata rivoluzionaria di quest'arma: "The invention of the catapulte by Syracusan engineers in 398\7 marks a definite turning point in the history of Greek siegecraft".
[31] Sulle caratteristiche tecniche dele prime catapulte, si veda Garlan, *Recherches de Poliorcetique grecque*, 166-168 e Marsden, *Greek and Roman Artillery: Historical Development*, 49.
[32] Cfr. Winter, *Greek Fortifications*, 316.
[33] Cfr.Garlan, *Recherches de Poliorcetique grecque*, 169, 173.
[34] Cfr. Winter, *Greek Fortifications*, 317-318.
[35] Winter, *Greek Fortifications*, 317-318
[36] Si veda Winter, *Greek Fortifications*, 319. Si veda anche Garlan, *Recherches de Poliorcetique grecque*, 212-225 sull'uso delle catapulte dall'epoca di Filippo II a quella di Demetrio Poliorcete. Secondo Russo, *La Rivoluzione dimenticata*, 134, le catapulte a torsione in grado di scagliare pietre furono usate probabilmente per la prima volta durante l'assedio di Tiro da parte di Alessandro.
[37] Cfr. Winter, *Greek Fortifications*, 320.
[38] Sulla composizione delle armate macedoni, si veda Garlan, *Recherches de Poliorcetique grecque*, 204-211.
[39] Cfr. Winter, *Greek Fortifications*, 321.
[40] Winter, *Greek Fortifications*, 321 nel trattare dell'assedio di Tiro, commenta: "The Macedonian success was due in large measure to the skill of the Phoenician and Cypriote engineers who designed the weapons for breaching the walls. Evidently there were still some aspects of siegecraft in wich the centuries-old experience of the Asiatic engineers was superior to that of the Greeks".
[41] Così Winter, *Greek Fortifications*, 322: "The siege of Salamis and Rhodes certainly mark the culmination of the science of poliorcetics in the Greek world. Yet even if we take the received accounts at face value, Demetrios surpassed Alexander only in size of his engines and in a fuller exploitation of the possibilities of marine assault, to wich Alexander had already pointed the way". Sull'assedio di Rodi e sulla realizzazione delle torri mobili si veda anche Garlan, *Recherches de Poliorcetique grecque*, 229-234.
[42] Sull'evoluzione della guerra d'assedio fra il 334 e il 301 a.C. , si veda Mc Nicoll, *Hellenistic Fortifications*, 46-48; Sconfienza, "L'arte dell'assedio e della difesa nella Grecia antica", *passim.*
[43] Sul numero crescente di assedi conclusi con esito vittorioso nel periodo 322-303 a.C. si vedano i dati riportati da Mc Nicoll, *Hellenistic Fortifications*, 47.
[44] Cfr. Garlan, *Recherches de Poliorcetique grecque*, 245-250.
[45] Come già detto, tracciati a cremagliera sono presenti in fortificazioni ben più antiche. Cfr. *supra* 48; Adam, *L'architecture militaire grecque*, 68; Winter, *Greek Fortifications*, 323.
[46] Cfr. Winter, *Greek Fortifications*, 114, dove si ipotizza che la contrazione dei circuiti di alcune città a partire dal tardo IV secolo possa essere dovuta anche ad una situazione di crisi demografica ed economica.
[47] Cfr. Winter, *Greek Fortifications*, 324. Si veda anche Adam, *L'architecture militaire grecque*, 105.
[48] La prima metà del III secolo mostra una frenetica attività di ricerca e di sperimentazione di macchine belliche. Ctesibio, attivo ad Alessandria sotto il regno di Tolomeo II Filadelfo (283-246 a.C.) costruì catapulte ad aria compressa, funzionanti attraverso pistoni e cilindri e a molla. A Rodi si sperimentarono catapulte a ripetizione, mentre a Siracusa è nota l'attività di Archimede anche nel campo della tecnologia militare. I trattati sulla tecnologia militare di Filone di Bisanzio, Bitone e Ateneo

Meccanico sono tutti ascrivibili al III secolo. Su questi argomenti, cfr. Russo, *La Rivoluzione dimenticata,* 135 e *passim*, che individua nel III secolo il periodo in cui il pensiero scientifico antico raggiunge il suo apice. Sulle sperimentazioni e sullo sviluppo delle catapulte in questo periodo, cfr. Marsden, *Greek and Roman Artillery: Historical Development,* 144-154.

[49] Cfr. Winter, *Greek Fortifications,* 324.

[50] Winter, *Greek Fortifications,* 324.

[51] Sembra appropriato servirsi della traduzione letterale di "mechanized assault", utilizzata da Winter, *Greek Fortifications,* 324.

[52] Così Winter, *Greek Fortifications,* 324: "The reorganization wich took place during the third and second centuries apparently affected all phases of construction of city walls, and was responsible for the introduction or at least for the development, of features witch had previously been virtually ignored". Cfr. anche: Anthony W. Mc Nicoll, "Some developments in hellenistic siege warfare with special reference to Asia Minor", in *Proceedings of 10th International Congress of classical Archaeology, Ankara-Izmir 1973*, Ankara 1978, pp. 406 segg.; "Developements in tecniques of siegecraft and fortifications in the greek world ca. 400-100 B.C.", in Leriche, Treziny, a cura di, *La fortification dans l'histoire du monde grec,* 305-313.

[53] Vedi *supra* 48-50. Si veda anche: Winter, *Greek Fortifications,* 325; Sconfienza, "L'arte dell'assedio e della difesa nella Grecia antica", 20.

[54] Winter, *Greek Fortifications,* 325.

[55] Per esempio l'intera fortezza di Kydna, in Licia, la cui edificazione non è considerata anteriore al III secolo, mostra paramenti in opera poligonale in tutto il suo sviluppo. Si veda Adam, *L'architecture militaire grecque,* 165. In Caria in pieno periodo ellenistico l'uso del paramento in opera poligonale, con tutta una serie di varianti, sembra registrare un deciso revival. Esso caratterizza infatti alcune strutture fortificate di Caunos, Keramos e Kumyer. Su questo argomento cfr. Pimouguet-Pedarros, *Archéologie de la defense,* 71, 95.

[56] Restituzioni grafiche di alcuni sistemi descritti da Filone si trovano in Garlan, *Recherches de Poliorcetique grecque*, *passim.* Sui tracciati cfr. anche Winter, *Greek Fortifications,* 117 segg.

[57] Cfr. Mc Nicoll, *Hellenistic Fortifications,* 4-5. L'autore osserva che nel caso di catapulte a dardi, questi valori potevano anche aumentare.

[58] L'unico caso finora noto di torri sistematicamente provviste di postierla su entrambi i fianchi è quello del *circuito di terraferma* a Iasos. Si veda *supra*, 56-57 ed *infra*, 131-150, con riferimenti bibliografici.

[59] Adam, *L'architecture militaire grecque,* 93.

[60] Cfr. Garlan, *Recherches de Poliorcetique grecque*, 250-251.

[61] Cfr. Winter, *Greek Fortifications,* 327.

[62] Winter, *Greek Fortifications,* 327

[63] Sulle motivazioni di questa tendenza ad una difesa più concentrata durante il tardo Ellenismo, si veda *supra,* 34.

[64] Cfr. Winter, *Greek Fortifications,* 329.

[65] Winter, *Greek Fortifications,* 329.

[66] Sconfienza, "L'arte dell'assedio e della difesa nella Grecia antica", 21.

[67] È sintomatico, per esempio, il caso di Hierapolis, in Frigia, dove le mura ellenistiche, distrutte da un terremoto nel 60 d.C., non furono ripristinate, se non in determinati settori, per tutta l'epoca alto-imperiale. Gli interventi maggiori riguardarono invece le possenti porte monumentali poste alle estremità della nuova strada porticata che attraversava la città. Le corti, inizialmente concepite come dispositivi difensivi, alla fine del II secolo furono trasformate in sontuosi spazi di rappresentanza. Un processo analogo interessò anche la porta meridionale di Perga, dove all'interno del cortile fu applicato un doppio ordine di nicchie, un rivestimento marmoreo ed un'opulenta decorazione corinzia. Nelle provincie occidentali, in quei centri prossimi a territori non completamente pacificati, le mura urbiche fin dall'età repubblicana mantennero, accanto al ruolo evocativo e di rappresentanza del prestigio di Roma, una reale funzione difensiva.

[68] In merito alla fortificazione delle frontiere romane, si veda: AA.VV., *Actes du IX Congrés International d'etudes sur les frontières romaines*, (Köln-Wien: Bucaresti Editura Academiei, 1974), ***passim.***

[69] Riguardo alla ricostruzione della carriera di Vitruvio, si veda Pierre Gros, "Vitruvio e il suo tempo", in Gros, a cura di, *Vitruvio. De Architectura,* X-XXVII.

[70] Sulle fonti cui attinge, direttamente o indirettamente, Vitruvio nel trattare di fortificazioni e macchine belliche, si vedano le introduzioni a cura di Elisa Romano al libro I e al libro X, in in Gros, a cura di, *Vitruvio. De Architectura,* 8-9, 1294-1298.

[71] Nel trattare delle fortificazioni, Vitruvio si limita più che altro a fornire prescrizioni riguardo alla stabilità strutturale dei manufatti (l'uso di un tracciato "a denti di sega" è per esempio consigliato, quale accorgimento costruttivo, nella realizzazione delle fondazioni e non per le cortine in elevazione, con finalità tattiche). Questioni propriamente tattiche, come ad esempio il fiancheggiamento reciproco fra le torri, sono accennate fugacemente. Le indicazioni sulle forme da preferire nell'impianto delle mura, delle torri e sulla frequenza di quest'ultime, appaiono inoltre abbastanza generiche. Cfr. Gros, a cura di, *Vitruvio. De Architectura,* 42-45 e note al testo.

[72] Sull'adozione e gli sviluppi dell'artiglieria in seno all'esercito romano, cfr. Marsden, *Greek and Roman Artillery: Historical Development*, *passim* e Sconfienza, "L'arte dell'assedio e della difesa nella Grecia antica", 41-74.

[73] Si veda la traduzione ed il commento al testo vitruviano in Gros, a cura di, *Vitruvio. De Architectura,* 1392, note 161-163. Riguardo all'approccio di tipo scientifico-matematico adottato invece da alcuni autori precedenti di ambito ellenistico (per esempio l'individuazione da parte di Filone della relazione intercorrente fra il diametro della corda di tensione delle catapulte e la radice cubica del peso del proiettile da scagliare), si veda Russo, *La Rivoluzione dimenticata,* 134-138.

[74] Così in Russo, *La Rivoluzione dimenticata,* 135. Nel *De rebus bellicis*, datato all'incirca all'età di Costanzo II (337-361 d.C.), l'anonimo autore presenta un repertorio di efficaci strumenti per la riforma dell'esercito e per la realizzazione di macchine belliche, ma anche una serie di proposte di carattere economico e finanziario; cfr. la traduzione e l'introduzione di A. Giardina, *Anonimo. Le cose della guerra,* Milano, 1989.

[75] Sulle vicende politico-militari delle provincie orientali nella seconda metà del III secolo d.C., si veda Andreas Alföldi, *La crisi dell'impero (249-270 d.C.)* in Stanley Arthur Cook et alii, a cura di, *Evoluzione e declino dell'impero romano,* (Milano: Garzanti, 1974), 478-497. In area egea il ripristino o l'implementazione di fortificazioni è probabilmente da mettere in relazione con il pericolo rappresentato dalle scorrerie effettuate dai Goti prevalentemente per via marittima. Al tardo III secolo è forse da ricondurre la realizzazione delle mura "post eruliane" di Atene; cfr. Masturzo, *La torre del porto occidentale*, 170, nota 30. Nello stesso periodo fu intrapresa la costruzione della nuova cinta muraria di Roma, promossa dall'imperatore Aureliano. Sui caratteri delle fortificazioni tardo antiche nelle provincie orientali, si veda anche: G. Downeyh, *The wall of Theodosius at Antioch*, American Journal of Archaeology, 62, 1941, 207 segg.

[76] Sullo stato di guerra imperante in tali territori dalla fine del IV all'inizio del VI secolo d.C. si veda Ernest Walter Brooks, *Le provincie dell'oriente da Arcadio ad Anastasio,* in Henry Melville Gwatkin, Joan Mervyn Hussey, Charles William Previté-Orton, a cura di, *La fine del mondo antico, Storia del mondo medievale,* (Milano: Garzanti, 1978), 445-479. Sull'evoluzione e sul ruolo svolto dalle piazzeforti in epoca imperiale, si veda: James Lander, *Roman Stone Fortifications. Variation and Change from the First Century A.D. to the Fourth,* (Oxford: British Archaeological Reports International Series, 206, 1984).

[77] Così in Winter, *Greek Fortifications,* 326: "... at first glance the walls of Messene and Herakleia-at-Latmum seem to have almost nothing in common with the Aurelian Wall of Rome and the Land Walls of Costantinople. It is only on closer inspection of Late Antique work that we discover the underlying Hellenistic tradition continuing with quite minor modifications". In merito a ciò, si prenda a titolo di esempio la cinta teodosiana di Costantinopoli: essa, con la sua poderosa doppia cortina in cui anche il muro più esterno risulta articolato da torri in proiezione, rappresenta un'inedita variazione sul tema del *proteichisma.*

4. La cinta muraria dell'isola

Descrizione e analisi delle strutture

Nell'ambito delle strutture fortificate concepite per la difesa di Iasos, il ruolo strategico interpretato dalla cinta muraria urbana si connota come fondamentale: i ripetuti interventi di adeguamento e rifunzionalizzazione susseguitisi nei secoli documentano l'esigenza vitale di mantenere in efficienza questo diaframma difensivo, evidenziandone nel contempo l'intima relazione con il settore nevralgico dell'abitato iasio e con i bacini portuali, che dovettero costituire la principale risorsa economica ed infrastrutturale della città.

La cinta muraria insulare appariva in uno stato di conservazione decisamente buono all'epoca delle esplorazioni dei viaggiatori e degli studiosi che a partire dalla fine del XVIII secolo si recarono sul sito, come testimoniano le prime descrizioni e documentazioni grafiche.[1] Le strutture della cinta difensiva e di altri edifici antichi furono irrevocabilmente compromesse dalle massicce spoliazioni intraprese dalle autorità ottomane, a partire dal 1886, che comportarono il prelievo di gran parte dei blocchi squadrati e il loro reimpiego nella costruzione dei moli di Babek a Istanbul.[2] Queste attività hanno determinato la quasi totale distruzione della maggior parte della cinta muraria, emergente, in particolar modo dei settori dove si erano conservate le vestigia riconducibili alle fasi più antiche: le azioni di smantellamento e di asportazione dei blocchi devono infatti essersi rivelate più agevoli in corrispondenza di quei tratti di mura che avevano conservato l'originario *emplecton* in pietrame e argilla, rispetto a quei segmenti dove quest'ultimo era stato sostituito, verosimilmente a partire dalla tarda antichità, con una *fartura* di tenace calcestruzzo.

Delle strutture rimaneggiate o rifatte in epoca tardo imperiale o successiva, permangono quindi lembi abbastanza ampi, provvisti ancora del paramento (soprattutto in prossimità dell'agorà, nel settore est e nelle vicinanze della punta sud dell'isola), o che conservano infissi nel nucleo, esposto in seguito alla rimozione degli *ortostati*, un buon numero di *diatoni*. Lungo altri tratti sopravvive il solo nucleo, che appare costituito da una robusta opera cementizia ricca in malta. Viceversa, i resti emergenti delle fortificazioni che avevano conservato l'intera struttura originaria appaiono quantomai scarsi ed estremamente localizzati: nel settore orientale del circuito sono costituiti dal basamento della torre a scarpa in scisto verde e dal tratto di cortina cui si appoggiano i due grandi edifici voltati di epoca romana[3], mentre nell'area dell'agorà essi emergono in maniera discontinua in corrispondenza dell'ingresso monumentale scavato di recente.

Il perimetro del circuito murario, ricostruibile quasi per intero nonostante la permanenza di limitati tratti di elevato, doveva cingere la penisola, un tempo separata dalla terraferma da un canale navigabile, ricalcando puntualmente il profilo della linea costiera.

Il sistema fortificato, da un punto di vista strategico, appare adeguarsi – e contemporaneamente trarre il massimo vantaggio – dalla conformazione naturale del sito. Se il profilo del litorale insulare si dimostrò vincolante rispetto al disegno del tracciato delle mura, l'acqua che circondava l'intera area urbana dovette rappresentare di per sé un primo ed efficace diaframma difensivo, capace di impedire o di ostacolare l'approccio e l'azione delle truppe e delle macchine nemiche. Pertanto occorre soffermarsi sul ruolo di primo piano interpretato dal canale che metteva in comunicazione le insenature portuali occidentale e orientale e il cui progressivo riempimento ha dato luogo all'attuale istmo, rendendo la città antica una penisola.

La presenza di questo braccio di mare, attestata dalle descrizioni di Strabone e Stefano Bizantino[4] e di cui rimane traccia nella depressione documentata dalle planimetrie sette-ottocentesche, è stata acclarata dal rinvenimento dell'ordine inferiore delle *arcuationes* dell'acquedotto romano[5] di fronte all'ingresso settentrionale archivoltato compreso nel perimetro del *kastron* bizantino. La presenza di una cesura fra la città e la terraferma è infatti documentata dal ritrovamento dei piloni dell'acquedotto, la cui imposta giace oltre tre metri sotto dell'attuale piano di campagna e sicuramente al di sotto del livello del mare. Il canale dal tracciato curvilineo aveva un'ampiezza non inferiore ai 35 metri, invaso dall'acqua marina, doveva presentare *"qualche lastrone calcareo intermedio affiorante"*.[6]

Non è dato di sapere se tale braccio di mare fosse del tutto naturale o se la sua conformazione fosse stata condizionata da azioni antropiche – secondo una prassi abbastanza comune nei centri costieri microasiatici fin dall'epoca arcaica – in ogni caso appare verosimile la presenza di opere di regimentazione. Secondo Tomasello i bordi meridionali della superficie occupata dall'acqua sono forse visualizzati dai resti di un muro d'argine, individuabili lungo la baia orientale e di fronte al braccio occidentale dell'ingresso a *dipylon*.[7]

I resti di tali strutture murarie osservati nel corso delle campagne di rilevamento (soprattutto quelli situati in prossimità delle due torri circolari contigue del *kastron*), per quanto piuttosto esigui, si caratterizzano per la presenza di grandi blocchi squadrati messi in opera a secco, con giunti piuttosto accurati e potrebbero essere pertinenti ad un muro d'argine del canale riferibile alle fasi urbane "antiche". Tuttavia, appare opportuno valutare l'ipotesi, a nostro parere verosimile, che tali tracce possano riferirsi ad un *proteichisma* arretrato rispetto al filo del canale, una soluzione sempre più praticata nei sistemi difensivi del mediterraneo ellenizzato a partire dal IV secolo a.C.[8] e che raggiungerà durante l'Ellenismo un alto livello di maturazione.

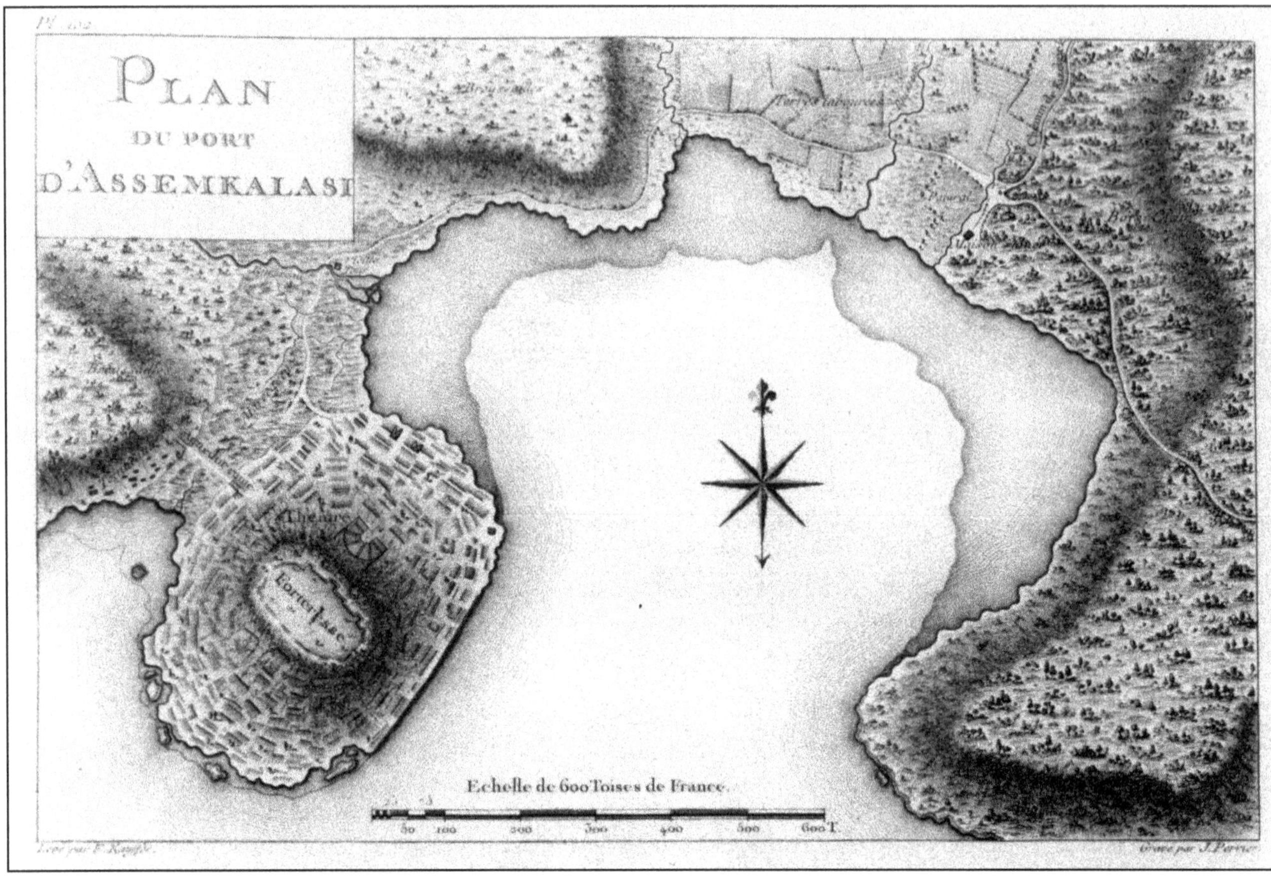

Fig. 82
Rappresentazione planimetrica della penisola iasia. Al centro del promontorio sono segnalati la *forteresse* dell'acropoli ed il *theatre*. Più a nord, l'acquedotto in rovina (da Choiseul-Gouffier, *Voyage Pittoresque*, tav. 102)

Fig. 83
La cinta muraria insulare in corrispondenza della Porta Est. Le mura, private in larga parte del paramento, ad esclusione di numerosi diatoni, espongono il nucleo in opera cementizia

Alla pagina seguente:
Fig. 84
Planimetria generale del sito, con interpretazioni ed integrazioni, da Texier, *Description de l'Asie Mineure,III*, tav. 142

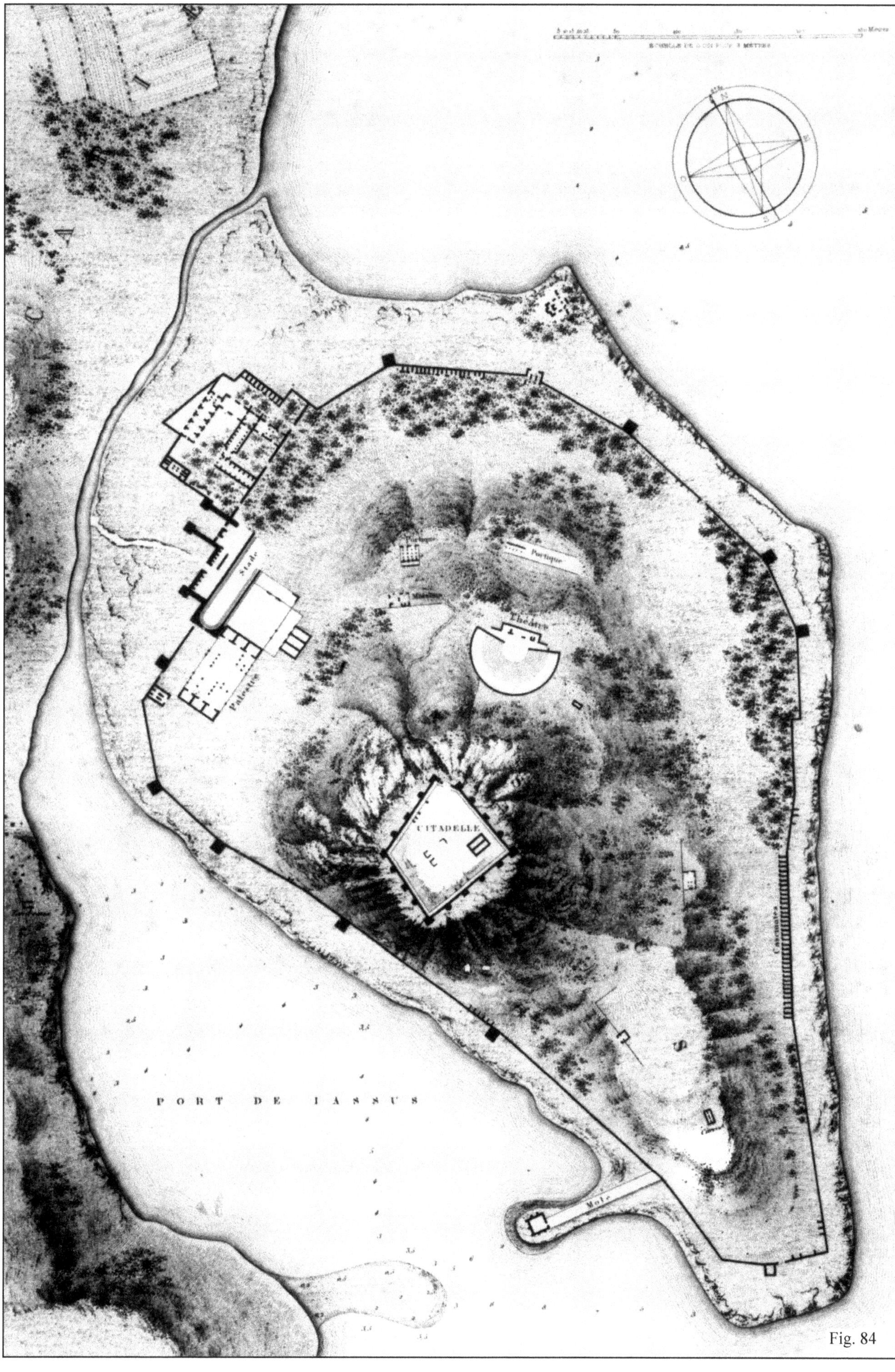
CITADELLE
Stade
Palestre
Portique
Théâtre
Mole
PORT DE IASSUS

Fig. 84

Un'altra possibilità, che non ci si consente allo stato dei fatti di poter escludere categoricamente, ma che richiede la conduzione di ulteriori e approfondite indagini, è quella che questi filari emergenti si riferiscano alla cinta muraria urbana, nel tracciato precedente alle profonde trasformazioni dell'età tardo antica, o in una fase addirittura presistente agli interventi di IV secolo.[9]

In ordine a questi aspetti per il momento ancora tutti da chiarire e verificare, è però opportuno notare che alcuni autori, trattando della cinta insulare, segnalano come proprio il tratto settentrionale possa essere stato alterato.[10]

All'interno di questo complesso documento, la cui decifrazione appare particolarmente insidiosa, un'evidenza che appare incontrovertibile è la funzionalità del canale in chiave difensiva: in relazione con la cinta muraria secondo un modello di difesa *proteichismata,* esso rappresenta una efficiente barriera antemurale, dalla quale è possibile condurre una difesa avanzata e che in caso di assalto permette di scongiurare – o perlomeno ritardare fortemente – l'approccio alle mura urbiche delle macchine ossidionali.

Riguardo al circuito murario, il suo sviluppo può essere valutato intorno ai 2.100 metri, se lo si considera al lordo del tratto esterno che circoscrive il *kastron* bizantino – la cui completa aderenza al tracciato originario, come già visto, rimane ancora da accertare – e al netto del muro che doveva impostarsi lungo il molo del porto occidentale.[11]

La lunghezza totale risulta comunque non eccessivamente difforme da quella riportata da Polibio (XVI, 12, 3) di 10 stadi, mediamente prossima ai 1.800 metri, a seconda del canone mensorio utilizzato.[12] Il valore di 2.400 m riportato da Judaich – e assunto poi da diversi autori – ha indotto a relazionare questa discrepanza con i rifacimenti subiti dalla cinta nel settore settentrionale[13], o addirittura ad ipotizzare un improbabile percorso più interno rispetto agli interventi post-classici dell'originale circuito.[14]

L'analisi delle strutture materiali emergenti non consente di formulare supposizioni passibili di verifica, tuttavia appare possibile che il sistema di raccordo fra l'ingresso monumentale, probabilmente un *dipylon* con bracci in proiezione e la prosecuzione della cortina, potesse presentare una diversa soluzione rispetto a quella determinata dalla presenza del *kastron*, venuto forse ad obliterare un settore delle mura antiche.

Rimane inoltre da prendere in considerazione l'ipotesi di una contrazione dello spazio urbano in corrispondenza del settore nord orientale dell'isola, sopraggiunta in un periodo e per cause ancora da determinare, con conseguente arretramento del filo della cinta muraria.[15]

La cinta muraria era articolata da torri in proiezione a pianta rettangolare, ad eccezione di una struttura a pianta poligonale situata in corrispondenza dell'angolo nord-orientale del *kastron*. Quest'ultima è indicata come torre *"greca"* nella documentazione grafica relativa agli scavi condotti dalla Missione italiana negli anni '60 del secolo scorso[16] e, per quanto i resti dell'elevato si dimostrino scarsissimi, la presenza di grandi blocchi sagomati, dalla lavorazione molto accurata e con *ciselure d'angle* in corrispondenza degli spigoli, sembra concordare con tale attribuzione.

La frequenza delle torri aumenta lungo il settore occidentale del circuito, in particolare nel tratto che costeggia il bacino portuale racchiuso dai moli, mentre lungo il lato opposto la scansione delle strutture difensive in aggetto (torri o salienti) appare più rarefatta, pur tenendo conto del fatto che poco si può affermare riguardo all'andamento planimetrico del tratto sud-orientale, dove i brani di elevato superstiti sono intervallati da ampie lacune. Anche di alcune torri collocate in prevalenza lungo il settore occidentale, indicate nella pianta redatta dal Texier[17] alla metà del XIX secolo e documentate planimetricamente dai rilievi condotti dalla Missione Archeologica Italiana a partire dagli anni '60 del secolo scorso[18], risulta oggi difficile operare un qualsiasi tipo di lettura: perduta ogni traccia di elevato, anche l'impianto a terra risulta fortemente obliterato da detriti o vegetazione.

Per quanto riguarda il tracciato delle mura, il disegno appare dettato dalla conformazione naturale del sito: segmenti di cortina pressoché rettilinei collegano i corpi turriti, mentre l'andamento a spezzata presente in determinati settori è da interpretarsi come adeguamento del circuito al profilo costiero e non come accorgimento tattico.

Se si esclude l'area del *kastron* bizantino, infatti, l'unica articolazione della cortina funzionale al fiancheggiamento è un saliente collocato nel mezzo del lato orientale, con risalto che batte la destra di chi si approssimi alle mura. Non si riscontrano, né dai rilievi effettuati, né dalla documentazione grafica o descrittiva precedente, veri e propri tratti di cremagliera, che trovano invece applicazione sistematica nella *cinta di terraferma.*

Secondo le descrizioni del Texier, che ebbe la possibilità di condurre e le sue osservazioni prima delle operazioni di demolizione avvenute nello scorcio del XIX secolo, la maggioranza delle torri presentava pianta quadrata, struttura autonoma rispetto alle cortine ed era caratterizzata da un basamento solido fino ad un terzo dell'elevato[19], mentre quelle con camera vuota a livello del suolo erano accessibili attraverso una postierla aperta sul retro.

La veduta prospettica redatta da Landron e Lemaitre e pubblicata da Le Bas[20], ci restituisce l'immagine di una torre in proiezione in opera pseudoisodoma e delle retrostanti cortine, lungo le quali - sulla destra - si apre una porta architravata dal profilo *atticurgo*, contornata da una cornice modanata. Il fronte della torre parallelo alle cortine mostra al centro una feritoia, accompagnata a destra ed un poco più in alto, da un'ulteriore fenditura, di più difficile interpretazione.

L'osservazione del disegno induce a considerare l'apertura di tiro pertinente ad un livello funzionale sopraelevato rispetto all'originario piano di spiccato, che doveva trovarsi ad una quota più bassa rispetto all'epoca in cui fu eseguita la veduta, come sembrerebbe confermare la sagoma della porta, la cui soglia appare verosimilmente interrata. Questo dettaglio sembrerebbe suggerire la presenza di uno zoccolo pieno, sottostante la camera bassa della torre, piuttosto che suggerire la presenza di feritoie propriamente a livello del suolo.[21]

Appare opportuno soffermarsi ancora su questa rappresentazione grafica delle fortificazioni iasie, che ha fornito ad alcuni autori diversi spunti interpretativi.

Fig. 85
La veduta prospettica delle mura di Iasos redatta da Landron e Lemaitre e pubblicata in Le Bas, Waddington, *Voyage Archéologique en Grèce et en Asie Mineure (1843)*, 1847-1870

Innanzitutto l'identificazione della torre disegnata dal Landron non è del tutto scontata, per quanto alcuni studiosi abbiano ritenuto di potervi riconoscere la cosiddetta "torre ellenistica" collocata in posizione intermedia fra l'ingresso attuale all'agorà e il *bouleuterion.*[22] A discapito di questa lettura si potrebbe infatti osservare che la veduta, pubblicata nel *Voyage Archéologique d'Asie Mineure*[23], è definita *"Partie du mur d'enceinte d'Iasos, côté N.E."*[24] – quindi non del settore nord-occidentale, dove trovano collocazione il *bouleuterion* e la "torre ellenistica". Inoltre, il tipo di paramento rappresentato nell'incisione sembra costituito da conci a cuscino dal profilo decisamente estroflesso, tanto da indurre Mc Nicoll e la Pimouguet-Pedarros a vedervi un tipo di muratura differente da quella attualmente riscontrabile negli altri settori "antichi" della cinta. Il primo parla infatti di *"pulvinated isodomic ashlar"*[25], la seconda di *"appareil rectangulaire à bossage segmentaire lisse"*[26] ed entrambi osservano che questo tipo di apparecchio si ritrova a Iasos anche in altre aree urbane, soprattutto nella "strada centrale". Tuttavia tale tipo di paramento non appare oggi rintracciabile né nella torre "ellenistica", né in alcun settore delle fortificazioni emergenti, per quanto una lavorazione a cuscino poco pronunciato caratterizzi alcuni filari inferiori proprio della parete occidentale del *bouleuterion*.

Anche il punto di vista adottato nella rappresentazione prospettica non contribuisce a chiarire la questione. Non si comprende infatti in modo univoco se la torre si trovi o meno in aderenza alla cortina posta alla sua destra: così se anche si trattasse della "torre ellenistica", l'ampio tratto di cortina in proiezione[27] che la collega alla parete del *bouleuterion* potrebbe risultare occultato dal volume della torre stessa. In definitiva, non si può escludere che il soggetto sia proprio la cinta muraria in corrispondenza della "torre ellenistica": in questo caso l'immagine di un apparecchio murario con conci a cuscino marcatamente convessi, oggi non reperibile nelle fortificazioni iasie, potrebbe essere dovuta ad una licenza di tipo grafico, introdotta forse nell'incisione realizzata da Lemaitre.[28]

Un consistente zoccolo pieno caratterizzava anche la torre in blocchi di scisto verde a sud della Porta orientale. La ben conservata base a scarpa, non era infatti provvista di aperture e ben poco possiamo ipotizzare riguardo all'originaria prosecuzione dell'elevato. Il disegno del Von Richter[29], che documenta la presenza di strutture murarie soprastanti la base in *glacis* della torre, suggerendo l'esistenza di un ambiente a sviluppo verticale, ne evidenzia chiaramente la discontinuità con il volume sottostante.

Le operazioni di rilevamento e i saggi stratigrafici condotti nel 2003 hanno confermato una accentuata disomogeneità per materiali e tecniche costruttive delle tracce superstiti di tale camera rispetto al corpo sottostante[30], qualificandola come intervento decisamente più tardo ed evidenziato l'anteriorità del basamento dal profilo inclinato rispetto ai primi filari della cortina in opera quadrata posti immediatamente a settentrione, che appaiono appoggiarvisi.[31]

Pertanto, l'unica struttura appartenente al circuito insulare in cui si può attualmente verificare la presenza di una camera al livello del suolo è una torre a pianta quadrata situata sempre lungo il settore orientale, un poco a set-

Fig. 86
La cinta muraria dell'isola nel settore sud-occidentale del circuito, in corrispondenza dell'ingresso al bouleuterion

Fig. 87
Il fronte della *torre ellenistica* rivolto verso il continente. A sinistra, la caratteristica finitura d'angolo

Fig. 88
Dettaglio della porta d'ingresso al *bouleuterion*. Nella parte inferiore, il paramento isodomo in grandi blocchi accuratamente lavorati

tentrione rispetto alla Porta Est. Per quanto nelle murature della torre in questione si registri l'utilizzo di blocchi antichi e la verosimile presenza di lacerti appartenenti alla fase originaria della cinta, la realizzazione del piccolo vano interno si configura per materiali e tecniche costruttive come intervento tardo di rifunzionalizzazione.[32]

Riguardo alle porte urbiche, l'accesso principale dalla terraferma che immetteva nell'agorà in corrispondenza della *stoà* occidentale è stato interpretato come un *dipylon* con bracci turriti in proiezione, secondo uno schema *a tenaglia* che risultava adeguato sia alle istanze di sicurezza sia a quelle di monumentalità. Il braccio nord, la cui struttura in elevato appare alterata da interventi tardi, risulta inglobato nel perimetro del *kastron* bizantino, mentre dell'intersezione di quello meridionale con la cortina, oggetto di recenti campagne di scavo, è stata riportata alla luce un filare del paramento interno in grandi blocchi bugnati. Mc Nicoll riporta anche le misure desunte dai rilievi effettuati dal Texier, che indica per la corte racchiusa dai bracci del *dipylon* una profondità di 18,10 metri ed una larghezza di 22,40 metri, mentre è di 8 metri circa la misura del lato delle torri a pianta quadrata che ne costituivano le terminazioni.[33]

Un altro ingresso importante alla città dall'area prospiciente il "mare grande" era costituito dalla Porta Est, dove un'iscrizione sanciva il confine del *temenos* di Zeus Megistos. Su questo aspetto, utilizzato da alcuni autori per individuare i termini cronologici per l'edificazione delle mura, si tornerà in seguito, volendo qui sottolineare come proprio in corrispondenza del tratto che contiene l'iscrizione, si registri – rispetto agli altri settori che conservano il paramento più antico – una lieve variazione nella tecnica costruttiva[34], che si manifesta in una minore regolarità dell'apparecchio ed in una leggera variazione dimensionale degli elementi. Inoltre, l'ingresso mostra il susseguirsi di interventi più tardi, genericamente definiti "bizantini", come la sopraelevazione divenuta necessaria per l'innalzarsi della quota di spiccato ed il coronamento ad arco, caratterizzato da rozzi cunei in pietra in abbondante malta, oggi parzialmente restaurato. I tratti di cinta adiacenti, in particolare quello immediatamente a meridione, pur avendo probabilmente subito interventi di ristrutturazione, sembrano aver mantenuto in ampie porzioni il primitivo paramento in grandi blocchi bugnati. Questo appare caratterizzato da un'apparecchiatura pseudo isodoma, per *ortostati* e *diatoni*, con presenza ricorrente di giunti inclinati, determinati in alcuni casi da conci con perimetro propriamente trapezoidale o a parallelogramma. Inoltre, si registra la presenza sporadica di apposite tassellature, eseguite sui blocchi verosimilmente a pie' d'opera, atte a realizzare regolari commettiture fra elementi di diversa pezzatura e a risolvere la giunzione di filari posti a quote leggermente differenti. Ad un intervento di finitura, probabilmente eseguito su elementi già in opera, è invece riconducibile la

Fig. 89

Fig. 90

In questa pagina:

Fig. 89
Dettaglio della finitura d'angolo della muratura in grandi blocchi bugnati emersa nel corso degli scavi
Fig. 90
Le strutture murarie in corrispondenza dell'ingresso a *dipylon*
Fig. 91
La torre con camera interna voltata nei pressi della porta orientale

Alla pagina seguente:

Fig. 92
La *cinta muraria dell'isola* in corrispondenza della Porta Est. Si individuano sul paramento esterno gli interventi più tardi di rifacimento
Fig. 93
Dettaglio dell'interno della Porta Est. La porzione inferiore della struttura è realizzata con i caratteristici blocchi parallelepipedi, mentre gli interventi di soprelevazione, compreso il fornice, sono realizzati con blocchi di modeste dimensioni allettati in abbondante malta

Fig. 91

Fig. 92

Fig. 93

Fig. 94
Dettaglio della muratura lungo la cortina immediatamente a meridione della Porta Est

Fig. 95
Tracce della presunta porta urbica in corrispondenza della Punta Sud della penisola

Fig. 96
Tratto di mura lungo il settore meridionale del circuito. Si individua il paramento in blocchi marmorei ed il nucleo, messo a nudo dall'azione del mare, in pietrame e calcestruzzo

ciselure d'angle, riscontrabile lungo gli spigoli degli stipiti esterni del portale orientale. Questo tipo di trattamento degli angoli dei muri a bugnato, che trova grande diffusione nelle fortificazioni carie a partire dall'epoca di Mausolo[35], consiste nella realizzazione di uno spigolo vivo continuo, che visualizza il filo delle pareti al netto degli aggetti delle bugne, sottolineando la configurazione stereometrica delle strutture edilizie. Esso assume indubbiamente una valenza estetica, tuttavia lo si può considerare anche un valido strumento – sorta di filo a piombo – utilizzato dai costruttori per la verifica della verticalità di murature nelle quali l'irregolarità della superficie del paramento rendeva disagevole tali controlli.[36]

Quasi nulla si può osservare riguardo al presunto ingresso alla città in corrispondenza della Punta Sud dell'isola.

La presenza di una porta in tale settore risulta verosimile, costituendo la naturale terminazione della strada a gradoni parzialmente coperta, che inerpicandosi in direzione dell'acropoli intercettava a mezza costa un grande *propylon* tetrastilo.[37]

L'esistenza di questo varco nella cinta muraria, parrebbe suffragata dalla rappresentazione planimetrica del Texier, dove la porta appare fiancheggiata sulla sinistra da una torre quadrata in proiezione e dalla pianta dello Judaich, che mostra il circuito murario permeato da numerosi varchi, tra cui uno in corrispondenza della Punta Sud. Tuttavia l'esiguità dei resti emergenti (ammesso che i pochi blocchi fuori terra individuabili in prossimità della costa siano riconducibili proprio alla porta meridionale), non consente di effettuare letture, salvo il rilevare la presenza di strutture murarie - forse pertinenti agli stipiti - in grandi blocchi assemblati a secco, con giunti inclinati e di un concio sagomato ad "L". In merito ai tratti di cortina superstiti nel tratto meridionale della cinta muraria e non occultati da detriti o vegetazione, si può osservare che essi ne documentano prevalentemente le *facies* tardo antiche. Queste ultime sono contraddistinte da un generale reimpiego dei blocchi delle mura precedenti, a realizzare il paramento esterno di un robusto nucleo di calcestruzzo ricco in malta e da un largo uso di frammenti architettonici, anche decorati, provenienti da edifici antichi.

In ogni caso, quale che sia il materiale prevalente e malgrado la geometria abbastanza regolare degli elementi, l'apparecchio murario si sviluppa attraverso filari di altezza non sempre omogenea, facendo spesso ricorso a zeppature per saturare gli interstizi e ripristinare l'altezza dei corsi.

La stessa scarsità di elementi analizzabili al di sopra del livello del terreno contraddistingue il possibile accesso individuato lungo il settore nord-occidentale dell'isola, in prossimità del santuario di Artemis Astiàs, dove le mura sembrano interrompersi.[38]

L'ingresso occidentale all'agorà, compreso fra il volume della *"torre ellenistica"* e il muro nord-occidentale che contiene il *bouleuterion*, fornisce indizi circa le turbolente vicende che sembra abbiano investito la città durante la seconda metà del III secolo d.C., forse in coincidenza con le incursioni erule nei territori microasiatici. L'accesso alla *stoà* meridionale, per quanto oggi praticabile, fu infatti tamponato per le sopravvenute esigenze difensive ed anche il muro perimetrale fu oggetto di interventi di irrobustimento.[39] Questi ultimi si esplicitano attraverso il paramento, oggi parzialmente conservato: si tratta di un apparecchio che fa ampio utilizzo di elementi di reimpiego e frammenti architettonici, sistemati in ricorsi orizzontali discontinui e legati con malta.

Un ulteriore accesso alla città, situato al centro dell'attuale istmo e prossimo al punto di ingresso alla città dell'acquedotto romano, è compreso nel perimetro del *kastron* bizantino, lungo un settore che potrebbe ripercorrere il tracciato della cinta muraria antica.[40]

La porta, di dimensioni contenute e inquadrata dallo Judaich come romana[41], doveva costituire un accesso supplementare dalla strada principale verso l'area dell'agorà. La struttura, oggi ampiamente interrata, si mostra architravata all'esterno e conclusa da un pregevole arco centinato all'interno.

La cortina muraria esterna in corrispondenza della porta si presenta priva di paramento; le tracce rimaste nell'abbondante porzione di malta che giace al di sopra dell'architrave, ne lascia intuire la trama in grossi blocchi allettati su filari orizzontali. Nella parte superiore il nucleo della muratura si denota come opera cementizia costituita da scapoli e scaglie eterogenei per dimensione. I *caementa*, disposti secondo letti di posa irregolari, ma non del tutto amorfi, giacciono in abbondante e tenace malta a base di calce, raro cocciopesto e cenere. Alcuni elementi di dimensioni consistenti sono inseriti a fondo all'interno del nucleo in concreto, con funzione di *masonry chains*.

La cortina interna, lungo la quale si apre il fornice estradossato, appare invece caratterizzata nel suo registro inferiore da un paramento in grandi blocchi di reimpiego - fra i quali spicca una base di colonna o una porzione di stilobate dorico – ed elementi più piccoli utilizzati come zeppature, messi in opera su corsi orizzontali discontinui e legati con malta rasata.

Alcuni frammenti architettonici mostrano di aver ricevuto un'apposita sagomatura – per quanto poco accurata – per accogliere il profilo semicircolare esterno della ghiera. Questo tipo di paramento si osserva fino alla quota di estradosso del concio di chiave, dopodiché la muratura riprende con una serie di filari sub-orizzontali disomogenei, caratterizzati dalla presenza di blocchi in calcare sommariamente scapezzati e spianati, in alternanza con sporadici blocchi di riuso di dimensione medio-piccola. I giunti risultano spesso zeppati con schegge litiche o, meno frequentemente, con piccoli frammenti laterizi, inseriti generalmente lungo piani di posa orizzontali anche di notevole estensione, mentre solo in alcuni settori questo tipo di trattamento si ritrova anche nei giunti verticali.

Riguardo al fornice, si osserva come esso sia costituito da profondi cunei in pietra da taglio accostati secondo giunti piuttosto accurati. Una lavorazione ancor più rigorosa contraddistingue l'arco centinato che inquadra l'apertura lungo il prospetto interno della cortina. La ghiera, spartita in due fasce, di cui quella più interna rientrante, è caratterizzata da un'armilla modanata in corrispondenza del filo di estradosso. Il non perfetto allineamento dei conci lungo il settore destro dell'archivolto, assieme all'assoluta inco-

Fig. 97

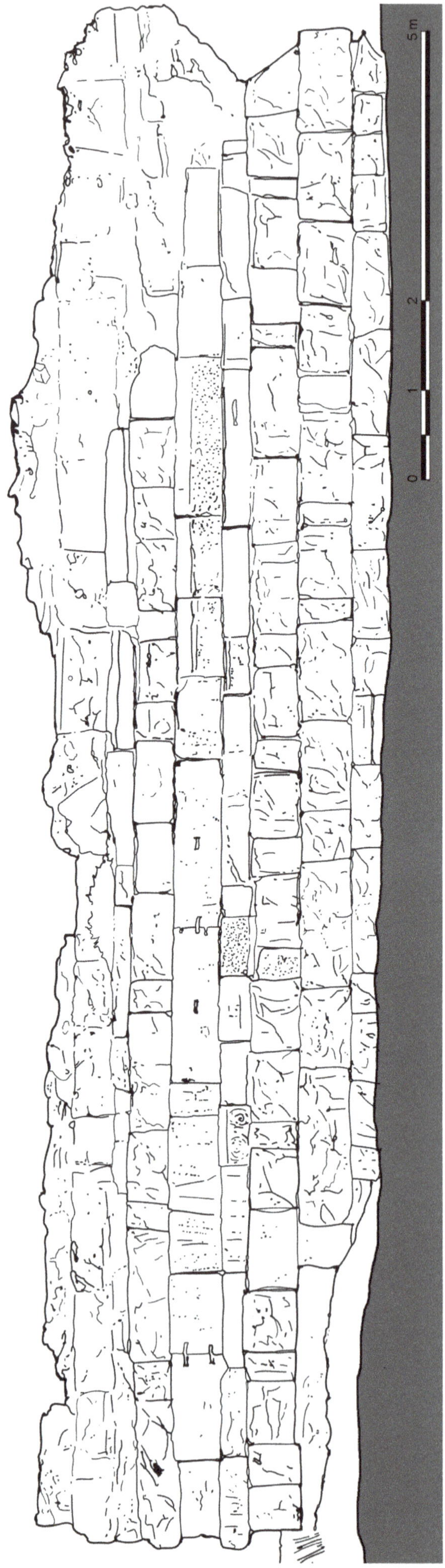

Fig. 98

Alla pagina precedente:

Fig. 97
La *cinta muraria dell'isola* nel suo tratto sud-orientale. Il paramento, in particolare nei filari superiori, reimpiega numerosi grandi blocchi architettonici anche decorati. Fotopiano dell'elevato redatto su base topografica.

Fig. 98
La *cinta muraria dell'isola* nel suo tratto sud-orientale. Il paramento esibisce numerosi blocchi di reimpiego. L'intervento è stato messo in relazione con il periodo di insicurezza vissuto dalla città durante l'età tardo-antica. Disegno al tratto elaborato attraverso la ribattitura del fotopiano.

In questa pagina:

Fig. 99
La *cinta muraria dell'isola* in prossimità della Punta Sud. Fotopiano dell'elevato redatto su base topografica.

Fig. 100
La *cinta muraria dell'isola* in prossimità della Punta Sud. Si noti, nella porzione in feriore dell'elevato, l'esposizione del nucleo della muratura in opera cementizia. Disegno al tratto elaborato attraverso la ribattitura del fotopiano.

Fig. 99

Fig. 100

Fig. 101
Veduta interna dell'ingresso all'*agorà* collocato in fondo alla *stoà* meridionale, compreso fra il *bouleuterion* e la *torre ellenistica.* La realizzazione del tamponamento (attualmente rimosso) è stata messa in relazione con il periodo di insicurezza vissuto dalla regione durante la seconda metà del III sec. d.C., al tempo della cosiddetta *invasione erula*

Fig. 102

Fig. 103

Figg. 102-103
Dettagli della muratura all'esterno dell'ingresso all'agorà compreso fra il *bouleuterion* e la *torre ellenistica.* Gli interventi volti al recupero della piena funzionalità della cinta difensiva comportarono la messa in opera di numerosi blocchi di riuso. Nelle immagini si distinguono porzioni di *stilobate* e frammenti di *epistilio* modanati

Alla pagina seguente:
Fig. 104
Paramento interno delle mura in corrispondenza della porta centinata. Appaiono evidenti le cesure fra la struttura archivoltata, la muratura adiacente e quella soprastante
Fig. 105
Dettaglio della ghiera dell'arco a cunei, parzialmente interrato, posto a coronamento dell'ingresso. In secondo piano, si intuisce la presenza del robusto architrave che conclude l'apertura sul fronte esterno

Fig. 104

Fig. 105

Fig. 106
Dettaglio dell'architrave della porta, parzialmente interrata, collocata in prossimità della terminazione dell'acquedotto. Si noti il nucleo della muratura in opera cementizia, esposto in seguito alla rimozione del paramento

Fig. 107
Dettaglio dell'intradosso dell'arco che conclude la porta. Si notino i profondi cunei in pietra da taglio che conservano, in alcuni settori, tracce di un rivestimento ad intonaco

erenza del tipo di lavorazione e finitura ricevute dall'arco rispetto al resto della cortina, suggerirebbero l'ipotesi della realizzazione della porta attraverso il riassemblaggio degli elementi costitutivi, che potrebbero essere stati smontati e prelevati da un precedente manufatto. La presenza di lettere incise, forse funzionali alla ricostruzione della sequenza dei cunei nella fase di rimontaggio, apparirebbe compatibile con tale possibilità. Inoltre, l'immagine fotografica del dettaglio dell'arco sembra evidenziare la presenza di una zeppatura fra il concio di controchiave sinistro in marmo, che mostra anche una diversa finitura superficiale e quello di chiave, forse resasi necessaria al momento della chiusura dell'arco.

Un'altra spiegazione dell'incongruenza fra la struttura archivoltata – attualmente interrata ben oltre il livello d'imposta – e la muratura soprastante, risiede nel considerare quest'ultima come tardo intervento di sopraelevazione di un segmento delle mura precedentemente dotato di un ingresso di carattere celebrativo ad arco estradossato libero, secondo una soluzione diffusa in Asia Minore, come ad esempio nella porta dell'agorà di Priene.[42]

In questo caso la conclusione dell'apertura a "trabeazione incurvata" sarebbe il risultato di una operazione di valorizzazione urbanistica dell'accesso nord-orientale ad un area contenente importanti edifici pubblici, maturata forse durante il primo periodo imperiale, in una stagione che vide le mura largamente esonerate dalle funzioni propriamente difensive. [43]

L'ultima porta qui presa in considerazione è quella che immette nell'agorà attraverso il tratto terminale della *stoà* occidentale e che si colloca topograficamente in posizione intermedia fra la "torre ellenistica" e il braccio meridionale del *dipylon*.

Questo varco, che costituisce l'attuale accesso all'area archeologica e genericamente attribuito ad una fase "bizantina" della città, è fiancheggiato a meridione da due ambienti, che si aprono lungo la testata della *stoà* meridionale. Del più grande, contiguo alla porta e dotato di quattro nicchie nelle murature d'ambito, è stata ipotizzata una destinazione ad archivio durante l'età romana[44], mentre sempre a funzioni amministrative potrebbe essere stato preposto l'ambiente adiacente, all'interno del quale fu rinvenuto il "tesoretto" di monete della seconda metà del III secolo d.C.[45].

La muratura delle pareti di fondo di questi ambienti e di quelli immediatamente a settentrione della porta, recentemente scavati, costituisce anche il paramento interno della cinta difensiva: essa mostra un apparecchio in blocchi di calcare di pezzatura eterogenea sommariamente scapezzati e spianati, allettati con abbondante malta su corsi suborizzontali, che costituisce il tipo prevalente nell'edilizia iasia dal primo periodo imperiale fino alla tarda antichità. Sporadici blocchi con lavorazione più accurata sono reimpiegati nelle murature, assieme a numerose elementi sottomisura e schegge, utilizzati come zeppature.

La porta, conclusa da un arco a pieno centro, si presenta parzialmente restaurata e consolidata da due speroni che ne rinserrano le reni. L'arco appare realizzato con grossolani blocchi in calcare di dimensioni non omogenee, tagliati a cuneo o in forma di rozzi parellelepipedi e frequentemente zeppati con scaglie.

La variazione di giacitura dei blocchi secondo la curva semicircolare, nei casi in cui i questi ultimi non presentino una sufficiente convergenza a cuneo, è ottenuta tramite la rastremazione dei giunti, che si mostrano poco accurati e abbondantemente riempiti con malta.

La forma dell'apertura appartiene ad un tipo molto diffuso a Iasos a partire dal periodo medio-imperiale: la luce all'imposta dell'arco risulta eccedente rispetto alla distanza fra le spalle dell'apertura, cosicché la giunzione fra il

Fig. 108
Prospetto interno della *Porta Bizantina*, attuale accesso all'agorà dal villaggio moderno. L'arco, con luce eccedente rispetto alla distanza fra le spalle, mostra un profilo piuttosto diffuso nell'edilizia iasia, forse funzionale all'applicazione di centine sospese durante le fasi di cantiere

Fig. 109
Parete articolata da nicchie in un ambiente collocato in fondo alla *stoà* occidentale ed adiacente alla *Porta Bizantina*

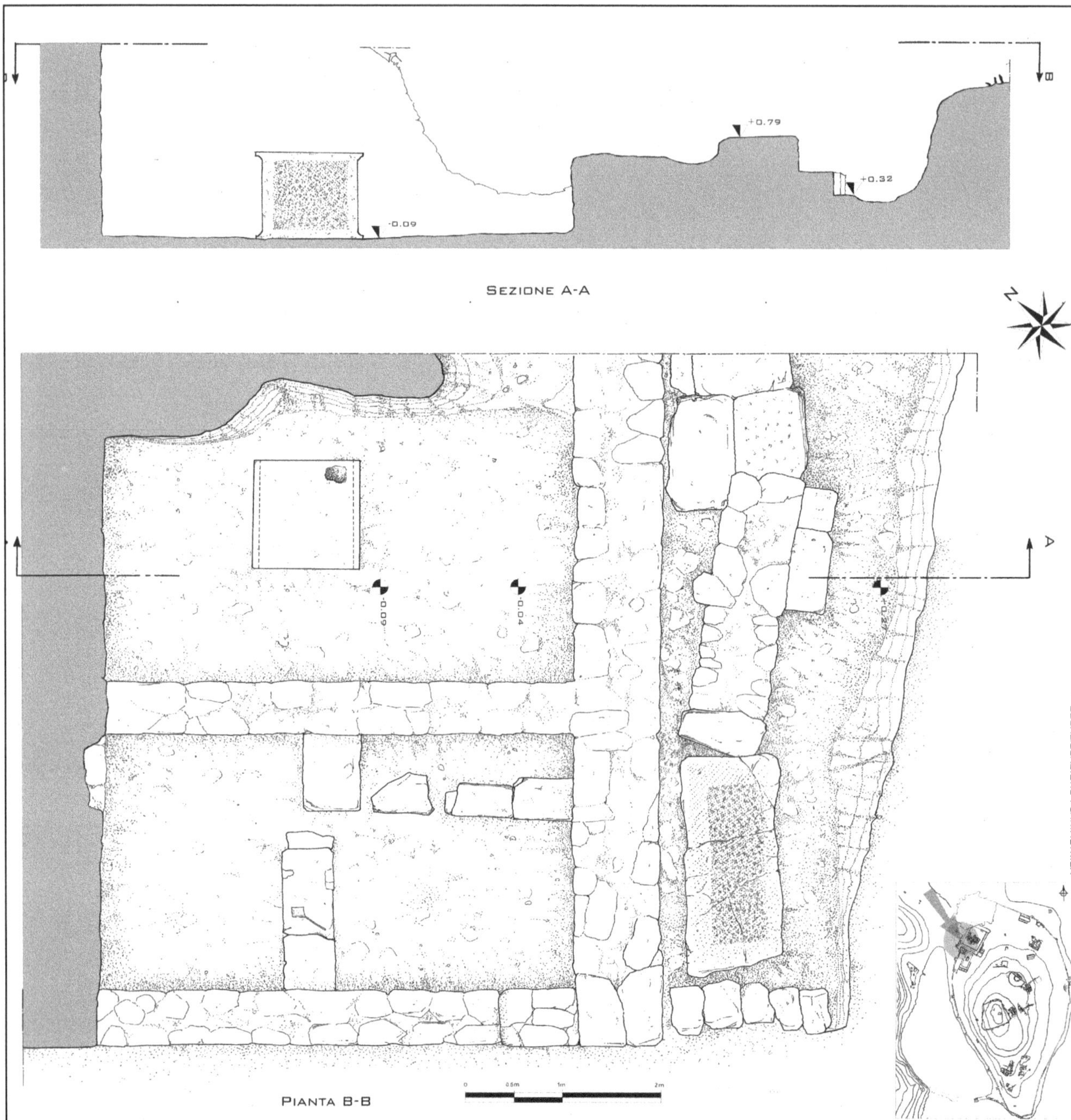

Fig. 110
Pianta e sezione degli ambienti della stoà occidentale scavati durante la campagna 2005, con documentazione delle strutture riportate alla luce. Gli ambienti mostrano di aver subito molteplici trasformazioni e riusi. Si noti la presenza di una grande base iscritta, quasi cubica, collocata al di fuori del suo contesto originale. Negli ultimi anni gli scavi sono proseguiti, rinvenendo livelli di frequentazione stratigraficamente precedenti

profilo di intradosso della lunetta e il contorno delle strutture verticali che inquadrano il vano è risolta attraverso due riseghe.

Non appare chiaro se questo tipo di soluzione, che rappresenta un espediente costruttivo funzionale all'applicazione di centine sospese nelle fasi di cantiere, prevedesse un trattamento di finitura ad intonaco atto a mascherare la discontinuità fra le superfici, o se costituisse anche una deliberata scelta formale.

Dopo aver introdotto attraverso una ricognizione generale quelli che sono i caratteri strategici, architettonici e tecnico-costruttivi delle strutture costituenti la cinta insulare, di seguito sono analizzati nel dettaglio alcuni episodi ritenuti paradigmatici all'interno di questo articolato scenario diacronico.

Nonostante i dati di rilievo prelevati nel corso delle campagne riguardino la gran parte dei resti emergenti, comprese strutture venute alla luce in seguito a recentissime attività di scavo, i limiti del presente lavoro impongono di circoscrivere le indagini di dettaglio, i cui risultati concorreranno alla discussione generale, ad un numero contenuto di manufatti.

La torre con base a scarpa in scisto verde

Nel panorama delle strutture fortificate emergenti, la torre in scisto verde si qualifica immediatamente come elemento peculiare, sia a causa della conformazione stereometrica del basamento, sia per i materiali e la tecnica costruttiva impiegati.

Situata ad una sessantina di metri in direzione sud-est rispetto alla Porta orientale, la struttura si erge per un'altezza di oltre tre metri rispetto all'attuale piano di campagna. I resti superstiti sono costituiti da un volume prismatico in proiezione rispetto al filo esterno delle cortine murarie, definito da due pareti laterali rette e da una faccia frontale inclinata rispetto alla verticale, sormontato dalle scarse tracce dei muri perimetrali di un ambiente, diversi per materiali e tecnologia costruttiva.

Una vista da nord-est dell'area insulare, redatta da Otto von Richter nel 1815, restituisce un'immagine della città prima delle spoliazioni di fine XIX secolo.[46] Il promontorio, dominato verso la sommità dalla mole del teatro, è cinto alla base dal circuito murario, le cui cortine in opera quadrata appaiono ben conservate per lunghi tratti.

Il disegno rappresenta in basso a sinistra una struttura quasi certamente identificabile con la torre dalla base a scarpa. Di quest'ultima appaiono enfatizzate dal disegno l'inclinazione della faccia orientale e la trama del paramento isodomo.

Il volume inferiore risulta sormontato da un corpo a prevalente sviluppo verticale, dove la parete est, parzialmente in rovina, lascia intuire la presenza di un vano interno. Il trattamento grafico delle strutture impostate al di sopra della base in *glacis* sembra riproporre per i primi filari della porzione inferiore un paramento in grandi blocchi su corsi regolari, con una cesura evidente rispetto al resto delle murature in elevato, che appaiono invece costituite da blocchi di piccola pezzatura.

Di questa sovrastruttura permangono oggi soltanto porzioni in elevato del nucleo in concreto che caratterizzava i muri perimetrali e i materiali di crollo accumulatisi all'interno del vano.

Alcuni studi relativamente recenti, pur avendo evidenziato l'assoluta particolarità del basamento rispetto alle altre fortificazioni iasie, ne forniscono descrizioni abbastanza generiche, formulando ipotesi di attribuzione cronologica (sulla base di confronti stilistici) a volte discordanti. Sarebbe infatti da riferire ad *"ammodernamenti attuati in età ellenistica"* della cinta ecatomnide secondo Carlo Franco[47], mentre si potrebbe trattare di *"un'opera di fiancheggiamento del porto nord"* preesistente al circuito di IV secolo per Werner Jhoannowsky[48], che riscontra una tecnica costruttiva di tradizione ionica più antica di quella presente nel resto delle mura insulari.

Nella descrizione delle strutture murarie di seguito riportata, corredata dai dati ricavati dai saggi eseguiti nella campagna 2003[49], si ritiene opportuno procedere dalla parte basamentale, precisandone le relazioni stratigrafiche con le strutture soprastanti e le cortine adiacenti.

Alla luce di queste evidenze, si introdurranno osservazioni critiche e confronti tipologici che possano contribuire a chiarire alcuni aspetti di questo singolare manufatto.

Lo zoccolo basamentale, di cui risultano visibile tre facce, aggetta dal perimetro della cortina muraria, che lungo questo settore risulta quasi totalmente interrata. Lo sviluppo in elevato, al netto delle strutture più tarde della parte superiore, raggiunge un massimo di circa 3,50 metri in corrispondenza della zona centrale del fronte est, a giacitura inclinata di 20° rispetto alla direzione zenitale. Cospicue porzioni di elevato emergono anche nei fronti settentrionale e meridionale, per quanto il terrapieno generatosi dal crollo delle cortine adiacenti ne occulti l'intersezione con quest'ultime.

La muratura con cui è realizzato il basamento si caratterizza per un paramento isodomo *"imperfetto"*[50] realizzato in blocchi di un calcare metamorfico di colore verdastro e struttura scistosa.

I conci, posti in opera a secco secondo il verso di cava, presentano una conformazione a lastra, con estensione in lunghezza e profondità decisamente preponderanti rispetto allo spessore dei filari. I blocchi sono giustapposti a secco secondo assise omogenee ed orizzontali, con giunti piuttosto accurati, sia tra filare e filare, sia all'interno dello stesso corso. In questo ultimo ambito si registra la contemporanea presenza di giunti verticali e con andamento obliquo, privi di allineamento in verticale e con trama irregolare, determinata dall'eterogenea lunghezza degli elementi.

Si tratta di una raffinata tecnica costruttiva, dove la presenza di giunti inclinati determina una scomposizione dei carichi verticali, introducendo una componente orizzontale che migliora l'efficienza statica e l'inerzia della compagine muraria, anche riguardo ad eventuali carichi dinamici.

La lavorazione a martellina della faccia esterna dei blocchi determina un paramento a volte spianato, a volte bugnato con aggetto più o meno pronunciato. In quest'ultimo caso è possibile ascrivere il tipo di trattamento alla categoria del *bossage brut ornamental*, in cui l'aspetto "rustico" degli elementi è il frutto di un'apposita operazione di finitura.[51]

L'intersezione fra le pareti sud e nord con il fronte orientale, a giacitura obliqua, è risolta attraverso la *ciselure d'angle*, che sottolinea l'andamento diagonale dello spigolo; questo tipo di finitura, presente anche in altre strutture iasie a bugnato, appare eseguita quasi certamente su conci già in opera.[52]

I crolli e la lacuna nel paramento presente al centro della parete meridionale, probabilmente praticata a scopo di saccheggio (Unità Stratigrafica Muraria 15), mettono in evidenza anche le superfici interne dei blocchi. Essi mostrano una lavorazione più sommaria lungo le facce laterali, tranne che in corrispondenza dei margini di contatto, che si rivelano spianati in maniera pittosto accurata, a garantire una regolare superificie di giunzione.

Le facce interne a giacitura orizzontale, sono invece caratterizzate da una generale spianatura eseguita a martellina tagliante (facilitata dalla natura della pietra) e da una rada subbiatura che ne increspa la superficie. Occasionalmente si riscontra la presenza lungo il perimetro di una scalpellatura, sorta di anatirosi funzionale a favorire il contatto fra elementi contigui.

L'*emplecton* del basamento, limitatamente ai settori visibili attraverso la breccia summenzionata, è costituito da una

Fig. 111
Schizzo assonometrico del fianco meridionale della torre in scisto verde, che ne evidenzia la tecnica costruttiva

Fig. 112
Il promontorio iasio nel disegno redatto nel 1815 da Von Richter (da Von Richter, *Wallfahrten in Morgenlande*). Nella veduta eseguita da nord-est si distinguono il teatro, il tratto settentrionale delle mura (che conserva ancora il paramento in grandi blocchi) e il volume della torre in scisto verde con base a scarpa

Fig. 113

Fig. 114

Fig. 115

Fig. 116

Fig. 117

Fig. 113
Dettaglio delle strutture della torre in scisto verde: intersezione del fianco nord con le mura evidenziata dal saggio

Fig. 114
Lastre in scisto verde rinvenute alla sommità del manufatto

Fig. 115
Particolare del paramento murario in opera rettangolare trapezoidale

Fig. 116
Strutture in opera cementizia riconducibili ad interventi più tardi

Fig. 117
Dettaglio dello spigolo inclinato con finitura d'angolo arretrata

serie di grandi blocchi in calcare chiaro sommariamente sbozzati in rozzi parallelepipedi e posti in opera a secco in assise approssimativamente orizzontali (Unità Stratigrafica Muraria 17). I giunti risultano rinzeppati con materiale di minor pezzatura, fra i quali abbondano le schegge di lavorazione.

Della struttura sovrastante permane in elevato una porzione del nucleo della muratura in corrispondenza dell'angolo sud-est, mentre materiale proveniente dal crollo (Unità Stratigrafica 20) risulta accumulato all'interno di quella che doveva essere la camera della torre. Del paramento rimangono tracce decisamente esigue: la presenza di un solo *diatono* di forma parallelepipeda (Unità Stratigrafica Muraria 13), ancorato all'interno del nucleo in calcestruzzo lungo il fronte meridionale, non consente di azzardare ipotesi riguardo alla composizione della cortina esterna.[53]

Il nucleo della muratura si connota per una *fartura* ricca in malta a base di calce e coccipesto, con inerti costituiti da pietrame di varia pezzatura e sporadici frammenti laterizi. Questo tipo di opera cementizia, caratterizzato da notevole resistenza meccanica, contrassegna gli interventi di restauro e rifacimento operati sulla cinta muraria presistente durante l'età tardo antica, quando divenne necessario ripristinare l'efficienza del circuito fortificato.

Alcune utili informazioni sono emerse dai piccoli e localizzati saggi stratigrafici, effettuati in corrispondenza di taluni settori nevralgici che potevano svelare il rapporto fra le interfacce delle diverse strutture.

I saggi A e B si sono concentrati all'innesto del basamento con il tratto settentrionale della cortina immediatamente adiacente. Essi hanno evidenziato come il paramento in lastroni di scisto verde del fianco nord del basamento (Unità Stratigrafica Muraria 10) risulti stratigraficamente anteriore a quello in blocchi parallelepipedi della cortina contigua (Unità Stratigrafica Muraria 2), che appare appoggiarvisi.[54]

Ad una quota superiore è stato possibile inoltre rilevare come la muratura del basamento (USM 11 = USM 10) prosegua attraverso l'intero spessore del tratto nord della

Fig. 118
Prospetto orientale della torre in scisto verde. Si tratta della parete con giacitura inclinata rispetto alla verticale. Si riconoscono il paramento isodomo *imperfetto* in grandi lastre di scisto, con presenza frequente di giunti obliqui e le strutture in opera cementizia collocate nella porzione superiore. Fotopiano elaborato sulla base del rilievo topografico, integrato da rilevazioni condotte con metodo diretto. Il nucleo della muratura collocato in posizione più arretrata non risulta pertanto misurabile

Fig. 119
Fronte nord della torre in scisto verde. Fotopiano elaborato sulla base del rilievo topografico, integrato da rilevazioni condotte con metodo diretto (campagna 2003)

Fig. 120
Fronte sud della torre in scisto verde. Si noti al centro della parete la breccia, eseguita probabilmente da clandestini a scopo di saccheggio, che mette in evidenza la particolare tecnica costruttiva impiegata. Fotopiano elaborato sulla base del rilievo topografico, integrato da rilevazioni condotte con metodo diretto (campagna 2003)

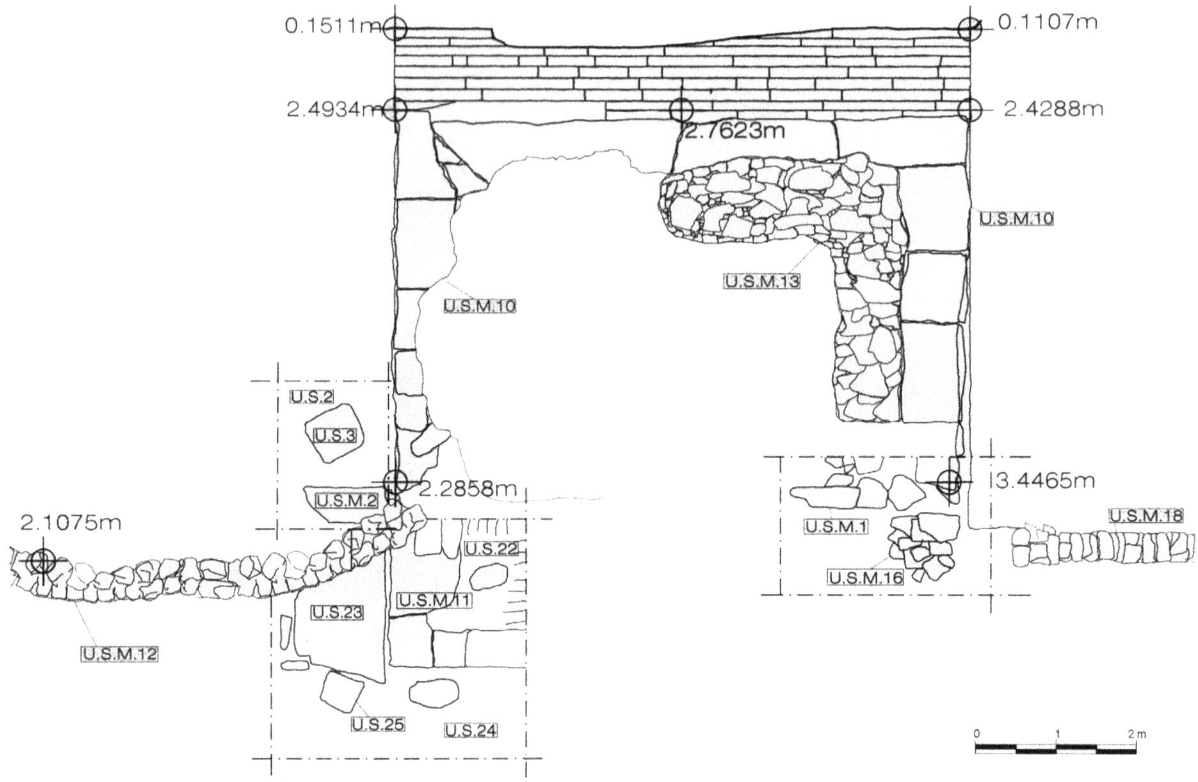

Fig. 121

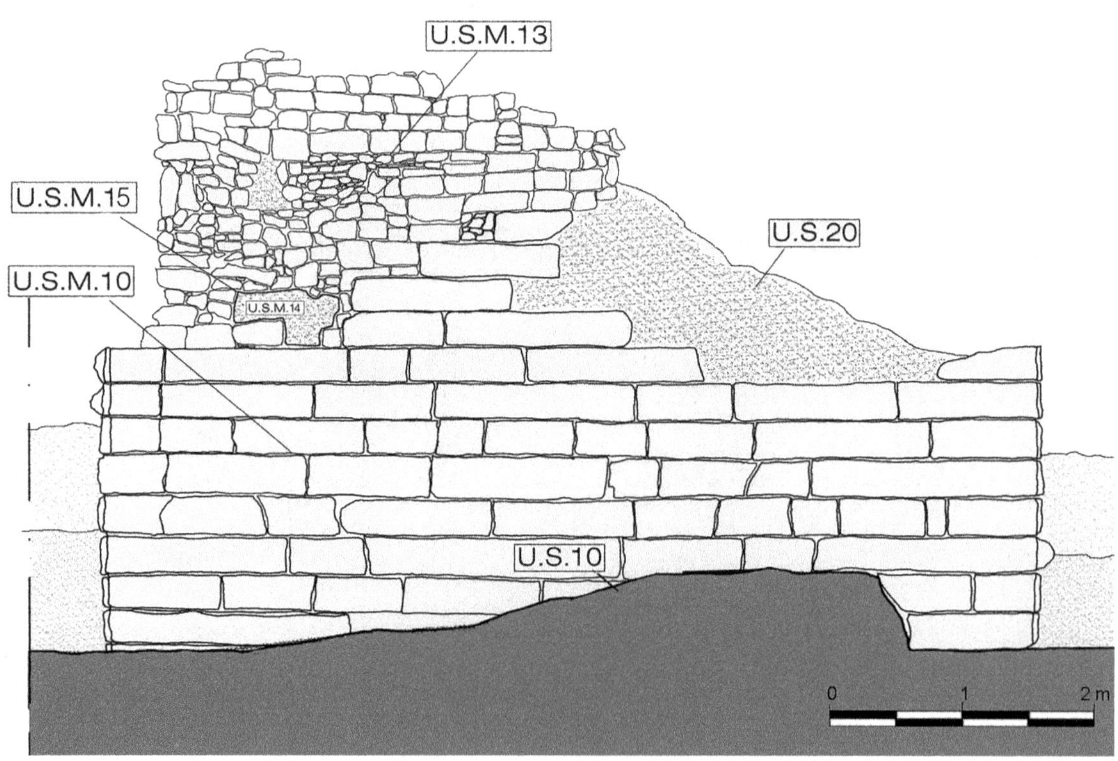

Fig. 122

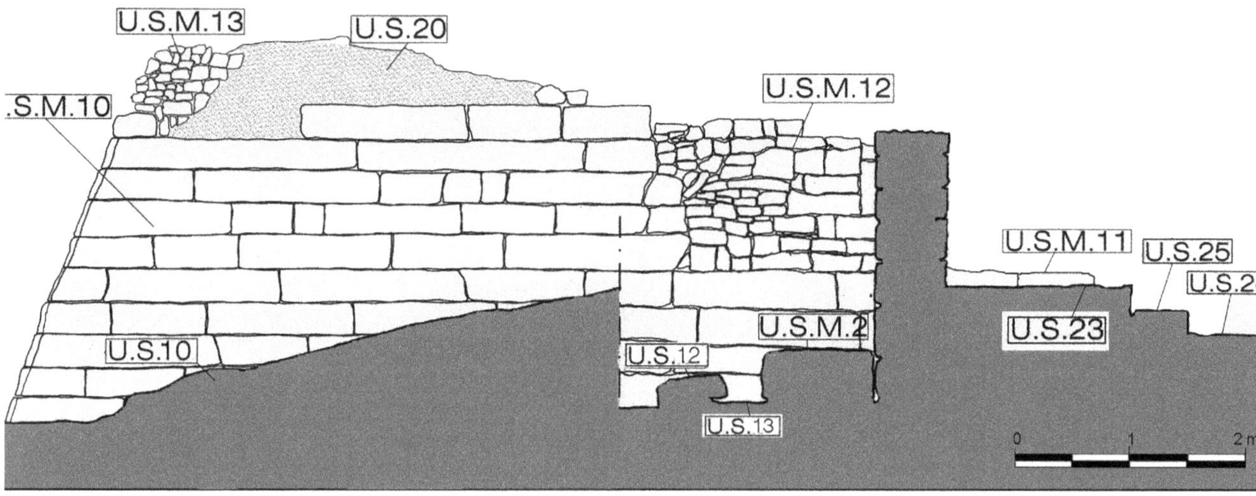

Fig. 123

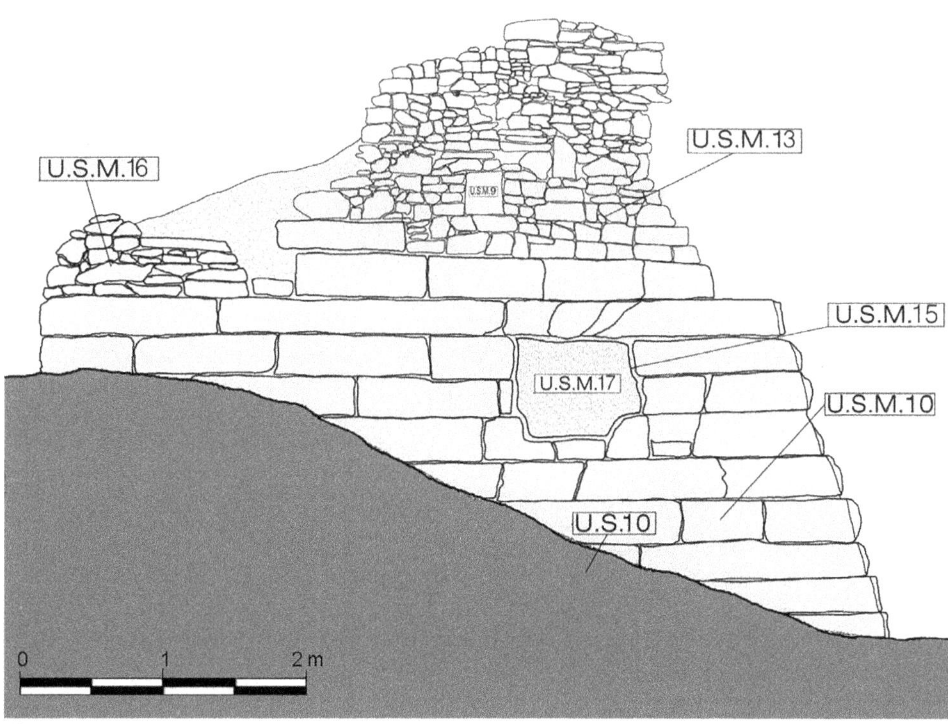

Fig. 124

Alla pagina precedente e in questa pagina:

Figg. 121-124

Pianta e prospetti-sezioni della torre con base a scarpa in scisto verde, con indicazione delle Unità Stratigrafiche orizzontali e delle Unità Stratigrafiche Murarie individuate. La Fig. 123 mostra, in sezione, le strutture emerse in seguito al saggio stratigrafico eseguito nel corso della campagna 2003, volto ad accertare le relazioni stratigrafiche intercorrenti fra la base della torre ed il paramento della cortina adiacente

Fig. 125
Dettaglio di una muratura che conserva alcuni filari in blocchi di scisto verde, in un edificio collocato nell'area del santuario di Zeus Megistos

Fig. 126
Struttura in elevato dell'*edificio delle doppie asce*, riportato alla luce nell'area dell'*agorà*. Nel paramento in opera quadrato-trapezoidale, si rilevano consistenti analogie fra la tecnica costruttiva e quella impiegata nella base a scarpa della torre compresa nel tratto orientale delle mura. Sotto, cresta di muro dello stesso edificio, in blocchi squadrati, riportato alla luce nell'area dell'*agorà*. emergente dalle facies più tarde

Fig. 127
Pavimentazione in lastre di scisto verde nell'area del santuario di Zeus Megistos

Fig. 128
Grande blocco in scisto verde rinvenuto erratico nell'area esterna alla Porta Est

cortina, dove risultano reimpiegati all'interno del nucleo alcuni blocchi in scisto verde (USM 23 e USM 25).
Il saggio C, condotto in corrispondenza dell'attuale livello sommitale della torre, pur non avendo chiarito le relazioni intercorrenti fra lo zoccolo in scisto verde e la cortina meridionale, ha confermato la presenza di una camera all'interno torre, almeno nella ipotizzata fase tardo-antica, restituendo blocchi allineati del paramento esterno (USM 1).
Se la collocazione stratigrafica del basamento in scisto verde ne rivela l'antecedenza rispetto alla cortina nord, non è possibile stabilire con certezza se tale relazione sia dovuta ad una vera e propria trasformazione diacronica della fortificazione, o alla presenza più o meno contemporanea di diversi cantieri, *atelier* di tagliapietre e maestranze durante l'edificazione delle mura.[55]
Inoltre, la presenza di una discontinuità fra la muratura delle torri e quella delle cortine non è di per sé indice di disomogeneità cronologica fra le strutture, essendo un consapevole espediente messo in atto dai costruttori di fortificazioni, fin dall'inizio del IV secolo, per evitare che l'eventuale collasso di una di esse provochi il crollo anche dell'altra.[56]
L'esiguità dei resti rende poco efficaci anche i confronti tipologici su base tattica.
Lo stesso particolare profilo del basamento, concepito con la duplice finalità di limitare l'angolo morto durante la conduzione della difesa e nel contempo per incrementare la resistenza delle strutture ai colpi dell'ariete e dei proiettili, non sembra possa costituire un saldo appiglio per l'attribuzione cronologica del manufatto.
Infatti, se pareti fortemente inclinate, estese lungo più lati, compaiono in alcune fortificazioni concentrate dell'Argolide durante l'epoca ellenistica[57], la scarpatura delle fortificazioni ha una lunghissima tradizione in Asia Minore ed è per esempio applicata sistematicamente nelle mura di Focea fin dall'epoca arcaica.[58] Una torre con pareti inclinate lungo le tre facce sporgenti si riscontra inoltre nell'acropoli fortificata di Samikon, in Trifilia ed è generalmente datata all'epoca tardo-classica.[59]
La presenza di questo accorgimento tattico risulta pertanto non discriminante per la datazione della torre in oggetto.
Tuttavia sussistono un'altra serie di indizi che farebbero optare per una collocazione cronologica più alta del basamento a scarpa rispetto alle altre strutture della cinta insulare.
Innanzitutto *"un concio assai simile a quelli del paramento della base della torre, realizzato con lo stesso materiale e con identiche tecniche di lavorazione, è posto in opera nel muro intemo allo stipite della porta Est, a sinistra di chi guardi dall'esterno della cinta. Si tratta di una delle fasi più antiche delle murature della porta, forse proprio quella originaria; il reimpiego del concio in esame dimostra l'anteriorità della struttura da cui proviene il materiale di spoglio"*[60].
Altri grandi blocchi dello stesso materiale sono stati rinvenuti erratici all'esterno dell'ingresso orientale.
Oltre ciò, per quanto il tipo di apparecchio murario non offra altri riscontri all'interno dell'area insulare di Iasos, le altre strutture che utilizzano lo stesso calcare metamorfico verdastro appartengono a fasi generalmente considerate precedenti alla costruzione del circuito urbano[61]. Ci si riferisce, in particolare, al cossiddetto *"edificio delle doppie asce"*[62], un ambiente a destinazione cultuale la cui costruzione è stata riferita al periodo classico.[63]
Le murature riportate alla luce sono costruite in blocchi di scisto verde di media dimensione, accuratamente disposti secondo un apparecchio trapezoidale pseudoisodomo. I conci, dalla conformazione a lastra, con spessore medio di 12-13 cm, si caratterizzano per una lievissima bugnatura realizzata a martellina, mentre i giunti fra gli elementi contigui, piuttosto accurati, presentano, per la maggior parte, una giacitura obliqua che genera precisi sistemi di incastro.
Lo stesso materiale si ritrova adoperato nell'area del santuario di Zeus Megistos[64]: nella pavimentazione antistante il *thesauros* si individuano lastroni in scisto verde accuratamente accostate e con presenza di giunti ad incastro, che mostrano una finitura superficiale a subbia, a realizzare una rada bocciardatura.
Poco distante, all'interno dell'isolato presso la Porta Est, una muratura realizzata con lo stesso materiale tagliato in blocchi parallelepipedi o trapezoidali è riscontrabile nei primi filari di alcune strutture murarie, sui quali si impostano conci a cuscino fortemente convessi, riferibili ad una fase decisamente più tarda.[65]
Questi argomenti, per quanto insufficienti a dirimere definitivamente la questione, inducono a propendere per l'ipotesi di una datazione più alta del basamento della torre orientale rispetto al resto del circuito fortificato superstite, evidenziando nel contempo la necessità di ulteriori indagini e saggi stratigrafici. Solo così, infatti, sarà possibile far stabilizzare un arco cronologico tuttora oscillante fra la fine del V secolo e l'età tardo classica.

Fig. 129
Operazioni di rilevamento topografico sulle strutture della *torre ellenistica* nei pressi dell'agorà nel 2007. In primo piano, il fronte meridionale della torre, che conserva per pochi filari il paramento isodomo in grandi blocchi

*La torre "ellenistica" presso l'angolo sud-occidentale dell'agor*à

Un utile documento per lo studio delle fortificazioni iasie e più in generale per la ricostruzione delle vicende vissute dalla città è rappresentato dalla "torre ellenistica", i cui resti sono collocati topograficamente fra la porta "bizantina" – attuale accesso all'agorà – e la parete occidentale del *bouleuterion*, in corrispondenza della terminazione della *stoà* meridionale. Riguardo all'identificazione di questa torre con la struttura rappresentata da Landron, le osservazioni sopra condotte inducono ad usare qualche cautela, per quanto i resti attualmente emergenti e la collocazione topografica manifestino più di una analogia con l'immagine restituita dalla vista prospettica redatta a metà del XIX secolo.[66]

La torre presenta impianto rettangolare, con un ingombro planimetrico pari a circa 7,06 × 7,03 m. Il paramento esterno, che si conserva per diversi filari soprattutto in corrispondenza dei fronti occidentale e settentrionale, è realizzato mediante la posa in opera di conci in calcare e marmo, disposti su assise orizzontali e parallele, a realizzare un apparecchio pseudo isodomo per *ortostati* e *diatoni*. I blocchi esibiscono in prevalenza faccia rettangolare, ma si registra l'applicazione abbastanza diffusa di giunti inclinati fra gli elementi contigui, in coincidenza con la presenza di conci di forma trapezoidale o romboidale. La superficie esterna dei blocchi è caratterizzata da un trattamento a bugnato non molto pronunciato eseguito a martellina, inquadrabile nella categoria del *bossage brut ornemental*, ma su taluni conci si nota una finitura superficiale più accurata che le conferisce un aspetto granuloso. Questa lavorazione appare realizzata probabilmente a subbia o picconcello, tuttavia il diverso aspetto delle impronte, contraddistinte da una caratteristica forma concoide, lasciano presupporre una certa diversificazione nell'uso di questi utensili. Un'ulteriore lavorazione, che si riscontra in corrispondenza degli spigoli delle pareti visibili, è la già incontrata *ciselure d'angle*, scanalatura realizzata a scalpello, verosimilmente sui conci cantonali già in opera, a sottolineare la geometria della struttura.

La camera interna, approssimativamente quadrata, con dimensioni massime di 5 m, conserva cospicue porzioni di elevato delle pareti nord, est e sud, che mostrano un tipo di paramento differente, (caratteristica consueta per le opere difensive), rispetto a quello esterno. Esso è costituito da blocchi prevalentemente in calcare, di pezzatura decisamente minore rispetto al paramento bugnato esterno, probabilmente in origine apparecchiati a secco (benché si individuino interventi di restauro nei quali appare impiegata la malta) su filari orizzontali e paralleli, spesso non

omogenei e soggetti a sdoppiamenti e confluenze. Gli elementi sono tagliati in forma approssimativamente parallelepipeda con spigoli a volte smussati ed apposite tassellature per favorire la giunzione fra blocchi di dimensione o giacitura differenti. La faccia esterna, ad esclusione dei primissimi filari inferiori, mostra un'accurata spianatura, realizzata a martellina o con subbie a punta media o fine.
L'analisi delle murature evidenzia l'utilizzo di numerosi blocchi di riuso, caratterizzati da una fine lavorazione superficiale e che probabilmente ricevettero un'ulteriore concia in funzione del reimpiego; fra essi risalta un blocco collocato lungo la parete settentrionale, su cui appaiono incisi due nomi.[67]
Inoltre, lungo la parete orientale, si osserva nel settore inferiore della muratura una sequenza di sei grappe in piombo infisse al centro dei conci, la cui funzionalità rimane per ora oscura, mentre la parte superiore denuncia una serie di restauri e manutenzioni effettuate anche con malta.[68]
Il riempimento della camera bassa, soprelevata dall'attuale piano di spiccato di circa 1,49 m e costituito da pietrame e schegge di lavorazione, si arresta in corrispondenza dell'originaria quota di pavimento, visualizzata da riseghe presenti lungo tre pareti perimetrali e dalla presenza di due blocchi in marmo di forma parallelepipeda, allineati in direzione nord-sud nel settore mediano della stanza e distanti circa un paio di metri l'uno dall'altro. Entrambi i blocchi presentano fori passanti al loro centro: quello sul blocco posto più a nord, a sezione quasi rettangolare, mostra una sagomatura arcuata lungo il lato orientale dell'imboccatura, mentre quello praticato sull'altro elemento, si caratterizza per un profilo svasato, con due delle pareti a giacitura obliqua e convergente. La funzione dei due blocchi marmorei, scartata quella di alloggiamento di scale lignee per la comunicazione col livello soprastante (data l'eccessiva distanza fra i blocchi), rimane ancora tutta da indagare, assieme alla possibile relazione con le grappe in piombo della parete orientale. In questo ambito, andrebbe valutata la possibilità che si tratti di allestimenti del piano pavimentale funzionali all'uso di artiglierie, forse *oxibeloi* di medio calibro, data la dimensione della camera e l'ampiezza presumibile delle aperture di tiro, di cui rimane una traccia nella parete orientale. La particolare sagoma dell'incavo sul blocco meridionale, infatti, sembra adatta ad accogliere al suo interno un perno basculante.[69] Tuttavia, in attesa di ulteriori verifiche ed approfondimenti, che possano portare ad un disegno ricostruttivo coerente riguardo alla possibile collocazione di dispositivi d'artiglieria all'interno della torre, quella appena avanzata resta soltanto un'ipotesi.
Dai resti emergenti non è possibile ricostruire il tipo di coronamento, il numero di livelli funzionali, i sistemi di accesso dalla *parodos* ed i collegamenti interni della torre. Se per quest'ultimo aspetto è ragionevole immaginare una soluzione a scala lignea, alcune informazioni riguardo l'accesso alle camere alte delle torri possono essere desunte, con cautela, dalle descrizioni del Texier, che rilevò la presenza di scale parallele alle cortine e partenti dal cammino di ronda.[70] Queste informazioni, unite alla presenza del muro meridionale che cinge l'agorà, conservato in elevato per 7,50 m, hanno indotto ad ipotizzare uno sviluppo

Fig. 130
Dettaglio della caratteristica finitura d'angolo che caratterizza il paramento della torre in corrispondenza dello spigolo verticale nord

Fig. 131

Fig. 132

Figg. 131-132
Dettaglio dei blocchi forati e sagomati posti a livello del pavimento all'interno della torre.

Fig. 133

Fig. 134

Fig. 135

Fig. 136

Alla pagina precedente e in questa pagina:
Figg. 133-136
Fotopiani dei fronti della "*torre ellenistica*" elaborati sulla base dei dati metrici ricavati dal rilievo topografico. Sono rappresentati, nell'ordine: il fronte esterno ovest, il fronte est prospiciente il *bouleuterion,* il fianco nord e – attraverso una sezione rasente l'elevato – la parete interna settentrionale. Gli elementi non complanari ai fronti e pertanto non misurabili, sono stati privati del dato cromatico, onde poter essere immediatamente individuati

delle torri su due camere accessibili, sormontanti uno zoccolo pieno di circa m 3, per un'altezza totale di circa m 9.[71] In ogni caso l'impianto planimetrico, le dimensioni, il rapporto con le cortine, la tipologia delle aperture parzialmente conservate, inducono a non collocare l'edificazione della torre oltre il IV secolo a.C.[72].

Resta tutta da chiarire – e il susseguirsi dei rifacimenti delle strutture murarie complica ulteriormente il quadro – l'individuazione del rapporto fra il manufatto ed il resto della cinta urbana nelle loro fasi originarie.

Gli scavi condotti all'interno del vano nella campagna del 2001 condotti dalla Missione Archeologica Italiana hanno permesso di individuare interventi di restauro e rifunzionalizzazione del manufatto, intercorsi quasi certamente in un periodo cruciale per la storia della città e delle sue difese. La camera della torre, prima degli scavi, si presentava infatti riempita da macerie, accumulate al di sopra del livello pavimentale originario.

L'analisi dei depositi evidenziò un riempimento intenzionale dell'ambiente con detriti di provenienza eterogenea, collocati in giacitura capovolta, coi materiali più tardi a contatto col pavimento. I materiali rinvenuti risultavano distribuiti all'interno di un enorme arco cronologico, i cui estremi erano rappresentati, da una parte da due frammenti calcolitici, dall'altra da "da uno scarico di laterizi, porzioni di affreschi, tessere musive e lastre di *sectilia* marmorei, anfore e altro vasellame tra cui – proprio per il supporto cronologico che fornisce immediatamente – spicca una lucerna con la spalla ornata da grappoli e foglie e la firma OKTA/BIOY tracciata a crudo sulla base"[73]. I materiali più tardi, che individuano un termine *post quem* per l'intervento di riempimento, rimandano alla turbolenta stagione delle incursioni barbariche, in particolare quelle effettuate dagli Eruli, che investirono numerosi centri microasiatici durante la seconda metà del III secolo d.C. e che indussero la comunità iasia, come già visto, ad un urgente ripristino delle difese urbane.[74]

L'azione di colmaggio della camera bassa della torre, che verosimilmente era sormontata da almeno un altro livello funzionale e di cui ignoriamo la soluzione di coronamento, si rese necessaria al fine di assicurare un irrobustimento della compagine muraria che circondava il vano, forse considerata vulnerabile a causa di dissesti strutturali o per l'innalzamento del piano di campagna, che la rendeva direttamente esposta ai colpi nemici. Con tutta probabilità, infatti, nel III secolo d.C. la quota di quest'ultimo doveva risultare sensibilmente più elevata rispetto a quella dell'epoca di costruzione della torre e la stessa efficienza dei dispositivi tattici, forse, compromessa.

L'immagine che ci restituisce la "torre ellenistica" nella sua fase tardo-imperiale, quale che sia la reale portata dell'*invasione erula*, è intimamente legata alla vicenda di una città, che in un periodo di emergenza e instabilità, appare protesa alla ricerca della propria sicurezza attraverso il recupero e il ripristino delle antiche difese urbane, forse rimaste inattive per secoli.

Questi interventi, dove il prestigio e la monumentalità delle fortificazioni precedenti lasciano il campo alle esigenze della funzionalità e della solidità, garantiranno, ancora per molti secoli, la sopravvivenza della comunità.

Fig. 137
Dettaglio della parete orientale interna della *torre ellenistica*. Si noti il filare con conci che recano infisse alcune grappe in piombo

Fig. 138
Dettaglio di un concio marmoreo, in opera nella parete interna settentrionale, sulla cui faccia sono incisi due nomi

Fig. 139
Blocco del paramento esterno del fronte occidentale in opera quadrata isodoma, con rilievo raffigurante due orecchi

La rifunzionalizzazione della cinta muraria presso la Porta Est.

Se la Porta Est costituisce uno dei documenti fondamentali per la lettura delle fasi più antiche della cinta muraria di Iasos, data la presenza di ampi tratti di cortina che conservano l'originario paramento e di un'importante testimonianza epigrafica, le strutture poste nelle immediate adiacenze costituiscono un materiale di pari rilevanza per lo studio e la comprensione dell'evoluzione che contraddistinse le difese urbane e, più in generale, il settore orientale della città a partire dall'epoca tardoantica.

Immediatamente a settentrione del portale, dove un'iscrizione sancisce il confine del *tèmenos* dedicato a *Zeus Megistos* e che dovette costituire uno degli accessi principali alla città anche in epoca tarda, si riscontra infatti la presenza di due estesi organismi architettonici posti in diretta contiguità con le mura urbiche. Il più prossimo alla Porta Est, convenzionalmente nominato come *edificio trilobato*[75], è un articolato complesso del quale risulta difficoltoso determinare con certezza lo sviluppo planimetrico totale, in assenza di saggi, scavi stratigrafici o semplice rimozione del manto vegetativo, ma che appare subito caratterizzato da un vasto spazio centralizzato esteso su due livelli, con ampie porzioni di elevato superstiti. L'altro, preceduto da una torre dove le strutture murarie denunciano il susseguirsi di più fasi costruttive, si connota per un impianto planimetrico longitudinale spartito in tre navate absidate ed ordito secondo una direzione approssimativamente est-ovest, la stessa del segmento di cinta muraria che ne costituisce il muro d'ambito settentrionale. Entrambi gli edifici, finora mai scavati e descritti negli studi precedenti in maniera generalmente sommaria, appaiono di difficile interpretazione – in primo luogo riguardo alla destinazione funzionale – e attribuzione cronologica, ancorché si qualifichino da subito come costruzioni abbastanza tarde.

La seguente trattazione, che non ha la pretesa di acclarare né la funzione, né la collocazione cronologica dei manufatti, intende analizzarne le strutture emergenti da un punto di vista architettonico e tecnico costruttivo, fornendo spunti interpretativi utili alla conduzione di ulteriori e più approfondite ricerche, così necessarie nel campo ancora poco indagato delle strutture urbane della Iasos tardo antica e bizantina.[76] Si procederà pertanto all'analisi dell'*edificio trilobato*, esponendo in seguito i risultati delle indagini condotte sulla torre e sul complesso a pianta longitudinale.

Fig. 140
Uno degli ambienti costruiti nelle immediate vicinanze della Porta Est, da relazionare agli interventi di rifunzionalizzazione che interessarono l'area a partire dall'età tardo-antica con muratura in pietra scandita da cinture in laterizio

L'edificio trilobato

L'edificio, parzialmente interrato, appare su due livelli funzionali nonostante il crollo della partizione orizzontale ed è costituito da un nucleo a pianta centrale contornato da una serie di vani rettangolari o trapezoidali. Nelle analisi seguenti si fa riferimento ad una denominazione convenzionale degli ambienti, riportata nelle piante di seguito allegate.

L'ambiente centrale al livello inferiore (ambiente A) presenta un andamento planimetrico di tipo cruciforme, con lo spazio interno che può essere inscritto in un quadrato di 12.40 metri di lato circa. Dei quattro bracci, larghi dai 4.60 ai 5 m in media, quello est (A est), in adiacenza alla cortina della cinta muraria, è il più esteso in lunghezza (mediamente 5,18 m), mentre il suo opposto (A ovest), sul lato ovest, è il più corto (2.52 m, quasi la metà). Le lunghezze dei bracci nord (A nord) e sud (A sud) sono simili ed oscillano fra i 3.45 ed i 3.70 m, con una media di circa 3.63 m. Lo spazio centrale, posto all'intersezione dei bracci, ha forma quasi quadrata, con lunghezza del lato che si colloca attorno ai 5 m. Una serie di vani rettangolari o più irregolari (ambienti B, C, D, F, H, I, M) è dislocata in maniera all'incirca simmetrica – ma con deroghe, dovute forse anche a rifacimenti – attorno a questo ambiente centrale e indiviso, la cui superficie è oggi largamente occupata da crolli e da vegetazione. Esso presenta un'unica apertura a fornice che attraversa lo spessore della muratura in fondo al braccio ovest, attualmente interrata al di sopra della quota d'imposta.

I bracci del vano cruciforme mostrano tuttora consistenti tracce dell'originaria copertura con volte a botte realizzate mettendo in opera laterizi di foggia generalmente quadrata.

La forma di tali volte si percepisce sia dai residui di elevato tuttora presenti oltre il piano di spiccato, sia dalle tracce di ammorsatura e dai frammenti laterizi visibili sulle pareti di fondo.

L'innesto delle superfici semicilindriche in corrispondenza dello spazio quadrato mediano risultava risolto attraverso una volta a crociera, come si deduce dall'andamento lungo le diagonali delle curve di intersezione.

Il laterizio è stato utilizzato per l'esecuzione del manto di intradosso – di spessore abbastanza limitato – mentre lo strato sovrastante, realizzato in calcestruzzo con *caementa* disposti su strati in abbondante malta, assolveva al restante impegno strutturale ed alle funzioni di rinfianco.

Sulle pareti di fondo dei bracci nord, est e sud, dove è ben visibile l'inserzione delle superfici voltate, si osserva la presenza di *tubuli* fittili inseriti nella parte superiore della muratura, in prossimità del profilo d'intradosso dell'arco. Nel braccio settentrionale (A nord) il crollo ha determinato

Fig. 141

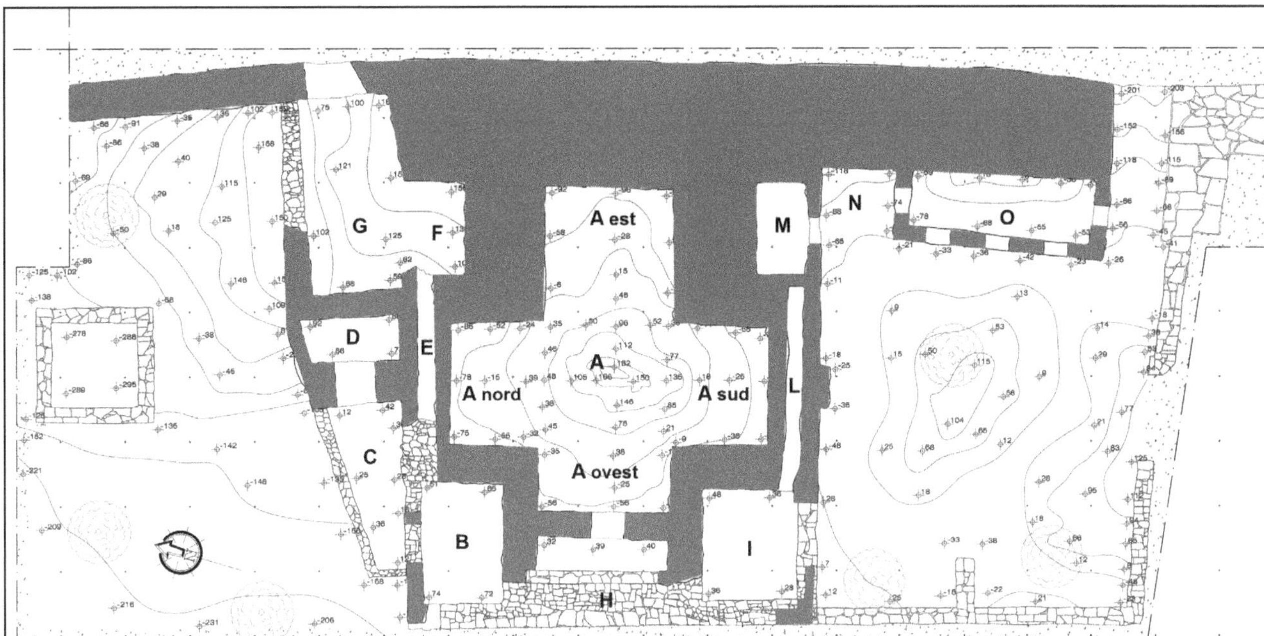

Fig. 142

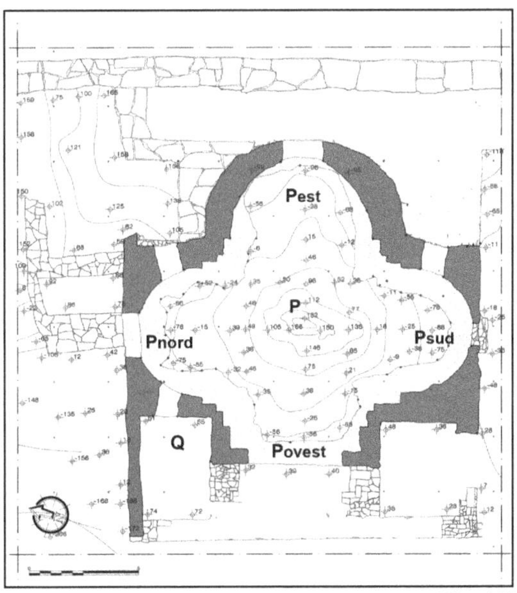

Fig. 143

Fig. 141
Veduta prospettica acquerellata da ovest del complesso dell'*edificio trilobato*

Fig. 142
Pianta del primo livello emergente del complesso dell'edificio trilobato presso la Porta Est, con individuazione convenzionale degli ambienti (rilievi eseguiti durante le campagne 2002-2003)

Fig. 143
Pianta degli ambienti al secondo livello emergente del complesso dell'edificio trilobato presso la Porta Est, con individuazione convenzionale degli ambienti (rilievi eseguiti durante le campagne 2002-2003)

Fig. 144
Fotopiano del fronte occidentale del complesso, con indicazione dell'ingombro del fronte interno opposto

Fig. 144

Fig. 145

Fig. 146

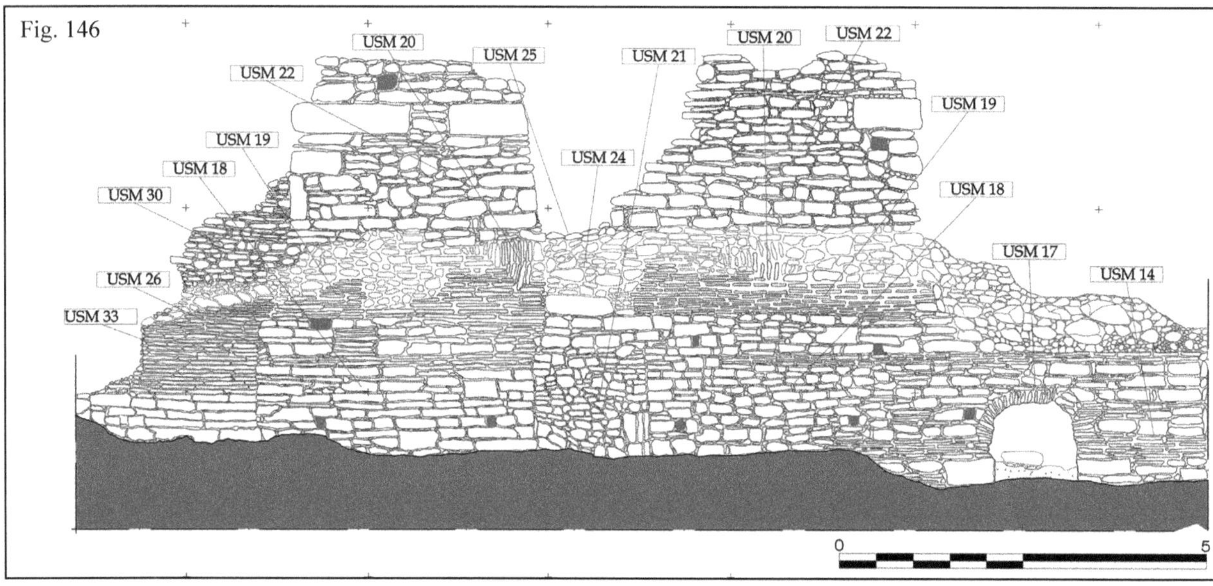

Figg. 145-146
Prospetti a semplice contorno dei fronti settentrionale (in alto) e meridionale (in basso). Su quest'ultimo grafico sono indicate anche le Unità Stratigrafiche Murarie individuate, per quanto non si sia ancora proceduto ad un loro studio sistematico

la dissezione del condotto in terracotta secondo la direzione longitudinale.
La porzione superstite, tuttora inglobata nel nucleo in calcestruzzo della muratura, appare costituita da almeno due elementi innestati. I tubuli presentano un andamento inclinato, con l'estremo più esterno ad una quota maggiore rispetto a quello più interno, che termina a filo con la parete verticale. Nel braccio meridionale, invece, la parte superstite del tubulo a sezione circolare è tuttora inserita nel sodo murario. Per quanto concerne il braccio orientale (A est), si può osservare che i condotti realizzati nello spessore della parete di fondo sono due: a quello collocato in tangenza con la linea di intradosso dell'arco all'innesto della volta, a sinistra del suo punto di chiave, si aggiunge una grossa *fistula*, disposta con l'asse inclinato rispetto al piano del muro d'ambito. Quest'ultimo presenta un apposito scasso nel paramento, verosimilmente predisposto già durante l'erezione del muro per permettere la messa in opera della conduttura. La parte visibile della tubazione, di spessore e sezione complessiva superiori rispetto agli altri elementi descritti, sembra assumere un percorso curvilineo, deviando progressivamente verso sud. Un'altra probabile canalizzazione realizzata nello spessore della muratura e terminante con un concio in calcare provvisto di un foro di sezione circolare si può osservare ai piedi della parete perimetrale, sul prospetto meridionale.
Gli ambienti del livello inferiore (B, C, D, F, G, I, M, N) collocati a nord e sud rispetto alla struttura a pianta cruciforme prima descritta, hanno tutti impianto planimetrico pressoché rettangolare o trapezoidale e anche se non è definibile con certezza il sistema distributivo che li metteva in reciproca relazione, si possono ipotizzare comunicanti

secondo percorsi orientati prevalentemente in direzione ovest-est. Le aperture attualmente conservate, parzialmente interrate, sono profondi fornici a pieno centro, con superficie di intradosso e ghiera singola realizzate in laterizio. I laterizi impiegati sono mattoni quadrati comuni, cosicché la curvatura delle ghiere risulta determinata dalla conformazione dei giunti, ampi e riempiti con malta rasata. Nella maggioranza dei vani si osservano, oltre il piano di imposta, resti delle volte a botte di copertura, anch'esse con direttrice orientata secondo l'asse est-ovest. Anche nelle stanze con la copertura interamente rovinata si intuisce la presenza di strutture voltate da tracce, frammenti di laterizi e malta sulle pareti perimetrali, disposti con andamento semicircolare.
Esternamente ai muri d'ambito che concludono i bracci nord e sud del grande ambiente cruciforme, si sviluppano simmetricamente due corridoi (E ed L), che corrono in direzione ovest-est. Essi, piuttosto angusti, sono coperti con irregolari volte semicilindriche in laterizio, che alternano mattoni con il piano di posa parallelo alla retta direttrice della superficie voltata, a mattoni con il piano di posa parallelo alla curva generatrice. Quello collocato a nord (E), parzialmente crollato, immette in un vano rettangolare (F) la cui parete di fondo appare quasi allineata con quella che conclude il braccio orientale (A est). Il corridoio meridionale (L), invece, è occluso da un setto murario collocato a poco meno di 8 m in direzione est. Oltre questa parete, si trova un altro ambiente rettangolare di dimensioni ridotte (M), oggi parzialmente ipogeo, al quale si può accedere attraverso un'apertura archivoltata collocata sul lato meridionale.
Ulteriori strutture edilizie sono individuabili a sud dell'ambiente cruciforme. Una di queste (ambiente O) è un vano approssimativamente rettangolare provvisto di aperture parzialmente conservate su tutti i lati, tranne che su quello adiacente alla cinta muraria, che è cieco. La parete perimetrale sud di questo ambiente è in diretta continuità con il varco che si apre nel circuito difensivo in corrispondenza della Porta Est. Inoltre, il setto murario che genera lo stretto cunicolo prima descritto (L), presenta accenni di volte a

Fig. 147

Fig. 148

Fig. 149

Fig. 150

Fig. 147
Dettaglio del braccio orientale dell'ambiente cruciforme originariamente coperto da volta a crociera (convenzionalmente A est nella presente trattazione). Si notino il grosso tubulo fittile passante attraverso lo spessore della muratura e le tracce della struttura voltata, realizzata con mattoni quadrati ed opera cementizia di rinfianco
Fig. 148
Dettaglio della muratura dell'ambiente a pianta centrale al primo livello. Si evidenzia un trattamento della parete ad intonaco, a simulare un paramento pseudo-isodomo
Fig. 149
Particolare di un raccordo fra la copertura voltata in laterizio e la parete di fondo dell'ambiente B
Fig. 150
Intersezione fra il braccio meridionale e quello occidentale dell'ambiente cruciforme. Risulta parzialmente conservata una parte dell'originaria copertura a crociera

botte con manto d'intradosso in laterizio, ordite in direzione est-ovest, che denunciano la presenza di altri spazi coperti. Essi comunicavano probabilmente con gli ambienti posti ad ovest (H), attraverso un passaggio rastremato, del quale permangono alcuni filari di un fianco.
Le strutture in elevazione del livello inferiore sono costituite prevalentemente da muratura con paramento in blocchi calcarei di pezzatura eterogenea, sommariamente scapezzati e con la faccia esterna grossolanamente spianata. Essi sono disposti su assise sub-orizzontali od orizzontali, con un uso abbastanza frequente di scaglie e frammenti laterizi ad occupare gli interstizi. I mattoni sono inoltre utilizzati, in uno o più ricorsi, per regolarizzare la giacitura dei letti di posa. L'espediente costruttivo delle cinture in laterizio[77] a correre lungo la muratura è qui applicato in maniera consistente, ma non sistematica, come invece avviene negli elevati del livello superiore. Sporadicamente si riscontra l'impiego di blocchi con lavorazione più accurata, o conci squadrati di riuso di dimensioni superiori, che diventa più diffuso in corrispondenza di spigoli e stipiti di aperture.
I giunti fra gli elementi risultano poco accurati e riempiti con malta spesso eccedente.
Il nucleo della muratura è costituito da scapoli, schegge di lavorazione e frammenti laterizi in abbondante malta idraulica, tenace e di colore lievemente rosato, ricca in cocciopesto. Essa, come già detto, appare in alcuni casi abbondantemente rifluente sulla faccia esterna dei blocchi, a costituire una sorta di intonaco dalla caratteristica tonalià cromatica rosata. In altri casi i giunti appaiono stilati o, dove l'apparecchio è notevolmente irregolare, si trovano solchi incisi nella malta, a simulare un paramento pseudo-isodomo.
In ogni caso, la tipologia dell'apparecchiatura muraria presupponeva un trattamento ad intonaco vero e proprio esteso a tutte le superfici (ancora parzialmente leggibile in alcuni settori).
Per quanto riguarda le strutture voltate parzialmente conservate poste all'esterno dell'ambiente cruciforme, si possono condurre ulteriori osservazioni in merito agli accorgimenti costruttivi adoperati. L'analisi dell'imbotte delle volte, delle loro connessioni e delle inserzioni con i muri perimetrali, evidenzia una particolare disposizione dei mattoni, soprattutto in corrispondenza di determinati punti critici.
Gli elementi laterizi, a partire dalla quota d'imposta, presentano la giacitura del piano di posa orientata verso il centro degli archi generatori. In molti casi, spesso in corrispondenza degli innesti che introducono variazioni nella geometria della volta, i mattoni sono invece disposti di taglio, in corsi dall'andamento parallelo alla curva generatrice. La confluenza fra queste due tessiture murarie avviene secondo caratteristiche linee diagonali, ben percepibili visivamente, ma che non alterano in maniera significativa la struttura geometrica della superficie d'intradosso.
Questa peculiarità costruttiva, che prevede la compresenza di elementi disposti radialmente e di taglio, è diffusa in Asia Minore dal periodo tardoromano.[78]
Nel nostro caso è forse da mettere in relazione con la possibilità di utilizzare un minor numero di mattoni nella realizzazione di volte di luce modesta e con la versatilità che

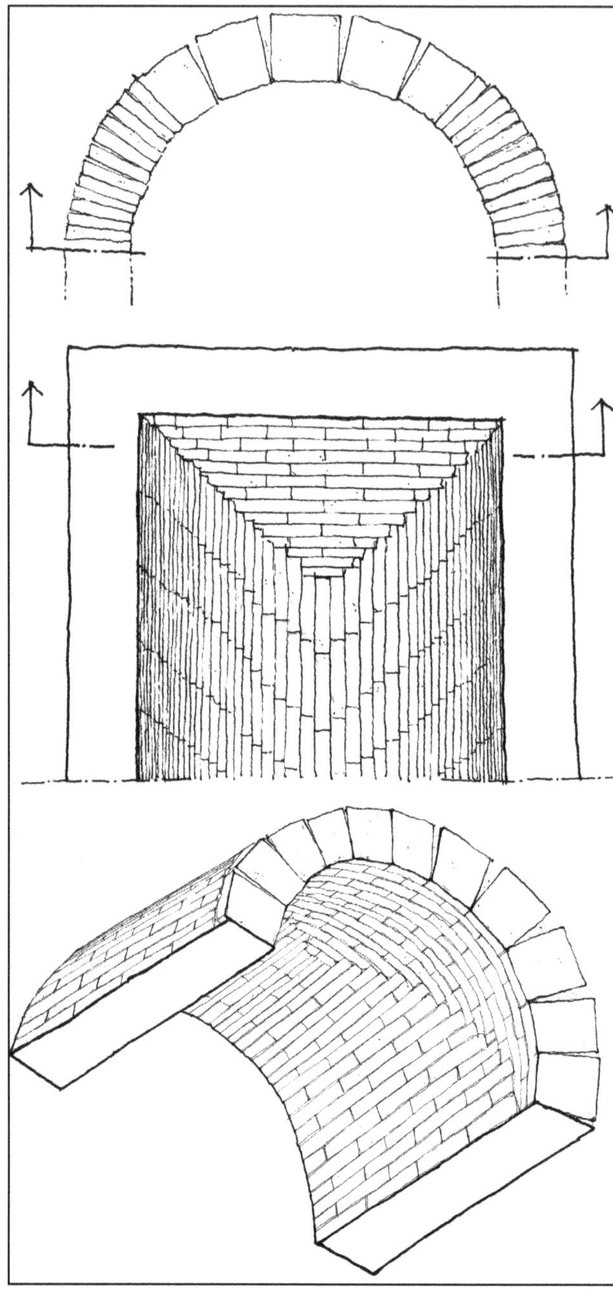

Fig. 151
Illustrazione della tecnica costruttiva impiegata per la realizzazione di alcune strutture voltate. Sezioni e assonometria

essa consente nell'esecuzione di raccordi ed intersezioni fra spazi dalla stereometria disomogenea ed a volte irregolare. Inoltre, si noti che nei nodi particolarmente problematici, sedi di intersezioni multiple in spazi ristretti, le tessiture diventano meno ordinate ed i giunti di malta più consistenti.
Le misurazioni delle caratteristiche dimensionali delle facce dei mattoni evidenziano la presenza di almeno due diversi moduli: le misure del primo e più diffuso, pur all'interno di escursioni abbastanza pronunciate, si attestano intorno ad un valore medio del lato di 27,7 cm, con uno spessore medio di 3,7 cm.
All'utilizzo di elementi caratterizzati da un altro modulo e non a variazioni dimensionali accidentali, sembrano riferirsi le misure di alcuni mattoni, decisamente più rari,

aventi lato lungo in media 35,3 cm e spessore di 3,9 cm.
Le strutture edilizie del livello superiore sono costituite dai resti di un grande ambiente centrale trilobato (ambiente P) – posto in corrispondenza del vano cruciforme prima descritto – e da un muro in elevazione situato nella zona nord-ovest del complesso, nel quale si apriva un passaggio attualmente concluso da un'ampia breccia, che immetteva in un altro ambiente (Q), del quale non è più possibile leggere l'estensione.
L'ambiente centrale presenta impianto planimetrico a *quinconce*, trilobato, con absidi quasi semicircolari che articolano i bracci nord, est e sud, mentre quello occidentale è a terminazione retta.
Tre ampi varchi si aprono nell'esedra nord (P nord), uno in direzione assiale, gli altri simmetricamente disposti in posizione obliqua rispetto al tracciato semicircolare.
L'abside sud (P sud) mostra invece due aperture, una in posizione centrale e l'altra obliqua, collocata nel settore orientale dell'emiciclo. Una sola apertura (larga circa 1,86 m) collocata in posizione assiale, scandisce la parete dell'abside est (P est), lievemente più ampia delle altre (raggio 3.20 m in media).
Le strutture murarie sono costituite da massicci setti in calcestruzzo a doppio paramento e da grandi blocchi squadrati di riuso, prevalentemente in calcare o marmo, a definire angoli del perimetro e spigoli di aperture. Il nucleo è costituito da scapoli, schegge di lavorazione e frammenti fittili in abbondante malta a base di calce e cocciopesto.
Accanto al paramento in blocchi di calcare di modeste dimensioni sommariamente scapezzati e disposti su assise sub orizzontali, già riscontrato al livello inferiore e che rappresenta la *facies* preminente negli edifici iasii di periodo tardo imperiale e bizantino, si osserva un uso generalizzato di elementi di recupero con funzione di casseforme a perdere. Numerosi *spolia* sono infatti impiegati con prevalente funzione di involucro del nucleo in conglomerato, o, causa la loro regolarità morfologica, a definire spigoli e articolazioni delle pareti.
Il loro repertorio è vasto: si trovano, ad esempio, grandi blocchi bugnati del paramento esterno della cinta muraria, così come diversi conci a cuscino con contorno lavorato a nastrino e finitura superficiale a punta sottile. Altri grandi blocchi squadrati in origine dovevano essere gradini o parti di stilobati. Un grande elemento incastonato nella muratura presenta un incavo che suggerisce una funzione originaria di fondo di vasca, o di elemento di chiusura. Un blocco marmoreo di notevoli dimensioni, conformato a lastra, è posto in corrispondenza dell'angolo sud occidentale del perimetro esterno dell'ambiente triconco; sulla superficie lavorata a martellina della faccia occidentale si individuano una iscrizione in greco ed alcune croci incise, di cui la più grande *patente*. Sono inoltre visibili alloggiamenti per zanche di sezione quadrata.
La muratura in elevazione è scandita da cordoli di tre, due, o più raramente uno, ricorsi in laterizio. Tali cinture, qui adoperate con sistematicità, si mantengono a quota costante lungo ampie porzioni di muratura, inserendosi in profondità all'interno del nucleo con funzione di ripartizione dei carichi, di regolarizzazione delle assise ed incremento della coesione fra nucleo e paramenti.

Fig. 152
Dettaglio della coperture di uno degli stretti passaggi posti ai lati del vasto spazio a pianta centrale. Il sistema costruttivo impiega, in alternanza, filari di mattoni disposti con giacitura radiale e filari disposti secondo le curve direttrici della volta

Fig. 153
Dettaglio delle strutture murarie collocate al livello superiore del complesso, in corrispondenza dell'intersezione fra gli spazi absidati "P nord" e "P ovest", con vasto repertorio di grandi elementi di riuso impiegati a definire spigoli ed articolazioni delle pareti, o come casseforme a perdere a racchiudere il nucleo in calcestruzzo. Si distinguono alcuni blocchi bugnati, conci a cuscino, porzioni di stilobate ed un fondo di vasca o coperchio

Fig. 154
Parete interna del corpo absidato settentrionale con cinture in laterizio, che ospitano le buche pontaie

Fig. 155
Dettaglio della muratura all'angolo sud-occidentale dell'ambiente a pianta centrale. Qui si trova un grande elemento marmoreo di reimpiego, con iscrizioni e croci incise

Fig. 156
Dettaglio della muratura *cloisonnée* nella chiesa fuori le mura del settore orientale riferibile verosimilmente agli interventi intercorsi in età tardo-bizantina, in particolare in periodo lascaride

Fig. 157
Dettaglio della muratura della chiesa *extra moeni*a costruita in epoca medio-bizantina (ma che presenta interventi datati all'età lascaride) nel settore orientale della città. Il concio angolare, verosimilmente di riuso, reca incisa una *croce patente*

Fig. 158
Dettaglio che mostra la composizione delle strutture murarie dell'*edificio trilobato*. Si notino il nucleo della muratura costituito da calcestruzzo ricco in malta ed i grandi blocchi di riuso utilizzati anche come casseforme a perdere

Esse sono utilizzate assai di frequente per ospitare le buche pontaie, evidenziando nella loro scansione regolare lo svolgimento delle fasi di cantiere.[79]
Isolati ricorsi in laterizio di un solo filare, messi in opera anche solo per brevi tratti, si riscontrano in più zone dell'edificio, in particolare a conclusione di settori di elevato che denotano un paramento decisamente disomogeneo.
In ogni caso, una finitura in spessi strati di intonaco provvedeva verosimilmente ad uniformare le superfici delle pareti e delle coperture. Di queste ultime, non rimane traccia, non essendosi conservato nessun elevato oltre la quota d'imposta.

I dati provenienti dalle indagini condotte sull'edificio, in assenza di scavi e saggi stratigrafici mirati, o semplice studio dei materiali archeologici di superficie, non consentono al momento di definirne la funzione e di fornire collocazioni temporali in maniera precisa ed incontrovertibile, così come di proporne ipotesi ricostruttive complete ed attendibili.
Per quanto riguarda i sistemi di copertura del complesso, perdutane ogni traccia al livello superiore, si possono verosimilmente figurare soluzioni a cupola estradossata[80] – un sistema molto praticato negli edifici voltati di Iasos e in molte zone dell'Asia Minore – in questo caso, con

manto di intradosso in laterizio e strati successivi in conglomerato.

In merito alla destinazione funzionale, le caratteristiche planimetriche e distributive, unite alla presenza di articolati sistemi di *tubuli* fittili, avevano indotto ad ipotizzare – con tutte le cautele che richiede un quadro così problematico – una funzione termale per il complesso.[81]

L'impianto generalmente simmetrico, la presenza di ambienti cruciformi e tricori dal perimetro mistilineo risultano compatibili – per quanto non probanti – con tale ipotesi. Spazi poliabsidati simili, piuttosto comuni nelle terme medio e tardo-imperiali, si riscontrano ad esempio nei complessi termali di Pergamo (Bagni Ovest nel Ginnasio superiore) e di Kaunos (Terme del Porto).[82]

Analogie planimetriche con edifici dello stesso ambito sub-regionale, sono da ricercarsi nel complesso termale "E" della vicina Alagün, nel Golfo di Mandalya, dove si incontra uno spazio che tende al quadrato trilobato. Lì le strutture edilizie, comprese le volte, sono però realizzate interamente in pietra e presentano forti affinità costruttive con altri ambienti, di ipotizzata destinazione termale, individuati a Iasos nell'area delimitata dal *kastron bizantino*[83].

All'interno dell'edificio rilevato non sono state al momento individuate tracce di *suspensurae* o vani apparentemente destinati a *praefurnium.*

Gli stretti passaggi ai lati dell'ambiente cruciforme inferiore, tuttavia, potrebbero essere letti come cavedi e passaggi per l'alloggiamento e la manutenzione di impianti, piuttosto che come spazi di distribuzione e di circolazione veri e propri, data l'angustia e l'assenza di illuminazione.

La presenza di una cisterna immediatamente a nord dell'edificio, sebbene di modeste dimensioni, apparirebbe compatibile con la funzione ipotizzata.

Una diversa interpretazione dei resti del complesso architettonico, che condurrebbe ad intravedervi un palazzo[84], va valutata nell'ambito di un programma di rifunzionalizzazione dell'area circostante la Porta Est e delle difese urbane in epoca proto o medio-bizantina, in coincidenza con la presenza di un'autorità necessitante di adeguati spazi di residenza e rappresentanza.

In questo caso, la costruzione di un palazzo in diretta contiguità con le mura – che dovevano rappresentare il più importante strumento per l'esercizio del dominio militare sul territorio – potrebbe apparire come esito di quel processo di fusione fra le cariche militari e civili che investì il mondo bizantino a partire dal VII secolo.[85].

Occorre peraltro ricordare che l'organismo architettonico indagato rappresenta un *unicum* fra i manufatti edilizi iasii, anche tardi, a causa di un così massiccio utilizzo di laterizio, che non trova riscontro in nessun altro edificio conosciuto della città e che risulta essere una caratteristica rara anche nelle aree limitrofe.

Questo aspetto, oltretutto, solleva la questione di un ipotetico impiego per l'edificazione del complesso, di maestranze alloctone a conoscenza della particolare tecnica di esecuzione delle volte in mattoni a doppia giacitura.

Riguardo la datazione, l'edificio si manifesta fin da subito come programma edilizio tardo, a causa dell'impiego nelle murature di ricorsi in laterizio, che compare a Iasos a partire dal IV d.C., e dell'utilizzo massivo e generalizzato di elementi di recupero (su uno dei quali, come già detto, si individuano anche simboli cristiani).

Il confronto con elementi e tecnologie edilizie adottati nelle strutture della vicina chiesa posta all'esterno della Porta Est, non evidenzia analogie convincenti.

La fabbrica, in gran parte riconducibile al periodo mediobizantino[86], non presenta i ricorsi in laterizio nello sviluppo delle murature in elevazione; l'uso di questo materiale è limitato alla realizzazione di archi ed alla funzione di zeppatura nelle murature.

Esso si fa più consistente in alcuni settori, riferibili ad interventi di epoca lascaride[87], in particolare per la realizzazione di una sorta di paramento misto *cloisonné.*

Anche la presenza di conci decorati con croci patenti, che si ritrova in entrambi gli edifici, non offre alcuna indicazione: si tratta infatti, in tutti e due i casi, di blocchi di riuso posti in opera al di fuori della loro collocazione originaria.

La particolare tecnica costruttiva impiegata per la realizzazione di sistemi voltati, caratterizzata dalla presenza di mattoni posti di taglio e di piatto rispetto agli archi generatori, trova riscontro in alcuni edifici tardoromani di Aspendos (Pamphylia), ed ha larga diffusione nelle realizzazioni del primo periodo bizantino.

Soluzioni con manto di intradosso in laterizio e strati superiori in *opus cementicium* sono diffuse a partire dalla seconda metà del II secolo d.C. in Asia Minore, per esempio a Mileto, Side, Perga, Aspendos.[88]

Le letture stratigrafiche condotte sugli elevati in adiacenza alle mura urbiche, per quanto assai difficoltose a causa della vegetazione e dei crolli, sembrerebbero indicare che la muratura orientale si appoggia o copre la cortina della cinta difensiva urbana di impianto precedente. Quest'ultima, privata quasi per intero del paramento con le spoliazioni di fine '800 ad esclusione di alcuni *diatoni*, ha il nucleo in calcestruzzo, segno di un intervento collocabile a partire dall'età imperiale.[89]

Il restauro della cinta muraria, con sostituzione dell'*emplecton* potrebbe perciò essere assunto come *terminus post quem* per la realizzazione del nostro edificio.

Ora, i principali interventi di restauro che hanno riguardato la cinta muraria di Iasos in epoca tardoantica, sono ascritti dagli autori o al periodo di insicurezza dovuto all'instabilità politica dell'Impero e alle incursioni di popolazioni germaniche nel III secolo, o – e si concorda su questa posizione – al IV o V secolo, pur in mancanza di precisi indicatori cronologici.

L'abbondanza di pregiato materiale di spoglio, fra cui conci a cuscino ed elementi perfettamente squadrati, suggerisce inoltre di situare l'edificazione del complesso descritto in un periodo in cui numerose strutture edilizie urbane erano già cadute in disuso.

Tuttavia, l'ambizione di un programma architettonico simile, peraltro realizzato mediante materiale da costruzione (il laterizio) non facilmente reperibile e le presunte destinazioni funzionali, che presuppongono vigore e prosperità da parte della comunità cittadina, inducono a non collocare la costruzione dell'edificio oltre il VII-VIII secolo.

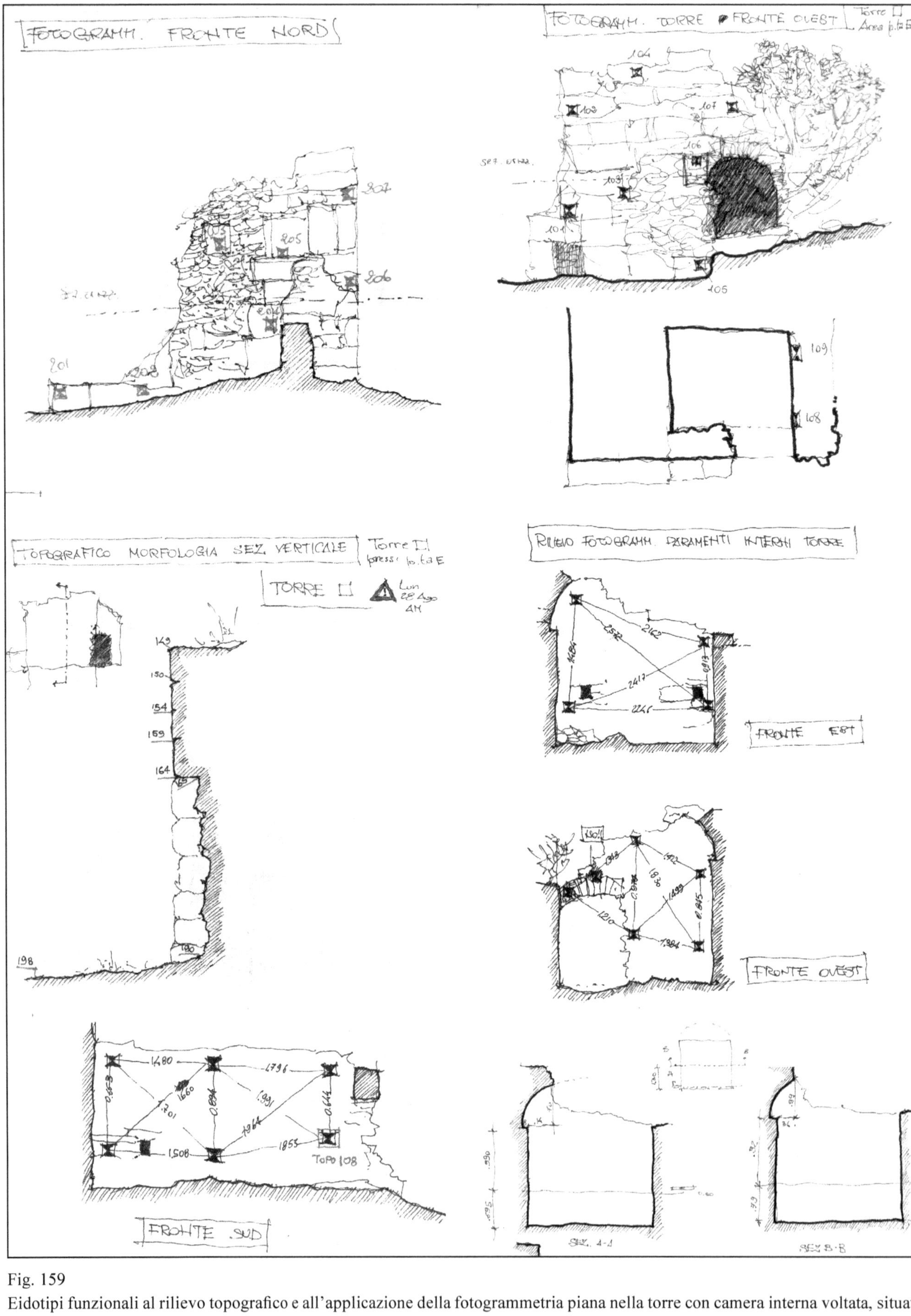

Fig. 159
Eidotipi funzionali al rilievo topografico e all'applicazione della fotogrammetria piana nella torre con camera interna voltata, situata lungo il settore orientale del circuito. Le mire inaccessibili risultano rilevate con metodo diretto. Sezioni eseguite all'esterno ed all'interno dell'ambiente originariamente voltato

La torre quadrata e l'edificio a pianta longitudinale absidato

Procedendo dalla Porta orientale in direzione nord-ovest si incontrano, superati i ruderi dell'*edificio trilobato*, i resti di altre strutture in diretta connessione con il perimetro fortificato, del quale sopravvive, pur privata quasi interamente del paramento esterno, una consistente porzione in elevato.

Il primo manufatto è una torre in proiezione, a pianta approssimativamente quadrata, caratterizzata sul retro e su un fianco da un paramento eterogeneo che denuncia la presenza di più fasi costruttive e da un'angusta camera interna, che occupa il settore orientale. La torre nel suo fronte rivolto verso la città, conserva nei primi cinque filari emergenti parte del paramento isodomo in grandi blocchi di calcare e marmo (USM 1 = USM 2), mentre una estesa lacuna nella zona centrale (USM 7) ne espone l'*emplecton*, costituito da un'opera cementizia ben rinsaccata in pietrame e malta dalla tonalità cromatica rosata (USM 4), presumibilmente confezionata all'epoca delle ristrutturazioni compiute sulle mura, durante il tardo impero romano. In corrispondenza dello spigolo sud-occidentale non si riscontra la *ciselure d'angle*, per quanto la presenza di una cesura verticale risulti inequivocabile dal perfetto allineamento dei margini dei blocchi. Forse essa risultava visivamente superflua, in quanto il corpo turrito, pur strutturalmente autonomo dal resto delle cortine, doveva presentarsi in continuità con il primitivo paramento interno delle mura. Riguardo a quest'ultimo, oggi pressoché assente, non è possibile avanzare ipotesi, essendo i pochi blocchi rimasti in sede ascrivibili a successivi rifacimenti. Al di sopra del registro inferiore giacciono alcuni filari costituiti da blocchi prevalentemente in calcare scistoso di dimensioni più contenute (ma comunque consistenti), sbozzati, spianati ed apparecchiati in corsi orizzontali relativamente omogenei, con giunti abbastanza accurati (USM 6). La muratura appare stratigraficamente posteriore rispetto alle strutture prima descritte. Il nucleo della muratura, che conserva le impronte di *ortostati* e *diatoni*, è un calcestruzzo abbondante in malta, con *caementa* costituti da scaglie di lavorazione – in prevalenza – e scapoli di pezzatura eterogenea, allettati in maniera irregolare, ma non del tutto caotica.

La malta, di consistenza mediocre è a base di calce, cocciopesto (anche in frammenti di dimensioni consistenti) e sabbia di verosimile provenienza marina, data l'inclusione di conchiglie.

Il fronte opposto, in rovina e invaso da vegetazione arborea, conserva invece il paramento in grandi blocchi, sui quali si registra la sporadica presenza di giunti inclinati, soltanto per un filare, mentre il resto dell'elevato espone il nucleo in conglomerato.

Per quanto riguarda il fronte occidentale, sia il paramento in grandi conci in calcare, sia quello soprastante in blocchi prevalentemente di scisto, si conservano lungo filari di lunghezza piuttosto limitata, pur evidenziando una scansione in elevato simile a quella del lato sud. Soltanto un grande *diatono* di forma parallelepipeda permane all'interno del nucleo nella porzione di prospetto priva di paramento, tuttavia la posizione di questo blocco isolato non sembrerebbe compatibile con la trama dell'apparecchio isodomo conservato in corrispondenza dell'angolo sud-occidentale. Non è stato possibile condurre indagini lungo il fronte orientale a causa della presenza di vegetazione, che ne impedisce l'accessibilità e la visibilità.

L'apertura che consente l'ingresso alla camera interna risulta collocata in prossimità dello spigolo sud-orientale della torre; crollate le spalle, essa è oggi ridotta ad una breccia dai margini irregolari. Un arco dal profilo estremamente ribassato, quasi una piattabanda (USM 8), conclude il varco; l'arco appare realizzato con piccoli ed irregolari blocchi – la cui dimensione aumenta leggermente in corrispondenza del settore centrale – disposti con andamento approssimativamente radiale mediante ampi giunti riempiti con malta. Appare verosimile una funzione di scarico per l'elemento architettonico appena descritto, che doveva trovarsi al di sopra dell'architrave o dell'arco a cunei che concludeva la porta.

La camera bassa della torre, di forma leggermente trapezoidale, è di modeste dimensioni: m 2,46 (parete sud), m 2,74 (parete nord), misurano le basi, mentre gli altri due lati sono entrambi lunghi m 3,45. L'ambiente interno è caratterizzato da pareti che mostrano un paramento in pietrame sommariamente scapezzato e spianato sulla faccia a vista, eterogeneo per pezzatura e su assise sub-orizzontali a volte discontinue (USM 9). I giunti appaiono grossolani e abbondantemente riempiti con malta. Essa si presenta con colore variabile dal grigio chiaro all'ocra; di consistenza e aderenza decisamente tenaci, è abbondante in calce e registra la presenza di frammenti laterizi fra gli aggregati. La parete occidentale conserva un accenno della volta a botte in conglomerato al di sopra della quota d'imposta, che appare sottolineata da una risega funzionale all'applicazione delle centine. Essa appare alla stessa quota rispetto alla soluzione di continuità registrata nel paramento esterno del fronte meridionale, inducendo a supporre la contestualità fra l'intervento di sopraelevazione prima descritto e la realizzazione del vano interno. Un altro dettaglio degno di nota è la presenza di una piccola condotta drenante nell'angolo in basso a sinistra della parete interna occidentale. Riguardo ai due fronti interni originariamente lunetatti, occorre osservare che se da un punto di vista strettamente stratigrafico essi appaiono appoggiarsi ai due setti che reggono la volta a botte; l'omogeneità della tecnica costruttiva suggerisce di considerare questa relazione come risultato del procedere delle fasi di cantiere, più che il segno di una effettiva diacronicità delle strutture.

In adiacenza alla torre appena descritta si osservano le tracce a terra di un altro edificio a sviluppo longitudinale, secondo la direttrice nord ovest - sud est. Esso, spartito in tre navate[90], come appare dai rilievi condotti da Pavan e Pagani nel 1968[91], si mostra absidato almeno in corrispondenza del corpo centrale. Attualmente i detriti e la vegetazione occultano gran parte delle murature rasate, cosicché durante le ricognizioni da noi effettuate è stato possibile individuare ed indagare soltanto la traccia dell'emiciclo absidale. Essa appare costituita da un paramento esterno, emergente raso-terra e costituito da grandi conci squadrati

Fig. 160
Immagine del fronte orientale della torre. Il paramento risulta conservato per un solo filare fuori terra, mentre si numerosi blocchi si presentano erratici sul terreno antistante

Fig. 161
Restituzione attraverso l'applicazione della fotogrammetria piana, eseguita sulla base del rilievo strumentale, del fronte occidentale della torre. Gli elementi non misurabili sul fotogramma, in quanto non complanari al paramento esterno, sono stati privati del dato cromatico

Fig. 162
Il fianco settentrionale della torre

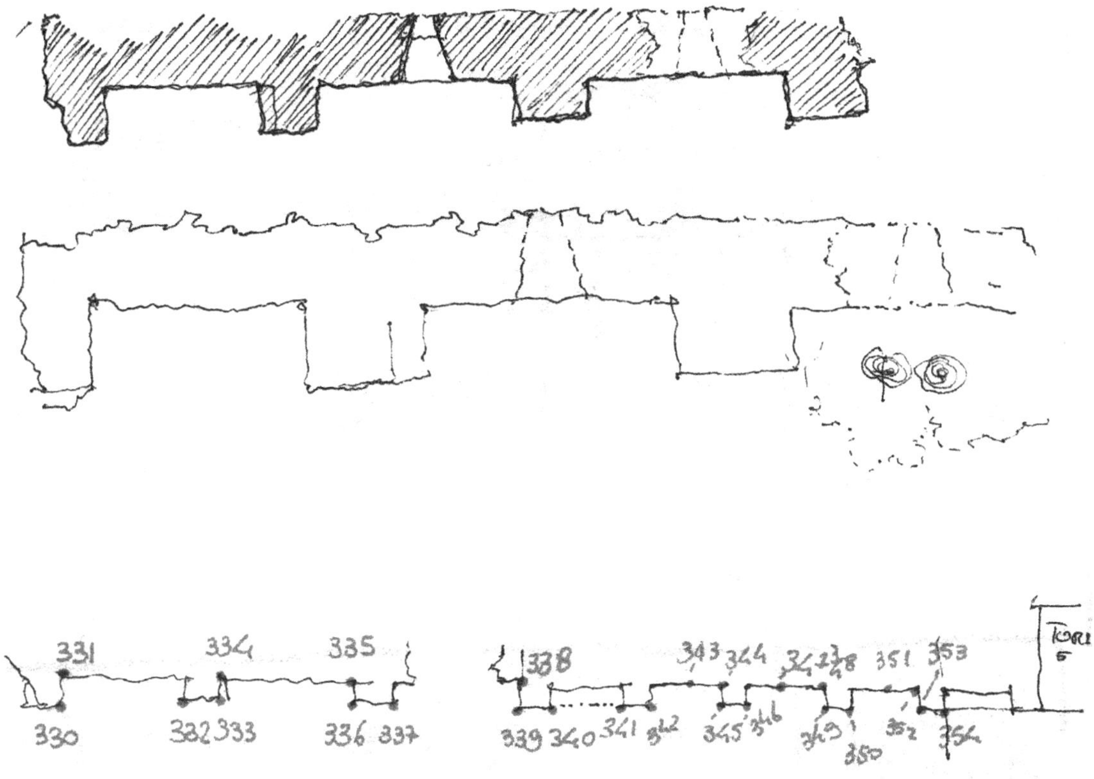

Fig. 163

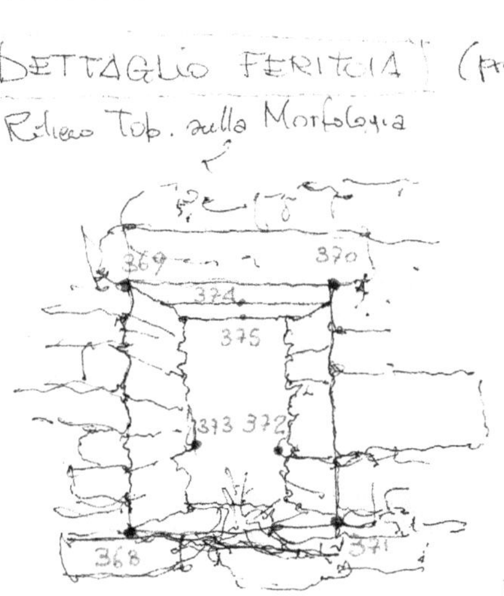

Fig. 164

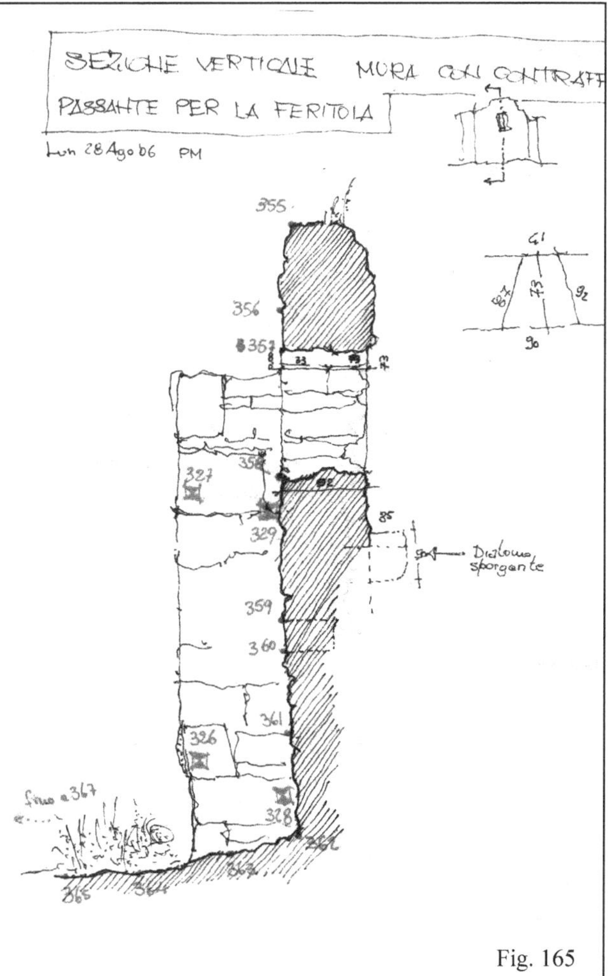

Fig. 165

In questa pagina:
Figg. 163-165
Eidotipi funzionali al rilievo strumentale e all'applicazione della fotogrammetria piana per la documentazione dell'edificio absidato articolato da contrafforti. Nell'ordine: pianta del muro orientale, dettaglio prospettico della finestra posta a settentrione e sezione passante per la stessa finestra

Alla pagina seguente:
Fig. 166
Restituzione del fronte interno del muro orientale articolato da contrafforti, ottenuta attraverso la mosaicatura dei diversi fotopiani elaborati sulla base dei rilievi strumentali

Fig. 166

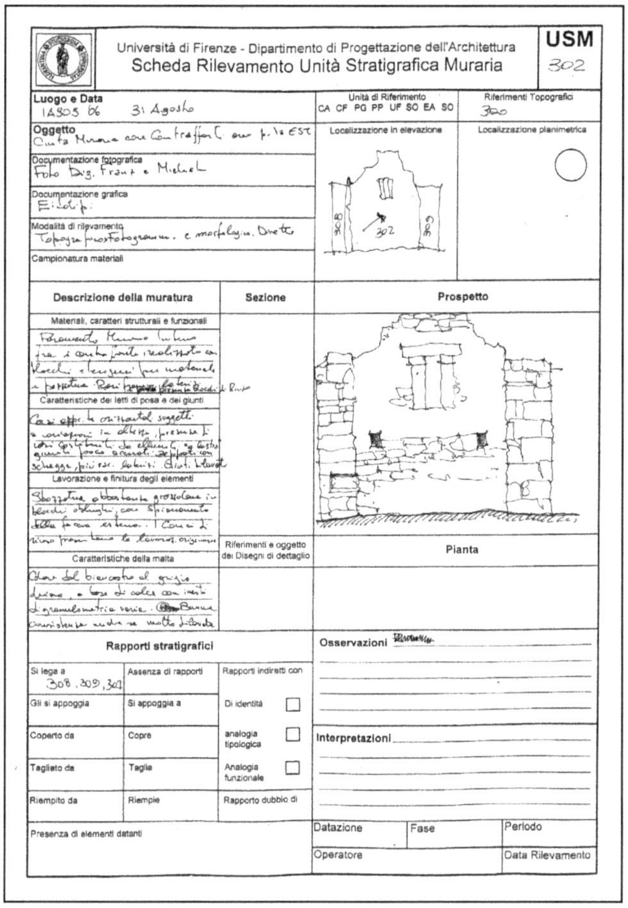
Università di Firenze - Dipartimento di Progettazione dell'Architettura
Scheda Rilevamento Unità Stratigrafica Muraria
USM 302
Luogo e Data
Unità di Riferimento CA CF PG PP UF SO EA SO
Riferimenti Topografici
Oggetto
Localizzazione in elevazione
Localizzazione planimetrica
Documentazione fotografica
Documentazione grafica
Modalità di rilevamento
Campionatura materiali
Descrizione della muratura
Sezione
Prospetto
Materiali, caratteri strutturali e funzionali
Caratteristiche dei letti di posa e dei giunti
Lavorazione e finitura degli elementi
Caratteristiche della malta
Riferimenti e oggetto dei Disegni di dettaglio
Pianta
Rapporti stratigrafici
Osservazioni
Si lega a 308, 309, 301
Assenza di rapporti
Rapporti indiretti con
Gli si appoggia
Si appoggia a
Di identità
Coperto da
Copre
analogia tipologica
Interpretazioni
Tagliato da
Taglia
Analogia funzionale
Riempito da
Riempie
Rapporto dubbio di
Presenza di elementi datanti
Datazione
Fase
Periodo
Operatore
Data Rilevamento

Fig. 167
Esempio di schedatura delle Unità Stratigrafiche Murarie individuate sulle strutture dell'edificio ad absidi e contrafforti

e spianati, cui si giustappone, più all'interno, un altro muro in blocchi scapezzati di dimensioni decisamente minori, anche se non è chiaro se si tratti del nucleo della muratura o di un intervento appartenente ad una diversa fase dell'organismo architettonico.

Il muro d'ambito settentrionale, che coincide quasi certamente con il perimetro della cinta muraria, si conserva in elevato in ampi settori, soprattutto in corrispondenza del tratto più occidentale, mentre in prossimità della torre si individuano poche vestigia inframezzate da muretti di confine moderni. Il muro presenta una ritmica articolazione in contrafforti a sezione rettangolare, che si mantiene anche lungo il segmento in diretta connessione con la torre prima descritta. I contrafforti hanno una larghezza variabile da 1,16 m a 1,23 m, un aggetto medio dal filo della parete interna pari a 0,70-0,72 m ed inquadrano specchiature murarie abbastanza regolari, ampie all'incirca m 2,45. L'irregolarità dimensionale, riscontrabile soprattutto nella sezione dei contrafforti, è imputabile alla tecnica costruttiva applicata per la realizzazione delle murature, che fa ampio uso di blocchi sommariamente lavorati e di elementi di reimpiego e che doveva prevedere una consistente finitura ad intonaco. Il paramento è composto da blocchi sommariamente scapezzati e spianati di pezzatura eterogenea allettati secondo corsi sub-orizzontali e legati con malta a base di calce e cocciopesto. I giunti appaiono grossolani e frequentemente zeppati con scaglie litiche e rari piccoli frammenti laterizi, applicati, di quando in quando, anche in corrispondenza delle giunzioni verticali. Ampio è il repertorio degli elementi di riuso: due grandi conci a cuscino, con solco perimetrale ad inquadrare un'area a texture granulare realizzata a subbia, trovano collocazione nei primi speroni occidentali, mentre avvicinandosi alla torre quadrata, si individuano, sempre reimpiegati nelle murature, un frammento di fregio ed un triglifo.

I tratti di elevato meglio conservati mostrano al centro dei segmenti di parete inquadrati dai contrafforti due finestre fortemente strombate. Le misure di quella più occidentale sono: 0,90 m la base maggiore, 0,41 m quella minore, mentre la spessore del nucleo (privato sul fronte a mare del paramento) risulta di 0,73 metri. La finestra posta nella specchiatura contigua, inaccesibbile, sormonta una breccia passante attraverso l'intera compagine muraria; al di sotto delle aperture si individua una serie di buche pontaie, collocate a quota pressoché costante lungo i tratti di elevato emergenti e presenti anche in corrispondenza di alcuni contrafforti.

Per quanto riguarda la destinazione funzionale dell'organismo edilizio, l'assenza di indagini approfondite non permette di inoltrarsi in interpretazioni che vadano al di là delle semplici congetture. Se l'analisi dell'impianto planimetrico potrebbe suggerire una funzione ecclesiale per l'edificio, questa lettura non appare corroborata al momento da altri elementi significativi. Un atteggiamento dichiaratamente improntato alla cautela è quello di Ufuk Serin, che nello stilare l'elenco delle chiese rinvenute nell'area insulare di Iasos, pur vedendo nelle strutture sopra descritte i probabili resti di un edificio per il culto cristiano, premette la necessità di ulteriori indagini.[92] La presenza di una chiesa in diretta adiacenza alle mura di fortificazione, secondo una istanza apotropaica non estranea al mondo bizantino e che troverà diffusione nell'Occidente medievale, soprattutto in seguito all'esperienza delle crociate[93], appare plausibile. In questo ambito un esempio che appare opportuno citare è quello della basilica cristiano-bizantina collocata all'interno della fortezza di Kydna, in Lycia.[94] L'edificio basilicale si trova all'interno della fortezza di impianto ellenistico, riutilizzata e traformata dai bizantini fino all'epoca della conquista turca. L'edificio principale è a tre navate, con terminazioni rettilinee a destra e sinistra, mentre un'abside non estradossata è posta a conclusione dello spazio mediano. Il complesso comprende anche i resti di altre costruzioni, di cui una absidata, che si relazionano in maniera diretta con la cinta muraria e il saliente a gola aperta posto alla sommità della scarpata che domina il fiume Özlen Çay.

Tuttavia, questa lettura rimane al momento una semplice possibilità, anche in considerazione del fatto che resta da chiarire l'eventuale rapporto intercorrente fra il complesso a pianta longitudinale e la finitima torre a pianta quadrata, oltre ad un suo uso per finalità difensive in caso di emergenza. Questi obiettivi non possono naturalmente prescindere da indagini ulteriori, innanzitutto volte a stabilire l'effettiva articolazione planimetrica dei manufatti.

Fig. 168
Il paramento isodomo, in grandi blocchi bugnati con presenza abbastanza ricorrente di giunti obliqui, delle mura di Priene, datate all'epoca ecatomnide

Fig. 169
Dettaglio del paramento in opera isodoma che caratterizza le mura iasie in corrispondenza della Porta Est. Si notino le consistenti analogie con la muratura che si ritrova a Priene

Conclusioni

La cinta muraria insulare ha rappresentato la più importante opera difensiva, indispensabile per l'esistenza stessa della città, lungo un arco cronologico di enorme ampiezza. Il valore tributato dalla comunità iasia e dalle autorità di volta in volta insediate a questo poderoso sistema difensivo appare esplicitato dai continui e ingenti interventi di ristrutturazione e rifacimento ancora oggi leggibili sulle strutture superstiti.

Questo aspetto, che da un lato attribuisce alle mura insulari un indiscutibile ruolo di primo piano all'interno della storia della città, rendendole un documento prezioso per la comprensione e la valutazione critica di eventi specifici e fenomeni di lunga durata, dall'altro rende particolarmente complicate le operazioni di attribuzione e di ricostruzione cronologica delle numerose vicende che le hanno investite.

Riguardo all'edificazione della cinta muraria, i pareri degli studiosi non appaiono troppo discordanti, individuandone nel IV secolo a.C. il periodo più probabile.

Se da un punto di vista tattico-strategico appare decisamente difficile individuare parametri cronologicamente discriminanti in un tracciato così condizionato dalla morfologia naturale del luogo[95], è pur vero che i dispositivi tattici riscontrati nelle strutture emergenti rimandano ad un contesto ancora privo di familiarità con tecniche di assalto meccanizzato evolute.

Per quanto riguarda la tecnica costruttiva, è stato osservato che essa appare piuttosto simile a quella di altre realizzazioni mausoliane o immediatamente successive, riscontrabili in molti centri della Caria, che vissero proprio durante il periodo ecatomnide periodi di intenso rinnovamento urbanistico. In seno a tali programmi, l'edificazione di imponenti cinte urbane rappresentava un momento fondamentale, sia come risposta alle reali esigenze difensive, sia come affermazione del prestigio cittadino.

In questo ambito i confronti più convincenti in area egea risultano quelli con il *tripylon* di Alicarnasso, con le mura di Myndos, di Priene e di Cos.

All'interno di questo arco cronologico, appare plausibile, sulla base delle considerazioni di tipo tattico e tecnico costruttivo già presentate, riferire la costruzione delle mura al periodo ecatomnide, come già fatto da Berti, Franco, Masturzo e da Pimouguet-Pedarros in contributi relativamente recenti.[96]

In precedenza Levi e Mc Nicoll avevano datato la cinta insulare all'epoca di Alessandro Magno o agli anni immediatamente succesivi alla conquista della città da parte del generale macedone[97], tuttavia il disegno delle strutture difensive conservatesi induce a propendere per una attribuzione cronologica di alcuni decenni più alta, da coniugare con la politica ed i programmi perseguiti in Caria da Mausolo e dai suoi successori.

D'altro canto, le operazioni di spoliazione intraprese alla fine del XIX secolo hanno irreparabilmente compromesso

Fig. 170
Dettaglio del paramento esterno del fronte orientale della *torre ellenistica* prospiciente l'ingresso al *bouleuterion*

Fig. 171
Strutture murarie rinvenute durante la campagna di scavo 2007, in corrispondenza del cosiddetto *dipylon,* che doveva costituire l'ingresso principale alla città dalla terraferma. Nella parte superiore, si nota una muratura diversa, che fa utilizza di blocchi di reimpiego, di elementi di pezzatura decisamente minore e che è da mettere in relazione con interventi di ristrutturazione più tardi

Fig. 172

Fig. 173

la lettura di gran parte dei manufatti e la possibilità di confrontare le eventuali declinazioni delle forme e delle tecniche costruttive presenti all'interno dei vari segmenti che avevano conservato – almeno nel paramento esterno – le *facies* "antiche". Solo per fare un esempio, non rimangono resti sufficienti per individuare le torri con camera bassa a livello del suolo e postierla di accesso collocata sul retro che invece Texier poté vedere[98] e che avrebbero potuto suggerire l'esistenza di interventi più tardi, operati forse in età ellenistica.[99]

I resti superstiti denunciano in ogni caso una certa variabilità, soprattutto riguardo alle tecniche di lavorazione, posa in opera e finitura dei grandi blocchi di marmo e calcare che costituivano l'originario paramento.

Questo appare come un dato di fatto, la cui assunzione induce a valutare la possibilità dell'esistenza di più fasi costruttive o la presenza simultanea su più cantieri di diverse maestranze.

Del resto, l'imponenza di un programma fortificatorio simile, i cui cantieri dovettero operare lungamente prima di porre a completamento l'opera, potrebbe aver determinato un *turn over* degli atelier di tagliapietre, sia pur all'interno di un'originaria ed unitaria volontà progettuale.

Relativamente al documento epigrafico rinvenuto in corrispondenza dello stipite della Porta Est, pur accogliendo la datazione al IV secolo correntemente accettata sulla base di criteri linguistici e paleografici, occorre osservare che essa non appare strettamente vincolante per la datazione del segmento di mura, né tantomeno per l'intero circuito.

Il termine *ante quem non* rappresentato dall'iscrizione secondo la Berti[100], risulterebbe infatti cogente soltanto se l'incisione dell'*horos* fosse sicuramente avvenuta contestualmente all'edificazione del tratto di mura, il che non appare scontato.

Di parere contrario, Franco, che rileva nell'epigrafe un prudente termine *ante quem* per il tratto di mura, osservando che l'incisione *"è almeno contemporanea alla posa in opera del blocco"*[101], lasciando quindi campo alla possibilità di un'apposizione successiva. In ogni caso, la datazione dell'iscrizione riscontrata sul fianco della porta, incisa o meno in contemporaneità con l'erezione delle mura, risulta compatibile con una datazione delle strutture all'epoca ecatomnide.

In merito agli interventi "post classici" operati sulle mura, sebbene una sistematica attività di ristrutturazione condotta su gran parte del circuito possa essere riferita alle mutate condizioni politico-militari che caratterizzarono le coste microasiatiche durante la tarda antichità, probabilmente già a partire dal IV secolo d.C., occorre sottolineare il ruolo interpretato da queste difese in seno al processo di ristrutturazione urbana, ancora poco indagato, che coinvolse la città in epoca proto-bizantina e che testimonia una persistente vitalità da parte della comunità iasia.

Rimane, inoltre, da fare chiarezza su quelle azioni di restauro e rifacimento che quasi sicuramente interessarono il sistema difensivo insulare nei periodi successivi, quando, dopo la riorganizzazione in *temi* delle provincie dell'Impero, Iasos dovette probabilmente accogliere guarnigioni stanziali preposte al controllo militare del litorale.[102] Durante questo periodo, infatti, le mura urbane dovettero funzionare in sinergia con il *kastron* edificato in prossimità della terraferma e – successivamente – con la torre del porto occidentale[103], permanendo verosimilmente in efficienza (almeno in alcuni settori) fino alla fine dell'epoca medio-bizantina.

Alla pagina precedente:

Fig. 172
Blocco in opera in corrispondenza dello stipite settentrionale della Porta Est, recante una pregevole iscrizione che sancisce il confine del *temenos* di Zeus Megistos

Fig. 173
Dettaglio del paramento della cinta muraria in un tratto collocato lungo il settore sud-orientale del circuito. Le mura, in questo segmento, reimpiegano un vasto numero di blocchi e frammenti architettonici antichi, assieme ai conci bugnati dell'originaria cinta difensiva

Note al capitolo 4

1 Questi primi resoconti restituiscono un'immagine delle fortificazioni in uno stato di conservazione decisamente migliore di quello attuale, rivelandosi utili alla comprensione di manufatti oggi fortemente compromessi. Rimane però opportuno usare certa cautela nell'affidarsi a tali materiali, in quanto soggetti a distorsioni interpretative ed integrazioni a volte arbitrarie da parte dagli autori. Si veda: Richard Chandler, *Travels in Asia Minor and Greece*, I, 1774, (Oxford: Ralph Churton, 1825); Marie-Gabriel-Auguste-Florent Choiseul-Gouffier, *Voyage Pittoresque de la* Grèce, (Paris: Tilliard, 1782); Von Richter Otto Friedrichs, *Wallfahrten in Morgenlande*, a cura di Ewers Johann Philipp Gustav, (Berlin: Reimer's Berlage, 1822); Charles Textier, *Description de l'Asie Mineure*, III, (Paris: Firmin Didot Frères, 1849); Philippe Le Bas, William Henry Waddington, *Voyage Archéologique en Grèce et en Asie Mineure (1843) fait par ordre du Gouvernement Français et publié sous les auspices du Ministère de l'Instruction publique, avec la coopération d'Eugène Landron architecte, Ingénieur civil. Gravures de Lemaitre*, (Paris: Firmin-Didot, 1847-1870); Philippe Le Bas, William Henry Waddington, *Voyage Archéologique en Grèce et en Asie Mineure (itineraire)*, (Paris: Firmin-Didot,1856).

2 La notizia è riportata da quasi tutti gli autori. Tra questi si veda Carlo Franco, "Le mura di Iasos. Riflessioni tra archeologia e storia", *Revue des Études Anciennes,* Tome 96, 1-2, (Bordeaux: Presses Universitaires de Bordeaux, 1994), 175, che fornisce anche rimandi alla bibliografia precedente; più di recente: Pimouguet-Pedarros, *Archéologie de la defense*, 290.

3 Come osservato da Masturzo, "La torre del porto occidentale", 171.

4 Cfr. Tomasello, *L'acquedotto romano,* 51 che cita Strabone, XIV, 658; e Stefano Bizantino, voce *Iasos*; l'autore osserva che l'esistenza di tale canale è messa in dubbio da George Ewart Bean, *Turkey beyond Meander*, (London: Rowan and Littlefield, 1971), 70.

5 Cfr. Tomasello, *L'acquedotto romano,* 51.

6 Tomasello, *L'acquedotto romano,* 51.

7 Tomasello, *L'acquedotto romano,* 51.

8 Cfr. *supra*, 59-60, 68-73, con riferimenti bibliografici

9 Quest'ultima tesi è emersa in seguito ad alcune considerazioni effettuate da Stefano Bertocci.

10 Cfr. Mc Nicoll, *Hellenistic Fortifications*, 110: "Perhaps the wall at the north end has been altered".

11 La necessità di una cortina difensiva che collegasse la torre bizantina del porto occidentale al circuito insulare è stata evidenziata da Masturzo, "La torre del porto occidentale", 170. Non è dato di sapere se anche la città antica fosse provvista di questa appendice in relazione con la cinta urbana.

12 La lunghezza dello *stadio*, il cui valore è pari a 600 piedi, risulta infatti condizionato dalla misura di quest'ultimo. Al tempo di Polibio, potevano riscontrarsi nel mediterraneo ellenizzato una molteplicità di unità di misura, con differenze anche sensibili: come estremo inferiore possiamo per esempio ricordare il piede ionico, pari a 277,5 mm (cfr. Mario Docci, Diego Maestri, *Manuale di rilievo architettonico e urbano*, (Roma-Bari: Laterza, 1994), 23, mentre di valore molto superiore è il *"piede di Samo"*, che attestandosi attorno ai 348 mm (cfr. Marie-Christine Hellmann, *L'architecture grecque*, (Paris: Picard, 2002), 45, fornirebbe, sempre a titolo esemplificativo, un valore alquanto prossimo al dato rilevato. Sulla compresenza e la sovrapposizione di diversi canoni mensori a Iasos e sulle difficoltà interpretative relative a questo contesto, si veda Tomasello, *L'acquedotto romano e la necropoli presso l'istmo,* 206-212.

13 Cfr. Judaich, *Iasos*, 141. La divergenza fra il dato riportato da Polibio e i riscontri effetuati da Judaich sono evidenziati anche da Mc Nicoll, *Hellenistic Fortifications*, 110, dove si ipotizza una possibile alterazione del tratto settentrionale. Osservazioni simili, anche in Pimouguet-Pedarros, *Archéologie de la defense*, 290. La lunghezza riportata da Masturzo, "La torre del porto occidentale", 171, è di 2.050 metri circa.

14 L'ipotesi, che ci appare non condivisibile, formulata da Frank William Walbank, *A Historical Commentary on Polybius*, (Oxford: Clarendon Press, 1967), 514, è riportata in Mc Nicoll, *Hellenistic Fortifications*, 110, nota n. 38.

15 Un brevissimo accenno a questa ipotesi, emersa durante le prime campagne di rilevazione del 1997-98 condotte da Maddalena Andreussi, Stefano Bertocci, Marco Bini e Mauro Giannini, è fornito da Maddalena Andreussi, "Rilevamento delle strutture murarie emergenti per la ricostruzione diacronica del tessuto urbano di Iasos", Bollettino dell'Associazione Iasos di Caria, 4/1998 (Firenze: All'Insegna del Giglio, 1998), 14.

16 Cfr. Franco, "Le mura di Iasos", 175. Se l'attribuzione è corretta, la posizione della torre poligonale costituisce un utile caposaldo per la ricostruzione del tracciato della cinta "antica".

17 Cfr. Textier, *Description de l'Asie Mineure,* III, tav. 142.

18 Si vedano i rilievi di: D. Santarsiero, E. Benedetti, in: AA.VV., *Studi su Iasos di Caria*, tav. XXII; di G. Pavan, C. Pagani, in Levi, *Gli scavi di Iasos*, tav. C.

19 Cfr. Textier, *Description de l'Asie Mineure,* III, tav. 148 e tavv. 147, 149. Cfr. anche Pimouguet-Pedarros, *Archéologie de la defense*, 290, che sottolinea in nota come Judaich rimetta in discussione la descrizione fornita dal Texier. Sull'adozione di torri strutturalmente slegate dalle cortine adiacenti, si veda *supra*, 42.

20 L'incisione, dal disegno dell'architetto Eugène Landron è contenuta in: Le Bas, Waddington, *Voyage Archéologique en Grèce et en Asie Mineure (1843) fait par ordre du Gouvernement Français.*

21 Come sembra invece accogliere Pimouguet-Pedarros, *Archéologie de la defense*, 290, che cita alla nota n. 1161 Le Bas, Waddington, *Voyage Archéologique en Grèce et en Asie Mineure (Itineraire)*, tav. 66.

22 Propendono per questa interpretazione: Elisabetta Pagello, "La documentazione iconografica nei viaggi in Asia Minore tra XVIII e XIX secolo", *Ikhnos*, I, (Siracusa: Lombardi Editore, 2004) 154, fig. 12, "Iasos, porzione ovest delle mura con la porta esterna del Bouleuterion" nella didscalia a commento della vista; Fede Berti, "Le vicende di una torre di difesa", 300; Mc Nicoll, *Hellenistic Fortifications,* 111, segnala i dubbi (a parer suo ingiustificati) sollevati da Scranton, *Greek Walls*, per il quale non sarebbe chiaro se si tratti di architettura militare o civile.

23 Cfr. Le Bas, Waddington, *Voyage Archéologique en Grèce et en Asie Mineure (Itineraire)*, tav. 66.

24 Cfr. Le Bas, Waddington, *Voyage Archéologique en Grèce et en Asie Mineure (Itineraire)*, tav. 66, riportato anche in Mc Nicoll, *Hellenistic Fortifications*, 110.

25 Cfr: Mc Nicoll, *Hellenistic Fortifications*, 111; l'autore suddivide in due categorie le murature riscontrate nelle mura insulari: "well-nigh isodomic ashlar with some trapezoidal blocks, quarry - to hammer-faced, with headers and stretchers", che rappresenta il tipo prevalente, "pseudo-isodomic ashlar/trapezoidal with quarry-faced headers and stretchers", leggermente più irregolare del precedente e localizzato in prossimità della Porta Est. Inoltre "pulvinated isodomic ashlar can be seen in Landron's depiction of the north-est wall, postern and tower".

26 Pimouguet-Pedarros, *Archéologie de la defense*, 291; l'autrice definisce il tipo di apparecchio prevalente nelle parti "antiche" del circuito dell'isola: "appareil rectangulaire isodome à carreaux et boutisses caractérisé par un bossage brut ornemental et par des joints tantôt droits (le plus fréquent), tantôt obliques", sottolineando come si possano individuare anche altri tipi di muratura, soprattutto a sud della Porta Est. La presenza di un "appareil rectangulaire à bossage segmentaire lisse" nel settore nord-orientale della cinta è presa in considerazione soltanto sulla base del disegno di Landron.

27 Si tratta del tratto di mura dove si apriva la porta di cui è stato ipotizzato il tamponamento all'epoca delle incursioni erule. La rappresentazione di questo settore, di ampiezza non trascurabile e con andamento perpendicolare alla parete del *bouleuterion*, avrebbe fugato ogni dubbio riguardo all'identificazione del soggetto disegnato da Landron.

28 Le incisioni, elaborate dai disegni e dai rilievi realizzati in situ da Landron, furono realizzate da Lemaitre, che lavorava anche alla *Description de l'Asie Mineure* del Texier; cfr. Pagello, "La documentazione iconografica", 153-154.

29 Cfr. la veduta prospettica in Otto Friedrich Von Richter, *Wallfahrten in Morgenlande*, a cura di Johann Philipp Gustav Ewers, (Berlin: Reimer's Berlage,1822), pubblicato anche in: Paolo Belli, "Viaggiatori in Caria. Otto Friedrich von Richter", Bollettino dell'Associazione Iasos di Caria, 5/1999 (Firenze: All'Insegna del Giglio, 1999), 29.

30 Cfr. Stefano Bertocci, "Indagine sulle murature di una torre del lato orientale della cinta di Iasos in Caria", in: *Iasos tra VI e IV sec. a.C. Miscellanea storico-archeologica*, Supplemento al v. 81, Atti dell'Accademia delle Scienze di Ferrara, (Ferrara: Accademia delle Scienze di Ferrara, 2004), 130.

31 Cfr. *infra*, 95-103.

32 Cfr. *infra*, 98-103.

33 Cfr. Mc Nicoll, *Hellenistic Fortifications*, 111.

[34] Come osservato da Mc Nicoll, *Hellenistic Fortifications*, 111, che riscontra comunque una sostanziale similarità della porzione con gli altri settori "antichi" delle mura di Iasos; Pimouguet-Pedarros, *Archéologie de la defense*, 291, che ipotizza invece la presenza di diverse campagne costruttive o di diverse maestranze operanti contemporaneamente.

[35] Cfr. Pimouguet-Pedarros, *Archéologie de la defense*, 86-87.

[36] *Ivi*, p. 69.

[37] Cfr. Laviosa, "Iasos", 80.

[38] Laviosa, "Iasos", 80.

[39] Cfr. Roberto Parapetti, in *Studi su Iasos di Caria*, 107-111; Franco, "Le mura di Iasos", 175, che individua lungo il settore ovest della cinta, in corrispondenza di un edificio romano addossato alle mura, un ulteriore varco, anch'esso tamponato.

[40] Si è ritenuto opportuno trattare in questa sezione della porta nord prossima al tratto terminale dell'acquedotto, in quanto, pur risultando incorporata nel circuito del *kastron* dell'istmo, gli autori sono generalmente concordi nel riconoscervi un ingresso alla città. Resta però ancora da indagare quanto il perimetro del *kastron* ricalchi il tracciato delle mura antiche ed il rapporto di queste ultime con il canale che separava la città dalla terraferma.

[41] Cfr. Judaich, *Iasos*, pl. 3, "Röm Thor". Riportato anche da Mc Nicoll, *Hellenistic Fortifications*, 110.

[42] Cfr. Lauter, *L'architettura dell'ellenismo,* 241 e fig. 70b. Non si può certo escludere un ulteriore tipo di coronamento al di sopra della trabeazione incurvata, in ogni caso oggi perduto.

[43] Anche l'avancorpo colonnato costruito di fronte all'ingresso alla *stoà* meridionale e il probabile ninfeo rinvenuto lungo le mura nel tratto occidentale dell'agorà sembrerebbero indicare una sostanziale ridimensionamento delle esigenze della difesa durante il primo periodo imperiale.

[44] L'ipotesi è emessa con cautela da: Berti, "Iasos, 1969: il rinvenimento del tesoro", 25, sulla base dei materiali rinvenuti all'interno o nelle immediate vicinanze; fra essi spicca un frammento dell'*edictum de pretiis*.

[45] Cfr.: *supra*, pp. 4-5 e *infra*, pp. 104-108; Berti, "Iasos, 1969: il rinvenimento del tesoro", 25, con riferimenti bibliografici.

[46] Si veda *supra,* 144 alla nota 29 per i riferimenti bibliografici.

[47] Cfr. Franco, "Le mura di Iasos", 175.

[48] Cfr. Johannowsky, "Note sullo sviluppo urbanistico di Iasos", 285.

[49] I saggi stratigrafici localizzati furono condotti e documentati da chi scrive e da Stefano Bertocci, sotto la direzione della Dott.ssa Fede Berti nel settembre 2003. I risultati di queste analisi si trovano pubblicati in: S. Bertocci, "Indagine sulle murature di una torre", 127-139.

[50] Secondo la definizione di René Ginouves, Roland Martin, *Dictionnaire méthodique de l'architecture grecque et romaine*. Roma, École Française de Rome, 1992. 99, dove si caratterizza con questo aggettivo (*imperfait*) un apparecchio isodomo o pseudo-isodomo in cui i blocchi hanno sviluppo longitudinale ineguale.

[51] Cfr. Pimouguet-Pedarros, *Archéologie de la defense*, 66.

[52] Si veda *supra,* 83 e *infra,* 104-108.

[53] Bertocci, "Indagine sulle murature di una torre", p. 132, ipotizza un paramento a ricorsi orizzontali con diatoni; Il disegno del von Richter sembrerebbe suggerire la presenza di un paramento in blocchi di dimensioni più modeste e dalla trama poco evidente.

[54] Bertocci, "Indagine sulle murature di una torre", 137.

[55] Cfr. Pimouguet-Pedarros, *Archéologie de la defense*, 291, che pur senza riferirsi a la torre in scisto verde, avanza quest'ipotesi.

[56] Si veda *supra,* 43; cfr. anche Pimouguet-Pedarros, *Archéologie de la defense*, 53-56.

[57] Cfr. *supra*, 44-45.

[58] Cfr. Özyiğit, "The city walls of Phokaia", 77-109.

[59] Cfr. *supra*, 45.

[60] Così in Bertocci, "Indagine sulle murature di una torre", 137.

[61] Fa eccezione tratto prossimo alla costa del molo est del porto occidentale, parzialmente costituito da blocchi in scisto verde, quasi certamente di reimpiego. Il molo appare costruito con una tecnica costruttiva simile a quella dei moli di Kenchreai secondo Masturzo, "La torre del porto occidentale", 156, risalenti al I sec. d.C.

[62] Cfr. *supra, 5-6*.

[63] Sui materiali provenienti dall'*edificio delle doppie asce*, si veda, di recente: Fede Berti, "Offerte votive e culti nell'agorà di Iasos", La Parola del Passato, 60 (2005), 123-129.

[64] Cfr. *supra* 5-6; Cfr. Berti, "Iasos, note introduttive di carattere storico e topografico", 16; nell'area del santuario sono stati rinvenuti frammenti di un *kouros* di influenza attica datato al 520 a.C. e di un capitello di pilastro di ascendenza milesia datato al periodo tardo arcaico. Riguardo al *kouros* si veda anche: Clelia Laviosa, "Il santuario di Zeus Meghistos e il suo kouros arcaico", *Bollettino d'Arte*, suppl. al nr. 31-32, (Roma: IstitutoPoligrafico e Zecca dello Stato-Archivi di Stato, 1987), 47 segg.; Simonetta Angiolillo, "La città di Iasos e la sua scultura", in *Iasos di Caria. Un contributo ferrarese alla archeologia microasiatica. Progetti e lavori di restauro*, (Ferrara: Accademia delle Scienze di Ferrara, 1995), 83-111.

[65] Questi conci a cuscino profondamente rigonfi e caratterizzati da un solco che ne inquadra il settore centrale sono riferibili al II secolo a.C. secondo Berti, "Precisazioni su uno scutulatum iasio", 338-339.

[66] Cfr. *supra,* 80-81.

[67] Cfr. Franco, "Iasos ne III secolo d.C., tre iscrizioni riusate", *Bollettino di Numismatica*, (Roma: Istituto Poligrafico e Zecca dello Stato- Archivi di Stato, 2005), 301-306.

[68] Cfr. Berti, "Le vicende di una torre di difesa", 299.

[69] A proposito di questi blocchi, cfr. Berti, "Le vicende di una torre di difesa", 300, che pur non emettendo ipotesi osserva che: "...[i parallelepipedi] dovevano servire per incastrare qualcosa da muovere o posizionare secondo il gioco consentito dal piano obliqui di una delle cavità".

[70] Cfr. Textier, *Description de l'Asie Mineure,* III, 138; riportato in: Mc Nicoll, *Hellenistic Fortifications*, 110 nota 42. Riguardo alle descrizioni del Texier, Mc Nicoll, alla nota 40 mette in guardia il lettore contro le "inaccuracies and fantasies" dello studioso francese.

[71] Cfr. Berti, "Le vicende di una torre di difesa", 299.

[72] In un momento, quindi, in cui nell'ambito dell'architettura della difesa non si sono diffusi gli accorgimenti atti a contrastare la pratica dell'assalto meccanizzato; Pimouguet-Pedarros, *Archéologie de la defense*, 291, osserva riguardo all'intera cinta insulare che: "d'un point de vue fonctionnel aucun élément d'ordre tactique ou stratégique ne suggère une datation postérieure au IVe s. pour la construction de ces fortifications".

[73] Pimouguet-Pedarros, *Archéologie de la defense*, 297.

[74] Cfr. *supra,* 87, con riferimenti bibliografici.

[75] Cfr Doro Levi, "Le due prime campagne a Iasos (1960-1961)", *Annuario della Scuola archeologica di Atene e delle Missioni italiane in Oriente*, 39-40, (Atene: s.n., 1963), 510, una descrizione dell'edificio di seguito analizzato anche in Masturzo, "La torre del porto occidentale", 157.

[76] Si veda *Iasos in età romana. Miscellanea storico-archeologica,* Atti dell'Accademia delle Scienze di Ferrara, Supplemento al v. 83-84, (Ferrara: Accademia delle Scienze di Ferrara, 2008), che raccoglie studi sulla Iasos di periodo medio e tardo imperiale, tuttavia, il quadro risulta ancora poco noto, soprattutto per quanto riguarda quell'enorme arco cronologico genericamente definito "età bizantina". Sull'edificio trilobato si veda il contributo di Michele Cornieti, "Analisi architettoniche ed osservazioni a proposito dell'edificio trilobato presso la Porta Est a Iasos", Suppl. Atti dell'Accademia delle Scienze di Ferrara, 83-84 (Ferrara: Accademia delle Scienze di Ferrara, 2008), 65-79, dal quale è tratta parte della descrizione qui riportata.

[77] Sull'applicazione di cinture in laterizio nelle murature miste a partire dall'epoca imperiale si veda Giuliani Cairoli, *L'edilizia nell'antichità,* 181.

[78] Cfr. John Bryan Ward-Perkins, *Architettura romana,* (Milano: Electa, 1974), 167-168. Secondo l'autore questa particolare disposizione dei mattoni - che ha una lunga tradizione nell'Oriente antico, in Egitto e Mesopotamia - consentirebbe l'uso di malte meno tenaci. Nell'edificio analizzato la malta presenta comunque buone caratteristiche meccaniche. Si veda anche Masturzo, "La torre del porto occidentale", 157.

[79] Cfr. Adam, *L'arte di costruire presso i Romani,* 151-156.

[80] Cfr. Tomasello, *L'acquedotto romano e la necropoli presso l'istmo*, passim.

[81] Cfr.: Michele Cornieti, "Analisi architettoniche ed osservazioni", 65 e seguenti, dove è riportata la descrizione del complesso architettonico; si veda anche Michele Cannoni, Michele Cornieti, Christian Soverini, Michelangelo Tiefenthaler, "Il rilievo archeologico delle strutture murarie a Iasos di Caria. Impressioni, modalità, obiettivi", Bollettino dell'Associazione Iasos di Caria, 9, (Firenze,: All'Insegna del Giglio,

2003).. 7-10 e Michele Cannoni, Giuseppina Tigani, *Il percorso dell'acqua a Iasos,* Tesi di Laurea in Architettura discussa presso la Facoltà di Architettura di Firenze, 2004, relatore prof. Stefano Bertocci.

[82] Cfr. Friket Yegul, *Baths and bathing in classical antiquity,* (Cambridge - Massachussets: Cambridge University Press, 1992), pp. 419 e segg. Sulla realizzazione di edifici termali in Asia Minore, che perdura fino al VI secolo, si veda anche Inge Nielsen, *Thermae et balnea. The architecture and cultural history of roman public baths*, (Aahrus: Aarhrus University Press, 1993), 95-117.

[83] Cfr. Cynthia Mascione, "Il complesso termale E di Alagün", in: La Rocca Eugenio, a cura di, *Sinus Iasius I. Il territorio di Iasos: ricognizioni archeologiche 1988-1989,* Annali della scuola Normale Superiore di Pisa, 23, 3-4, (Pisa: Edizioni Scuola Normale Superiore di Pisa, 1994) 947-954.

[84] Questa ipotesi è stata avanzata da Masturzo, "La torre del porto occidentale", 157.

[85] Cfr. Moss, "La formazione dell'impero romano d'oriente", in Hussey, a cura di, *L'impero bizantino*, 59-60.

[86] Cfr. Serin, "Some observations on the middle byzantine church", 156-178

[87] *Ibidem,* p. 161.

[88] Cfr. Ward-Perkins, *Architettura romana,* 167-168.

[89] Sulle vicende della cinta muraria dell'isola si veda Franco, "Le mura di Iasos", 173-179 e anche Masturzo, "La torre del porto occidentale", 170-172.

[90] Il termine "navata" è qui usato in maniera generica, essendo l'edificio non scavato e con resti emergenti troppo esigui per ipotizzare la presenza di sostegni puntuali atti a garantire la permeabilità fra i corpi longitudinali.

[91] Cfr. G. Pavan, C. Pagani, in *Annuario della Scuola Archeologica di Atene e delle Missioni Italiane in Oriente*, 45-46, n.s. 29-30, 1967-68 (1969), tavola C.

[92] Cfr. Serin, "Some observation on the middle byzantine church", 156;

[93] Si veda, ad esempio: Francesco Tioli, *Le chiese del castello crociato di Shobak in Transgiordania*, Tesi di Dottorato di Ricerca in Rilievo e Rappresentazione, XIV ciclo, (Firenze: s.e., 2001), *passim*; Bini, Bertocci, *Castelli di pietra, passim.*

[94] Cfr. Adam, *L'architecture militaire grecque,* 116-120.

[95] Cfr. Mc Nicoll, *Hellenistic Fortifications*, 111

[96] Cfr.: Berti, "Iasos, note introduttive di carattere storico e topografico", 14; Franco, "Le mura di Iasos", 175; Masturzo, "La torre del porto occidentale", 171; Pimouguet-Pedarros, *Archéologie de la defense*, 291-292.

[97] Cfr.: Mc Nicoll, *Hellenistic Fortifications*, 111; Levi, *Studi su Iasos di Caria*, 408.

[98] Cfr: Textier, *Description de l'Asie Mineure,* III, tav 145; Mc Nicoll, *Hellenistic Fortifications*, 110; Pimouguet-Pedarros, *Archéologie de la defense*, 290.

[99] Cfr. *supra*, 80-81.

[100] Cfr. Berti, "Iasos, note introduttive di carattere storico e topografico", 14.

[101] Cfr Franco, "Le mura di Iasos", 175.

[102] Cfr. *supra*, 22-26.

[103] Cfr. Masturzo, "La torre del porto occidentale", 170-172.

5. La cinta muraria di terraferma

Le mura di terraferma costituiscono la più ingente opera di architettura militare presente sul territorio iasio ed uno dei più spettacolari programmi fortificatori di tutto l'ambito microasiatico. Su questo cinta muraria impressionante, che ha stimolato l'interesse degli studiosi fin dalle esplorazioni settecentesche, le molteplici ricerche ed analisi condotte da allora fino a tempi recenti, hanno prodotto esiti profondamente discordi, generando fra gli specialisti che se ne sono occupati posizioni di netta contrapposizione, sfociate in qualche caso in vivaci polemiche.
La presente trattazione, lungi dal pretendere di sgombrare il campo dalle ancora numerose questioni irrisolte che circondano la conoscenza di questo suggestivo manufatto, oltre ad operararne una lettura d'insieme alla luce di recenti studi sull'architettura militare antica, intende presentare i risultati dell'indagine effettuata su alcune strutture con gli strumenti propri dell'architetto-rilevatore.
Riguardo alle diverse ipotesi e alle interpretazioni che si sono avvicendate e sovrapposte nel corso del lungo dibattito che ha investito la cinta di terraferma, i principali riferimenti saranno forniti dopo aver proceduto alla descrizione delle strutture e contestualmente alla discussione dei dati.

Descrizione e analisi delle strutture
La *cinta di terraferma*[1] circonda le alture dell'Akarca Tepe, che da nord-ovest dominano il territorio pianeggiante e l'insediamento urbano peninsulare, secondo un tracciato frastagliato che nei suoi segmenti sud-orientali appare ricalcare, con un lieve arretramento, il profilo della linea di costa, mantenendosi negli altri settori più o meno aderente alle curve di livello che circoscrivono il vasto pianoro centrale. Lungo il tratto nord-est la fortificazione si attesta invece in corrispondenza dei margini di ripidi contrafforti, che inquadrano l'angusta vallecola percorsa dall'alveo del corso d'acqua torrentizio con foce presso l'istmo e dall'antica direttrice viaria Mileto-Teichiusa-Mylasa.
La linea fortificata si mostra ben conservata lungo ampi tratti, soprattutto lungo il settore nord ed est, dove sopravvivono porzioni di elevato di cortine e torri quasi ininterrotte per uno sviluppo di oltre 2400 m ed un'altezza che, in alcuni segmenti, raggiunge e supera i 5 m rispetto all'attuale piano di spiccato. Ben più labili sono le tracce che si riscontrano lungo il fronte occidentale, dove le mura corrono per circa 800 m, in direzione nord-sud, contornando il profilo delle falesie rocciose, fino a perdersi una volta in prossimità della costa.
L'individuazione di un tratto di mura a meridione del molo del "porto piccolo", dovuta a von Gerkan[2], fu da alcuni autori messa in dubbio[3], fino a quando le ricerche condotte dalla Missione Archeologica Italiana dalla fine degli anni '60 lungo questo settore ne rintracciarono un ampio segmento, per quanto poco conservato in elevato.
L'evidenza di discontinuità lungo il circuito murario è stata inoltre messa in relazione con una presunta incompiutezza del grandioso programma fortificatorio; questa ipotesi, sostenuta da alcuni autorevoli studiosi fino a tempi abbastanza recenti[4], è stata tuttavia progressivamente smentita dalle indagini effettuate a partire dagli anni '70 e dalle recenti e tuttora in corso ricognizioni condotte dalla Missione Italiana di *survey* archeologico.[5] Solo negli ultimi anni, si è potuto peraltro individuare l'andamento di alcuni tratti mancanti del settore occidentale, il cui percorso precedentemente ipotizzato si era rivelato troppo spostato verso est, rendendo infruttuose le sua ricerche.[6]
Il perimetro della fortificazione, alla luce delle recenti acquisizioni, risulta così ulteriormente dilatato, attestandosi approssivamente attorno ai 6000 m[7]; inoltre, le ricognizioni eseguite negli ultimi anni hanno permesso di censire diverse altre strutture fortificate isolate, site a breve distanza dalla linea principale, le cui destinazioni funzionali e relazioni con la *cinta di terraferma* rimangono tutte da precisare, ma che rivelano una complessa articolazione del sistema difensivo a protezione della *chora* iasia.[8]
Per quanto riguarda il tracciato, si constata alla scala territoriale una sua aderenza all'accidentata situazione orografica che contraddistingue le alture poste a nord-ovest della città.
Il circuito fortificato è infatti concepito secondo un disegno a spezzata volto ad assecondare e sfruttare la naturale morfologia del sito.
Questo dato risulta ben visualizzato dalle rappresentazioni planimetriche del circuito, dove il percorso seguito dalla linea fortificata appare sostanzialmente concorde all'andamento delle isoipse che descrivono la frastagliata clivometria del suolo. Viceversa, la direzione del circuito risulta orientata secondo la linea di massima pendenza in corrispondenza del suo tratto più orientale, quello più prossimo all'insediamento sull'isola e al canale navigabile che doveva mettere in comunicazione i due bacini portuali, denunciando la volontà di guadagnare quota il più rapidamente possibile, a partire da una postazione evidentemente strategica.
Scendendo più nel dettaglio, si osserva che il circuito è caratterizzato da un profilo a *vera cremagliera*, sistematicamente adottatto nella pressoché totalità dei tratti noti, con segmenti rettilinei di cortina aventi sviluppo compreso fra i 25 e i 35 metri[9] e *short lines* pressoché ortogonali di lunghezza generalmente prossima ai 3,80 m.[10]
Le cortine risultano traforate nei loro tratti frontali da feritoie strombate per la difesa a livello del suolo, aventi mediamente una larghezza interna prossima ai 55 cm, che si riduce a circa 20 cm sul fronte esterno[11], mentre l'altezza si colloca attorno ai 50 cm.
Lungo alcuni tratti del fronte settentrionale l'intervallo fra le feritoie basse si fa piuttosto serrato.[12] La tipologia di

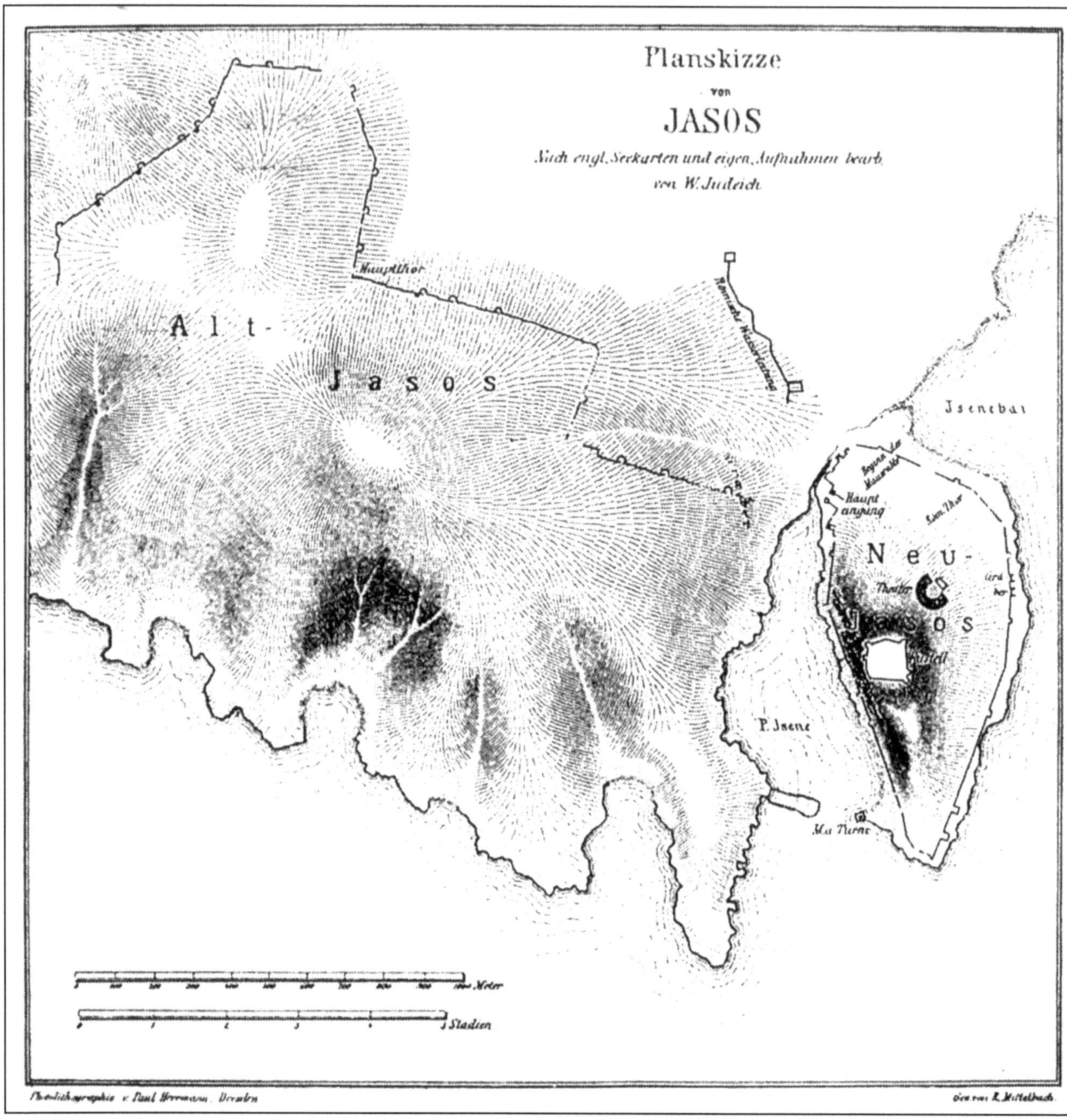

Fig. 174
Planimetria redatta da Judaich, *Iasos*, nel 1890, che rappresenta la penisola e il circuito di terraferma posto a nord ovest. Si noti il perimetro della *cinta continentale* frequentemente articolata da torri e tratti di cremagliera. Ulteriori, labili, resti di circuito furono rinvenuti dalla Missione Archeologica Italiana negli scorsi decenni, a sud e a ovest del porto occidentale, così come riportato da Tomasello, *Il giovane Anacharsis transitò da Iasos*

queste aperture appare atta all'impiego per la difesa radente di archi, o di *scorpiones*, piccole catapulte a dardi in funzione anti-personale.
Tracce di aperture di tiro più ampie, funzionali all'impiego di catapulte e poste ad una quota più elevata, comunque inferiore a quella del camminamento di ronda, si riscontrano ad est dell'ingresso principale.[13]
La volontà di realizzare una linea di tiro a livello del suolo, che incrementava notevolmente la possibilità di una difesa "attiva", indusse i costruttori della fortificazione iasia ad optare per cortine di spessore relativamente modesto: i rilievi condotti durante l'ultima campagna nel settore orientale hanno infatti evidenziato come questo raramente superi i valori di 1,60-1,68 m.[14]
L'accesso alla *parodos* avveniva attraverso scalinate in pietra, disposte parallelamente all'andamento delle mura e addossate a quest'ultime spesso in corrispondenza dell'inserzione delle torri; le rampe, che non risultano molto frequenti lungo il vasto tracciato, potevano così assicurare un rapido posizionamento dei difensori, sia lungo il camminamento di ronda sia, con tutta probabilità, alla piattaforma che doveva concludere le torri.
Così come lo spessore, anche l'altezza delle mura non era enorme: considerando i tratti meglio conservati, che si ele-

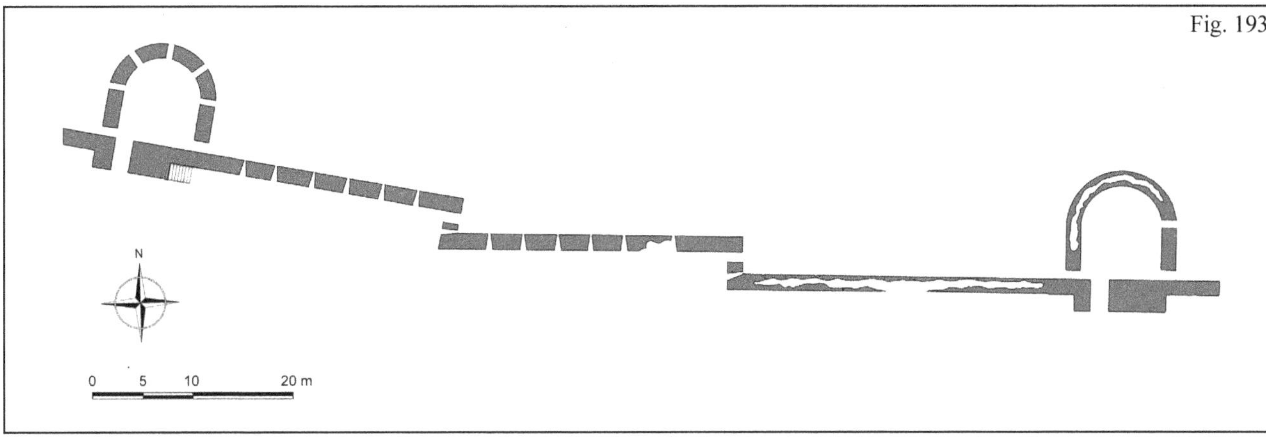

Fig. 175
Pianta di un tratto della *cinta di terraferma* con torri in proiezione ad U e tracciato a cremagliera. Si notino anche le postierle, sistematicamente aperte lungo i fianchi delle torri e in corrispondenza delle *short lines* delle cremagliere, disegno tratto da Adam 1980

Fig. 176
Torre in proiezione con postierla aperta sul fianco destro, atta all'effettuazione di sortite e feritoia funzionale all'impiego di archi o piccole catapulte

vano attualmente per circa 5,50 m, si può ipotizzare un'altezza massima di 7,50-8,00 m, comprensiva di parapetto. Da un punto di vista tattico, quest'ultimo era costituito da una merlatura secondo Mc Nicoll[15], mentre Pimouguet-Pedarros sembra propendere per la presenza di un *mur-ecran*[16], cioè di un parapetto continuo del tipo a *epalxis*.

Nel disegno planimetrico delle cortine è applicato con estrema sistematicità il principio del tracciato a *cremagliera*, volto a garantire un ottimale fiancheggiamento delle mura. Quest'ultimo poteva essere effettuato sia dal camminamento di ronda, sia dalle strette feritoie che, in maniera altrettanto costante, si aprivano lungo la risega posta al termine di ciascun tratto rettilineo. L'osservazione del circuito evidenzia una oculata disposizione di questi denti ed una loro formidabile dotazione di dispositivi tattici: nella quasi totalità dei casi riscontrati, l'aggressore che tenti di condurre un approccio alle mura risulta costretto a volgere il suo fianco destro – quello tradizionalmente non protetto da scudo – alle riseghe delle cremagliere, conferendo in questo modo un indiscutibile vantaggio tattico ai difensori. Inoltre, all'interno di ogni *short line* trova collocazione, accoppiata alla feritoia

Fig. 177
Scalinata d'accesso alla *parodos* nei pressi della torre rilevata durante la campagna 2007

fiancheggiante prima descritta, una postierla, funzionale alla conduzione di sortite.
Lungo altri settori delle difese, in particolare alle estremità settentrionali della cerchia, il tracciato assume un andamento a segmenti fra loro ortogonali diverso dalla cremagliera. In questo caso la linea fortificata presenta fronti rettilinei raccordati da tratti di modesta estensione, a costituire volumi alternativamente concavi e convessi, che sembrano interpretare le indicazioni fornite da Filone di Bisanzio a proposito del *tracciato a meandro.*[17]
Altri accorgimenti tattici, ottenuti attraverso la semplice articolazione planimetrica delle cortine, sono rappresentati da un saliente a pianta quadrata[18] con lato di circa 14,10 m, presente in corrispondenza dell'angolo nord-est della cinta e da un'ipotetica struttura simile collocata lungo un tratto del fronte a mare.[19]
Allo stesso modo il disegno dell'accesso principale al circuito fortificato rivela un'estrema perizia tattica da parte dei costruttori della *cinta di terraferma.*[20]
Esso si trova nel settore nord orientale della cinta, in corrispondenza di una brusca variazione di direzione della linea fortificata. Il tracciato delle mura risulta infatti caratterizzato da una profonda concavità, nel cui braccio settentrionale trova collocazione l'ingresso, costituito da un recesso dal perimetro approssimativamente rettangolare, largo 5,60 m ed arretrato rispetto al filo delle cortine di 3,15 m. Sulla parete di fondo si apriva la porta vera e propria, che risultava protetta, a destra, da una feritoia aperta sul fianco settentrionale della cortina e funzionale al tiro fiancheggiante, mentre, a sinistra, una batteria di tre *scorpiones*[21] ravvicinati si opponeva frontalmente ad eventuali aggressori. In più, il disegno convergente delle mura e la presenza di una torre in proiezione a destra dell'ingresso, consentivano - anche prima che il nemico fosse giunto in prossimità della porta - una doppia azione di fiancheggiamento, secondo il noto sistema dell'*opera a tenaglia.*
La cinta muraria appare articolata da torri fortemente in proiezione rispetto al filo delle cortine (da 9 a 17 m), con pianta ad U caratterizzata da bracci rettilinei e raccordo semicircolare.
Il numero delle torri riscontrate lungo i settori nord ed est, di cui alcune discretamente conservate in elevato, come già segnalato dallo Judaich e riportato dagli autori successivi[22], è di 18, ma tracce di strutture simili, per quanto molto meno leggibili, sono state individuate presso la punta meridionale del circuito e nei segmenti occidentali rintracciati nel corso di più recenti ricognizioni.[23]

Fig. 178
La porta principale che si apre nella *cinta di terraferma* nel settore settentrionale del circuito. Accesso arretrato rispetto al filo delle cortine

Fig. 179
Dettaglio della serie di feritoie funzionali all'utilizzo di *scorpiones* che difendono il varco sul fianco sinistro

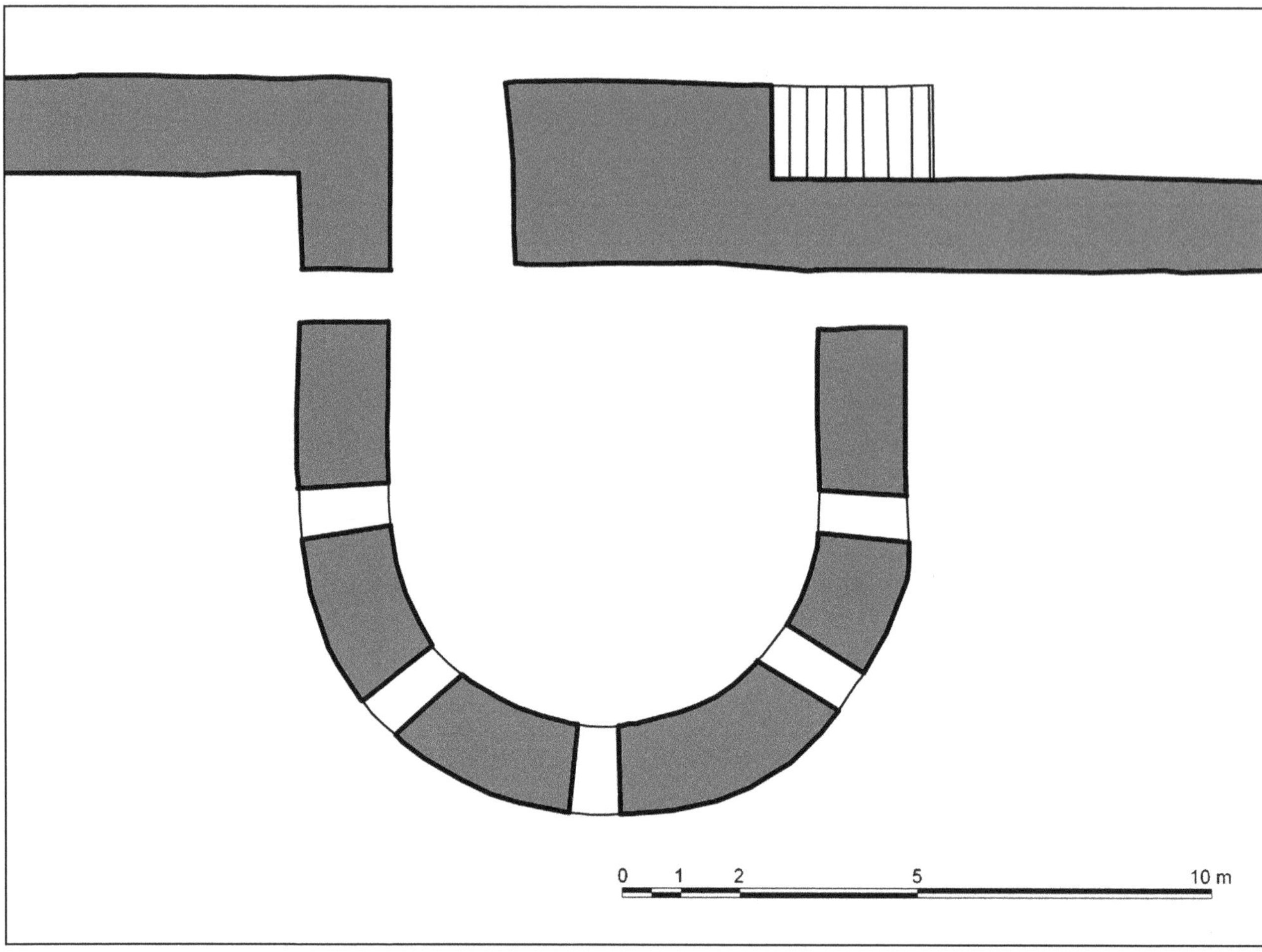

Fig. 180
Pianta della torre rilevata durante la campagna 2007. Si notino: l'estensione ed il disegno asimmetrico della struttura, la presenza della postierla aperta lungo entrambi i fianchi e quella di ben cinque ampie e aperture di tiro, funzionali all'impiego di artiglieria anche in modalità radente

La frequenza delle torri appare diversificata lungo i vari settori della cinta fortificata, registrando una maggiore densità in corrispondenza dell'angolo nord-occidentale. La distanza fra le torri appare compresa fra i 50 e i 200 m, tuttavia lungo i tratti dove gli intervalli fra le torri risultano più dilatati, il disegno a cremagliera delle cortine ne assicura comunque un adeguato fiancheggiamento.

L'analisi dell'impianto planimetrico del circuito, oltre a rivelare una sua complessa strutturazione da valutare in chiave strategica, sembra suggerire alcune indicazioni riguardo agli accorgimenti di carattere eminentemente tattico messi in opera dai costruttori.

I dati forniti da Mc Nicoll evidenziano, infatti, una certa regolarità nelle distanze fra le diverse strutture funzionali alla difesa fiancheggiante riscontrate lungo alcuni segmenti, siano esse torri o tratti salienti di cremagliera, che denunciano la volontà da parte dei progettisti di contenere entro valori prossimi ai 30 m lo sviluppo dei tratti rettilinei di cortina[24].Questo dato ben si rapporta con la distanza media entro la quale è possibile eseguire un tiro di precisione con armi da getto leggere, in particolare archi.[25]

Le torri presentavano verosimilmente una sola camera interna[26], conclusa da una piattaforma di combattimento posta, con tutta probabilità, alla stessa quota della *parodos* che correva lungo le cortine.

Con riferimento alla struttura terminale, è lecito immaginare una soluzione solaiata almeno a doppia orditura[27], necessaria per far fronte ai carichi statici e dinamici causati dagli occupanti e dalle macchine belliche che dovevano trovare collocazione alla sommità della torre, con travi lignee principali disposte ortogonalmente ai bracci in proiezione.

Per quanto concerne il sistema di coronamento della piattaforma, così come già affermato per le cortine, sia soluzioni a parapetto merlato, sia a schermo continuo, potevano essere applicate, garantendo le prime un maggior dinamismo da parte dei difensori, mentre le seconde una più efficace protezione[28].

Le torri presentano struttura muraria pressoché autonoma, risultando appena legate alle cortine che corrono ininterrotte dietro di esse, a costituire la parete di fondo lungo la quale si apre una semplice porta di accesso. La realizza-

zione di una connessione volutamente debole fra i bracci in proiezione delle torri e le mura retrostanti appare dettata dalla volontà di evitare che il crollo di una struttura provocato dal nemico determini il collasso anche di quelle adiacenti.
Questo accorgimento costruttivo, presente peraltro anche in alcune strutture della cinta insulare descritta in precedenza, è una prassi sempre più diffusa nelle fortificazioni a partire dal IV secolo a.C. ed esplicitamente raccomandata dai trattatisti ellenistici.
Le torri a ferro di cavallo della cinta continentale iasia rappresentano, da un punto di vista tattico, uno degli episodi più elaborati e maturi nell'ambito dell'architettura militare dell'intero mediterraneo ellenizzato.[29]
Due postierle - caso unico finora rilevato in tutto il mondo ellenico - si aprono sistematicamente lungo i fianchi delle torri, in corrispondenza dell'intersezione fra quest'ultime e il fronte delle cortine, in ossequio alle indicazioni fornite da Filone di Bisanzio (A, 82, 14-22): "*De plus, de nombreuses poternes sont résérvées dans les flanquements (c'est à dire dans les faces latérales des tours et dans les décrochements de la crémaillères), pour qu'il soit facile de faire des sorties et qu'inversement, au moment du repli, on ne se montre pas à decouvert quand on fait des conversions du côté du bouclier et que la file sortie par la premiére poterne fait sa rentrée par la seconde, et qu'il en aille de même pour tous les autres qui opèrent ainsi leur repli*".[30]
Il gran numero di postierle che traforano le *short lines* delle cremagliere e i fianchi delle torri, esprimono così una concezione della difesa spiccatamente attiva, che demanda largamente alle rapide sortite, effettuate da manipoli di fanteria leggera o semi-leggera sul terreno antistante la linea fortificata, il compito di respingere gli avversari giunti ai piedi delle mura. Durante l'esecuzione di tali controffensive è importante che i difensori espongano il meno possibile il fianco destro ai colpi del nemico (peraltro già intento a proteggersi dai proiettili scagliati dalle mura), pertanto è consigliabile che l'unità irrompa sul campo di battaglia da una postierla aperta sul fianco destro di una struttura in proiezione (torre o risega di cremagliera), avendo viceversa la possibilità di rientrare, una volta conclusa l'azione, da una postierla aperta lungo il fianco sinistro di torri o altre strutture aggettanti.[31]
Le torri ad U con doppia postierla che articolano la cinta di terraferma di Iasos dovevano risultare molto efficaci per la conduzione di azioni di questo tipo, nonostante la mole non enorme e l'apparente semplicità del disegno. Riguardo a quest'ultimo aspetto occorre, peraltro, segnalare che l'analisi delle strutture, apparentemente molto simili fra loro, rivela una molteplicità di soluzioni – vere e proprie variazioni sul tema – elaborate dagli architetti militari per far fronte a necessità tattiche o a particolari contingenze.
Nella torre rilevata durante la campagna del 2007, la prima ad est della porta principale, si riscontra una dissimmetria del profilo planimetrico esterno, che non si ritrova negli esempi finora pubblicati. A fronte di uno spazio interno del tutto simmetrico, in cui le postierle appaiono allineate lungo la parete interna della torre, il perimetro esterno appare caratterizzato da bracci rettilinei di diversa lunghezza: così quella posta ad occidente (alta mediamente 2,24 m e larga 0,90 m), si apre a filo con la cortina retrostante, mentre quella orientale (alta mediamente 2,20 m e larga 0,94 m) risulta separata dal paramento esterno da un setto murario ampio all'incirca 1,80 m.
Questa asimmetria del disegno può essere correlata con la presenza della scalinata di accesso alla *parodos* e alla piattaforma difensiva, addossata al retro della torre attraverso un consistente inspessimento della compagine muraria.
Immediatamente ad est della porta di accesso alla camera bassa della torre, le mura, il cui spessore riacquista i valori dimensionali medi, proseguono secondo questo nuovo allineamento interno, determinando una disparità di lunghezza del braccio in proiezione.
La dotazione e il disegno delle aperture di tiro nella camera bassa delle torri rivela il ruolo di enorme importanza giocato dall'artiglieria nella conduzione della difesa attiva, in questo caso anche a distanza.
La maggioranza delle torri sufficientemente conservate in elevato, mostra infatti ben cinque aperture di tiro – numero singolarmente elevato[32] – collocate lungo il fronte semicircolare. La forma e la dimensione delle varie aperture, anche all'interno delle singole torri, appaiono non omogenee, come emerge dai dati pubblicati da Josiah Ober[33] e dai rilievi da noi effettuati[34].
Queste non trascurabili differenze dimensionali potrebbero essere messe in relazione con un preventivo e oculato controllo, durante le fasi di cantiere, della completa copertura balistica del terreno antistante da parte delle aperture di tiro dislocate lungo le torri e le cortine[35], oltre che con l'irregolarità dell'opera muraria.
In ogni caso la tipologia di aperture riscontrate all'interno della camera bassa nelle torri di Iasos sembrerebbe presupporre l'impiego di catapulte scaglianti dardi di grosso calibro, o pietre di calibro medio-piccolo, con la possibilità di efficaci traiettorie radenti. Macchine da getto simili potevano altresì trovare collocazione sulla piattaforma conclusiva, anche se l'inesistenza di strutture conservatesi fino a tale livello non permette di formulare ipotesi più circostanziate.
Dal punto di vista della tecnica costruttiva, si riscontra nei diversi settori della *cinta di terraferma* una molteplicità di apparecchi murari, determinata dalla eterogenea natura dei materiali estratti dalle cave locali e, con tutta probabilità, dalla presenza sui cantieri di diversi atelier di tagliapietre.
I materiali impiegati sono un calcare a struttura scistosa ed un altro calcare dalla struttura isotropica e tenace, facilmente reperibile sul territorio in banchi rocciosi naturalmente affioranti e che costituisce il litotipo prevalente.
Entrambi i materiali, piuttosto duri, poco si prestano alla realizzazione di elementi modulari atti a realizzare assise regolari.[36]
Le mura sono costruite col sistema dell'*emplecton*, con nucleo costituito da pietrame e terra, all'interno del quale si inseriscono profondamente *diatoni* con funzione di ammorsatura fra quest'ultimo e le due cortine. Per quanto riguarda i paramenti, una grande variabilità caratterizza la pezzatura e la lavorazione dei blocchi, non solo lungo i

Fig. 181

Fig. 182

Fig. 183

Fig. 184

Fig. 185

Fig. 186

Alle pagine precedenti, in questa pagina, e alla pagina seguente, restituzione dei rilievi eseguiti durante la campagna 2007 condotta sulle strutture della *cinta di terraferma.*
Fig. 181
Sezione passante attraverso le postierle della torre
Fig. 182
Prospetto della torre con pianta ad U e fronte esterno delle cortine
Figg. 183
Sviluppo del fronte della torre. L'immagine planarizzata restituisce il carattere fortemente "aggressivo" di queste difese, visualizzando contemporaneamente tutti i dispositivi tattici impiegati. Si notino ad esempio le cinque *artillery window* di differenti dimensioni
Fig. 184, 185, 186
Dettagli della sezione passante per le postierle, che evidenzia la tecnica muraria messa in opera nei paramenti esterni
Figg. 187, 188
Dettagli dei fianchi della torre con pianta ad U nei loro tratti rettilinei. Si notino le consistenti variazioni dimensionali e di forma cui sono soggette le ampie finestre preposte all'utilizzo di artiglieria. Questo aspetto lascia presupporre, nella fase progettuale, uno studio della copertura balistica del terreno antistante da parte dei costruttori della fortificazione

diversi segmenti del circuito, ma anche all'interno delle singole strutture.
Questo aspetto ha reso inoltre problematico l'inquadramento dei paramenti della cinta continentale entro le consuete categorie stilistiche utilizzate dagli studiosi per descrivere le strutture murarie. Isabelle Pimouguet-Pedarros fa per esempio notare come alcuni settori mostrino un apparecchio simile al *polygonal grossier*, altri al trapezoidale, altri ancora all'opera quadrata isodoma imperfetta.[37]
Secondo Mc Nicoll lo stile della muratura può essere definito come *roughly coursed rubble verging on irregular trapezoidal/ashlar*[38], sottolineando così la compresenza di elementi appena sbozzati e di blocchi dalla lavorazione nettamente più accurata.
Tuttavia l'evidenza di una consistente variabilità dell'opera muraria lungo il circuito renderebbe necessaria, ai fini di una descrizione puntuale, una sua preliminare suddivisione in segmenti relativamente omogenei, impresa decisamente laboriosa data l'estensione della fortificazione.
Le considerazioni sulle murature e le analisi di dettaglio di seguito esposte si basano pertanto sui dati prelevati durante la campagna di rilevamento 2007, avente come oggetto alcune strutture poste immediatamente ad oriente rispetto alla porta principale della cinta e non possono, naturalmente, essere estese all'intero perimetro fortificato.
Il paramento esterno della cortina, dalla quale proietta la torre prima descritta, è caratterizzato da blocchi prevalentemente in calcare grigio, di pezzatura decisamente eterogenea. Blocchi di dimensione molto grande (lunghezza che supera abbondantemente i 2 m, altezza mediamente

Fig. 187

Fig. 188

Fig. 189

Fig. 190

Figg. 189-190
Prospetto esterno della *low ground-hugging tower* (qui tradotto con torre "raso-terra) dal disegno di sconvolgente modernità, rilevata durante la campagna 2007 e ricostruzione ipotetica del tratto di fortificazione. La soluzione terminale qui rappresentata è un parapetto merlato, capace di offrire maggior dinamismo alle azioni dei difensori, per quanto non vi siano elementi sufficienti ad escludere un coronamento ad *epalxis*

intorno ai 0,60-0,70 m, che raggiunge gli 0,80 m solo raramente) si riscontrano lungo tutto il tratto indagato (in particolare nella zona occidentale), sia lungo i settori inferiori, sia in corrispondenza delle porzioni poste a quote più elevate. Accanto a questi blocchi si registra la presenza di elementi nei quali la lunghezza, che si attesta su valori superiori al 1 m, prevale nettamente sull'altezza, che eccede solo sporadicamente la misura di 0,40 m.

Elementi di pezzatura inferiore – tuttavia consistente – si ritrovano in varie zone della cortina, ma soprattutto in prossimità delle aperture di tiro collocate ad est della torre. I blocchi appaiono sbozzati e spianati in maniera generalmente grossolana, in forma trapezoidale, rettangolare o, più di rado, propriamente poligonale e disposti su assise sub-orizzontali caratterizzate da discontinuità e continue variazioni in altezza. Le parti crollate evidenziano la presenza di elementi profondamente inseriti nel nucleo della muratura con funzione di diatoni. Una serie di elementi di modeste dimensioni e di scaglie di lavorazione è impiegata con funzione di zeppatura o a ripristinare l'orizzontalità delle assise.

Nonostante la lavorazione piuttosto grossolana degli elementi, la muratura appare quantomai solida, anche per quanto riguarda l'ancoraggio fra i paramenti e l'*emplecton*.

Per quanto riguarda il paramento interno delle mura, occorre segnalare l'utilizzo di blocchi di dimensioni sensibilmente minori – per quanto non manchino elementi di taglia consistente – ed una lavorazione lievemente più accurata, che si riflette nell'adozione di un'opera trapezoidale irregolare, con assise sub-orizzontali ben riconoscibili, sebbene di altezza largamente variabile e spesso discontinue.

La torre è costituita da un volume lievemente rastremato, probabilmente più per la volontà di conferire stabilità alla compagine muraria che per ragioni propriamente tattiche. La muratura che costituisce il paramento dell'involucro perimetrale appare generalmente simile a quella riscontrata nel fronte esterno delle cortine.

Occorre peraltro rilevare come gli enormi blocchi calcarei prima descritti siano collocati di preferenza lungo i filari inferiori del fronte semicircolare, evidentemente anche in questo caso, per esigenze di stabilità.

Una ulteriore osservazione riguarda la muratura che caratterizza il fianco occidentale della torre: realizzata con elementi di taglio relativamente modesto, essa appare assimilabile ad un'opera trapezoidale/rettangolare su filari orizzontali e paralleli, pur presentando diverse irregolarità.

Circa la muratura messa in opera lungo i fronti interni della torre con pianta ad U, si può affermare che presenti alcune analogie con quella riscontrata lungo il fronte interno delle cortine, dalla quale si differenzia per l'uso abbastanza frequente di blocchetti di altezza ridotta, quasi piccole lastre, aventi la funzione di ripristinare l'orizzontalità delle assise.

Infine, va sottolineata l'assoluta predominanza da un punto di vista dimensionale e per quanto riguarda l'impegno strutturale, dei due paramenti in pietra da taglio rispetto al nucleo centrale in pietrame, cui è riservata una stretta sezione all'interno della compagine muraria, almeno nei settori della torre messi a nudo dai crolli.

Data l'estrema eterogeneità morfologica e dimensionale è verosimile ipotizzare che buona parte delle lavorazioni eseguite dalle maestranze sulle pietre cavate avvenisse a piè d'opera, al fine di controllare l'interconnessione fra i diversi elementi, che risultano giustapposti a secco.

La natura del materiale e l'aspetto degli elementi costruttivi induce ad ipotizzare un utilizzo preponderante dell'ascia, o di simili strumenti a filo tagliante per la lavorazione dei blocchi

Non si riscontrano tracce di finiture superficiali eseguite prima o dopo la messa in opera, ad esclusione di una più o meno sommaria spianatura della faccia esterna delle bozze. Lavorazioni più accurate, che si avvicinano a volte ad una rozza squadratura in volumi parallelepipedi, caratterizzano quegli elementi impiegati a realizzare stipiti, architravi o altri profili particolari, per quanto risulti anche qui assente qualsiasi trattamento decorativo.

Discussione dei dati e conclusioni

Il quadro conoscitivo che connota la *cinta di terraferma* iasia, nonostante i numerosi studi e contributi che si sono susseguiti negli anni, risulta allo stato attuale ancora lacunoso e denso di questioni irrisolte. Appare quindi opportuno in questa sede passare in rassegna, seppur in estrema sintesi, le principali ipotesi funzionali, attributive e cronologiche, che si sono nel corso dei decenni avvicendate e sovrapposte.

Nel resoconto del Texier, pubblicato nel 1849 il circuito continentale è individuato come *"un camp rétranché des léleges"*[39] e datato all'epoca arcaica. Tale attribuzione cronologica troverà credito anche fra molti studiosi che visiteranno il sito negli anni successivi. Judaich[40] (1890), Von Gerkan[41] (1924) e Jost[42] (1935), per esempio, considereranno le mura di terraferma pertinenti ad un insediamento urbano arcaico, poi abbandonato.

L'ipotesi di un campo trincerato con funzioni strettamente militari sarà ripresa da Guidi[43] (1922) e Krischen[44] (1922) – che proporranno però per l'epoca di edificazione una data posteriore al V secolo – affermandosi poi sempre di più fra gli autori a partire dal secondo dopoguerra.

Lo sviluppo degli studi tipologici sull'architettura militare del mondo ellenico ha provocato, sempre a partire dagli anni '40 del secolo scorso, un progressivo slittamento in avanti delle datazioni proposte per la cinta di terraferma. In particolare Scranton[45] (1941) individuò la fine del V secolo a.C. come epoca più probabile di costruzione del complesso, mentre Bean e Cook[46] (1957) indicarono un arco cronologico compreso fa la fine del V secolo e l'inizio di quello successivo, sollevando l'ipotesi che gli autori del programma fortificatorio potessero essere stati Amorge o Tissaferne.

Martin[47], già nel 1947, emise per la prima voltà l'ipotesi di una datazione del circuito continentale all'epoca ellenistica, stabilendo come periodo più verosimile la fine del IV secolo o l'inizio del III a.C.

Le indagini stratigrafiche condotte a partire dal 1960 da parte della missione archeologica italiana sembrarono fissare la cronologia delle mura di terraferma all'epoca classica, sulla base di frammenti ceramici rinvenuti durante

Fig. 191
Linea di difesa a livello del suolo costituita da una batteria di strette feritoie funzionali al tiro radente con archi e piccole catapulte

gli scavi e della presenza di una tomba addossata ad una postierla, datata alla fine del IV secolo a.C., che avrebbe determinato così il *terminus ante quem* per l'utilizzo e l'abbandono della cinta[48]. Tuttavia la datazione proposta da Levi[49] fu accolta con scetticismo da alcuni autorevoli studiosi, che ne sottolineavano l'incongruenza con i caratteri tipologici e tattici, decisamente più tardi, riscontrati nelle strutture.
Così Winter, nel 1971 all'interno della sua fondamentale opera di sintesi sulle fortificazioni del mondo ellenico[50], posticipò l'epoca di costruzione della fortificazione iasia agli ultimi anni del IV secolo o all'inizio del secolo seguente, optando decisamente, in un contributo immediatamente successivo[51], per la datazione al III secolo, soprattutto sulla base dell'analisi delle aperture di tiro, delle quali aveva già evidenziato[52] le assonanze con gli *scorpiones* del forte Eurialo e sulla possibile applicazione nel disegno del circuito degli accorgimenti descritti da Filone di Bisanzio.
Negli stessi anni Mc Nicoll visitò il sito, rimanendo fortemente persuaso della pertinenza del circuito fortificato ad un contesto tardo-ellenistico.
Tali considerazioni trovarono espressione in alcuni contributi e soprattutto nella tesi dottorale *Hellenistic Fortifications. From Aegean to Euphrates*, pubblicata postuma dopo la prematura scomparsa dell'autore solo nel 1997, ma già conosciuta ed utilizzata da alcuni studiosi britannici a partire dal 1971.
Nel capitolo dedicato a Iasos all'interno del suo ampio e meticoloso lavoro Mc Nicoll contesta, non risparmiando caustiche critiche di metodo e di merito, tutte le conclusioni cui erano giunti gli archeologi della Missione italiana, rimettendo così in discussione l'intera questione della datazione delle mura continentali.[53]
La discussione dei dati e delle fonti, a parte gli accenti polemici, rappresenta un valido contributo, in particolare riguardo alle accurate considerazioni tattiche e strategiche, alla conoscenza di questa fortificazione definita particolarmente "aggressiva", per quanto la perentoria conclusione che il circuito sia opera di Filippo V di Macedonia - che dominò Iasos per un breve periodo fra la fine del III e l'inizio del II secolo - non appaia supportata da argomenti pienamente convincenti.
Gli studi di Garlan[54] (1974) e Lawrence[55] (1979) individuarono per la cinta di terraferma un probabile inquadramento cronologico, rispettivamente, di fine IV-inizio del III secolo e propriamente di III secolo, denotando inequivocabilmente come opera ellenistica il poderoso impianto fortificatorio. In particolare Lawrence attribuì la costruzione della cinta continentale alla monarchia seleucide, per quanto nella fortificazione egli riscontrasse gli accorgimenti tattici elaborati da Demetrio Poliorcete.
Accurate descrizioni delle strutture e degli aspetti tattici e tecnico costruttivi delle mura di terraferma si ritrovano nell'*Architecture militaire grecque*, opera di importanza fondamentale sulle fortificazioni del mondo greco, in particolare per l'approccio squisitamente architettonico al tema, pubblicata da Adam[56] nel 1982. Anche qui si sottolinea la straordinaria maturità ed efficacia del disegno

Fig. 192
Stretta apertura di tiro funzionale alla creazione di una linea bassa di difesa lungo le cortine della cinta di terraferma, in un settore dove la tecnica muraria impiegata nella realizzazione del paramento è assimilabile alla *polygonal-coursed*

e dei dispositivi applicati nel *mur continental* iasio, in particolare la sistematica presenza di postierle aperte su ciascun fianco delle torri ad U, funzionale alla conduzione di controffensive sul campo di battaglia secondo i dettami di Filone ed unico esempio finora noto nel mediterraneo ellenizzato.

Anche la presenza di strette feritoie aperte lungo le cortine al fine di creare una linea di difesa a livello del suolo qualifica, a detta dell'autore, la cinta di terraferma quale esempio di architettura militare decisamente evoluta, tuttavia la presa di posizione riguardo alla datazione del complesso non è netta: si propende per la fine del IV o l'inizio del III secolo a.C., non escludendo però una datazione più tarda e cronologicamente più prossima all'epoca in cui operò Filone di Bisanzio.

Dal punto di vista della tipologia spazio-funzionale, Adam appare orientato a considerare le fortificazioni iasie una *Geländermauer*: *"dans le but de s'assurer une relative autonomie économique en cas de siège, la ville d'Iasos avait fortifié, à la fin du IV siècle ou au début du III, une vaste aire côtière débordant très largement sur la zone urbaine"*.[57]

Anche all'interno dei contributi e delle note più recenti, non si riscontra una omogeneità di posizioni.

Ancora nel 1991, per esempio, Pagello[58] sosteneva la tesi – a nostro avviso del tutto inaccettabile – di un'edificazione della cinta di terraferma durante il VI secolo a.C.. Nel 1994, dal canto suo, Franco[59] operando un confronto ed un tentativo di mediazione fra la cronologia alta a suo tempo proposta dal team italiano e quella decisamente più tarda che si è via via affermata in seno alla comunità scientifica, appariva cautamente orientato ad un inquadramento del sistema fortificato in un contesto di fine IV secolo, da valutare in relazione alla presenza sul territorio delle potenze tolemaica e seleucide, sottolineando peraltro le ancora numerose questioni irrisolte che ne adombravano la conoscenza.

Nelle sue brevi note sullo sviluppo urbanistico di Iasos anche Johannowsky[60] nel 1999 attribuiva - probabilmente sulla scia di Mc Nicoll - la costruzione delle mura di terraferma a Filippo V di Macedonia, sullo scorcio del III secolo.

Ancora più di recente l'argomento è stata affrontato da Pimouguet-Pedarros, che nel suo vasto lavoro pubblicato nel 2000 sulle fortificazioni di epoca classica ed ellenistica in Caria[61], ha dedicato alla questione un'ampia sezione, concordando con Mc Nicoll in merito alle lacune manifestate dalle indagini stratigrafiche italiane, quindi sulla necessità di ridiscutere il problema su base tipologica ed architettonica.[62]

Nelle sue conclusioni l'autrice dissente con Mc Nicoll sottolineando come appaia poco verosimile che Filippo V potesse aver intrapreso un programma di tale ambizione. Gli argomenti utilizzati sono in primo luogo l'esiguità di mezzi finanziari di cui disponeva il generale macedone all'epoca del suo effimero dominio sul territorio iasio, unito al numero di effettivi relativamente modesto che componeva le sue armate di stanza a Iasos; inoltre si rimarca come la presa della città si collochi nel 201 a.C., appena un anno prima del ritorno di Filippo in occidente e come, in ogni caso, le truppe macedoni ne venissero cacciate nel 197 a.C.[63]. L'autrice, sulla base di caratteri tipologici e tattici colloca, quindi, la costruzione delle mura in un ambito di fine III-II secolo, propendendo per l'attribuzione del grandioso impianto alla monarchia seleucide, che con Antioco III manifestava interessi strategici sul territorio fin dal 203 a.C. e che nel 197 aveva conquistato la città a spese della guarnigione macedone.[64]

Negli ultimi anni, le indagini condotte dalla missione italiana di *survey* archeologico, coordinata da Raffaella Pierobon-Benoit ha messo in evidenza l'esistenza di altre strutture fortificate isolate dislocate sulla *chora* iasia, oltre che la presenza di tracce di numerosi edifici collocati all'interno dell'area del Akarca Tepe e del circuito fortificato.[65] Tuttavia, nelle più recenti pubblicazioni, pur ammettendo una pertinenza della fortificazione al contesto ellenistico, non si rileva una presa di posizione chiara in merito alla datazione ed all'attribuzione del circuito. In più è rimessa in discussione l'ipotesi, negli ultimi decenni sempre più accreditata, che le mura di terraferma costituissero un campo fortificato, sostenendo una possibile connotazione del circuito come *Geländemauern*; tale ipotesi, da noi qui non condivisa, apparirebbe corroborata dal ritrovamento di un numero non trascurabile di edifici al suo interno.

All'interno della pubblicazione edita a cura della stessa Pierobon-Benoit nel 2006[66], inoltre, nel contributo di Francesco Tomasello[67] le mura di terraferma risultano ancora una volta datate, in base alle considerazioni svolte a suo tempo dal team della Missione Archeologica italiana, alla fine del V-inizio del IV secolo a.C..

La questione è quindi ancora aperta. Le analisi ed i rilievi condotti da chi scrive inducono a proporre una datazione all'epoca ellenistica matura, non antecedente al pieno III secolo, della cinta di terraferma ed a una sua connotazione come campo fortificato, piuttosto che come *Geländemauer*.

Le evidenze che a nostro avviso legittimano tali posizioni sono di diversa natura e si riportano di seguito.

Fig. 193

Dettaglio del paramento interno della cortina difensiva immediatamente a sud della torre rilevata durante la campagna 2007. Si noti la stretta apertura fortemente strombata che trafora la compagine muraria, funzionale all'impiego di archi o *scorpiones*

- Il disegno planimetrico del circuito, dove si riscontra l'applicazione sistematica della cremagliera, assieme alla presenza di segmenti con tracciato a salienti ortogonali che potrebbero richiamare il tracciato *a meandro* descritto da Filone di Bisanzio. Ancora, il saliente a pianta rettangolare posto in corrispondenza della terminazione settentrionale del perimetro e documentato nella pianta dello Judaich rinvierebbe ad una tipologia i cui esempi noti non sono generalmente considerati antecedenti al III secolo a.C.[68]. Tutti questi elementi rimandano ad un'epoca in cui dovevano essere state metabolizzate da tempo le innovazioni introdotte nelle fortificazioni dagli architetti al servizio delle armate macedoni.[69]
- La dotazione di dispositivi tattici assai evoluti, come ad esempio le grandi torri fortemente in proiezione con impianto planimetrico ad U, funzionali ad un largo impiego di artiglieria, anche pesante.

La forma e le dimensioni delle torri, così come quelle delle *artillery window* che le traforano, rimandano ad una pratica della difesa radente particolarmente elaborata, nella quale la funzione delle catapulte di grande e medio calibro riveste un ruolo di primo piano e che rivelano una grande familiarità da parte dei progettisti con raffinate tecniche di assalto meccanizzato. In particolare la presenza di *low ground-hugging towers* (letteralmente "torri raso-terra") dal disegno di sconvolgente modernità, rimanda assai verosimilmente ad un ambito cronologico medio o tardo ellenistico: *"About the middle of the third century [...] the increasing efficiency of stone-throwers against walls caused Greek engineers to adopte, in a primitive way, the ground-hugging defences which Vauban and Cormontaigne introduced in France in the seventeenth century".*[70]
Anche l'altissima frequenza delle postierle lungo ampi settori del tracciato presuppone una concezione della difesa spiccatamente attiva, basata su controffensive improvvise ed avvolgenti.

Questo atteggiamento tattico, generato come risposta agli effetti devastanti dell'*assalto meccanizzato* praticato dalle

Fig. 194
Dettaglio del paramento esterno della cortina difensiva immediatamente a sud della torre rilevata durante la campagna 2007, che evidenzia la compresenza dell'angusta feritoia passante attraverso le mura assieme all'ampia postazione d'artiglieria ricavata nella sommità delle cortine

Fig. 195

Fig. 196

Figg. 195-196
Dettaglio dell'interno della torre rilevata, che mette in evidenza la grande apertura centrale, fra le cinque che ne articolano il perimetro. Questa appare funzionale all'impiego di artiglieria pesante

truppe macedoni e diffusosi a partire dal primo Ellenismo, si rispecchierà profondamente nel *layout* delle fortificazioni del mondo ellenizzato solo dopo alcuni decenni, ripristinando così l'equilibrio fra attacco e difesa.

Anche la frequenza e il disegno delle aperture di tiro dislocate lungo le cortine rivelano una maturità di soluzioni che sarebbe avventato collocare precedentemente al III secolo. Ci si riferisce in particolare alle feritoie a *scorpiones* aperte in corrispondenza dell'ingresso principale, sistematicamente piazzate a protezione delle postierle aperte lungo le *short lines* delle cremagliere e costantemente disposte lungo i tratti rettilinei delle cortine, a realizzare una linea di difesa bassa funzionale al tiro radente.

Inoltre, la presenza di *engine window* disposte in corrispondenza del camminamento di ronda appare un ulteriore argomento a conforto di una datazione del sistema all'epoca ellenistica avanzata, quando si diffuse la prassi di collocare postazioni d'artiglieria anche lungo le cortine.

- La vastità del circuito e la sua funzionalità in chiave tattica, che inducono a considerare la cinta di terraferma un opera concepita per acquartierare un esercito di professionisti della guerra, piuttosto che una semplice guarnigione o truppe cittadine. I caratteri di aggressività e di dinamicità della difesa sono inoltre resi espliciti dall'altezza modesta delle cortine e dall'altissimo numero di postierle presenti lungo il tracciato, presupponendo un numero piuttosto elevato di effettivi ben addestrati[71] (anche nell'uso e nella manutenzione di sofisticate macchine belliche). In più, qualorasi si accetti una collocazione cronologica non precedente il III secolo avanzato, l'individuazione di un campo fortificato risulterebbe più agevole, in quanto a partire da tale epoca si riscontra in ambito cario il progressivo abbandono dei sistemi a *Geländemauern* per la difesa delle città. Questi ultimi, qualora già esistenti, risultano in molti casi contratti e compartimentati attraverso la realizzazione di *diateichismi*.
- L'analisi della tecnica costruttiva non può fornire invece alcun solido appiglio cronologico.

Occorre peraltro osservare che la rudezza che si riscontra nella lavorazione degli elementi messi in opera non pregiudichi affatto la solidità e l'efficienza funzionale delle strutture.

Sarebbe quindi assolutamente fuorviante considerare tale aspetto come indice di "arcaicità" del circuito, anche tenuto conto del fatto che paramenti con blocchi dal trattamento decisamente grossolano si riscontrano in diverse

aree del mondo ellenizzato, all'interno di opere di carattere eminentemente militare, anche di epoca tarda.[72]
In questo ambito va inoltre sottolineato come in Caria, dopo la generale affermarzione dell'opera quadrata isodoma o pseudo isodoma nelle realizzazioni di carattere militare che aveva caratterizzato la stagione ecatomnide, conviva durante l'Ellenismo una molteplicità di tecniche murarie, che assumono talvolta tendenze arcaicizzanti.
Un altro argomento che contrasta con una datazione "alta" delle mura è il riscontro di accorgimenti costruttivi messi in atto nella realizzazione delle connessioni fra cortine e torri.
Queste appaiono infatti come elementi strutturalmente indipendenti, denunciando da parte dei costruttori una familiarità con gli effetti derivanti dai carichi dinamici e dagli choc causati dalle macchine belliche utilizzate negli assalti, e rimandando così ad un contesto cronologico già evoluto.[73]
Nel caso delle mura di terraferma iasie l'aspetto particolarmente rude dei blocchi è verosimilmente da relazionare alla natura dei materiali[74] (calcari tenaci la cui lavorazione doveva risultare particolarmente ostica) e dalle esigenze di rapida esecuzione che dovettero governare l'impianto del possente programma fortificatorio. Quest'ultime appaiono del tutto evidenti e comprensibili, soprattutto qualora si sposi la tesi di una funzione di campo fortificato per il vasto circuito.
Ad ogni modo, quale che sia la tipologia spazio-funzionale della cinta di terraferma, la tecnica costruttiva non appare affatto incongruente con una datazione all'età ellenistica del complesso, come peraltro lapidariamente osservato da Mc Nicoll nella sua argomentazione contro la datazione all'età classica del circuito sostenuta da Levi: *"The only features which could be classical are the building technique and the recessed main gate, both of which could be equally well pre-classical or post-classical".*[75]
Il tentativo di datare le mura sulla base della tecnica costruttiva appare dunque infruttuoso, in quanto non è possibile relazionare tale tecnologia a precisi ambiti culturali e cronologici.[76]
Tutti questi elementi concorrono, dunque, ad indicare per le mura continentali iasie una pertinenza ad un contesto cronologico compreso fra il pieno III secolo a.C. ed i primi anni del II, anche se al momento non vi sono elementi che consentano di precisare ulteriormente tale inquadramento. Quest'ultimo estremo cronologico è stato individuato come più probabile – pur con attribuzioni discordi – sia da Mc Nicoll che da Pimouguet-Pedarros e riporta alla complessa situazione che vide la Caria ed il golfo iasio al centro degli interessi strategici e delle azioni militari delle potenze macedone e seleucide.
In questo caso, il campo fortificato costruito a ridosso della città avrebbe rappresentato un importante strumento strategico volto al controllo dell'entroterra cario.
Tuttavia lo stato attuale delle conoscenze non ci consente di assumere una posizione netta in merito, tanto più che gli argomenti portati da entrambi gli autori non appaiono, a nostro parere, del tutto convincenti.
In particolare appare labile la spiegazione data da Mc Nicoll riguardo alla reale fattibilità di un programma edilizio così ingente (ed in tempi decisamente contratti), da parte

Figg. 197
Doppia postierla e feritoia bassa in una torre in proiezione

Figg. 198
Aperture atte all'impiego di macchine d'artiglieria lungo il profilo curvilineo di una torre

Filippo V di Macedonia, le cui forze dislocate sul territorio iasio erano notoriamente di consistenza modesta.[77].
L'osservazione che "*[...] during the blockade marines, rowers, and soldiers were available for building operations*"[78] è infatti del tutto insufficiente a giustificare la realizzazione di una tale opera da parte di una guarnigione di poche migliaia di uomini, quasi certamente non specializzati in lavori edili, essendo del tutto evidente che l'edificazione della cinta di terraferma richiese invece l'impiego di numerose ed abili maestranze, esperte nelle operazioni di cavatura, trasporto, taglio e messa in opera della pietra e di un buon numero di tecnici specializzati nella progettazione e nell'esecuzione di fortificazioni.
Pimouguet-Pedarros fa notare, individuando in Antioco III il fautore delle mura di terraferma, che la monarchia seleucide poteva disporre di tali mezzi finanziari e di risorse umane sufficienti[79], ma questo argomento non può, da solo, rendere l'attribuzione al sovrano seleucide altro che un'ipotesi plausibile.
Lo scenario più probabile è quindi quello delle monarchie ellenistiche, che per tutto il III secolo riversarono i loro interessi ed esercitarono la propria influenza sul territorio iasio. Accanto a quello delle potenze macedone e seleucide va quindi presa in considerazione la possibilità di un coinvolgimento di quella lagide, la cui influenza a Iasos è ben documentata.
Lo studio archeologico, a quanto pare non ancora sistematizzato, di alcuni materiali provenienti dai saggi di scavo condotti nei decenni passati, assieme all'auspicabile effettuazione di nuove indagini stratigrafiche e alla pubblicazione dei dati raccolti provenienti dalle missioni di *survey,* potrebbero costituire un valido ausilio per dirimere una questione che appare ancora oggi decisamente complicata.
Per quanto riguarda gli aspetti eminentemente architettonici, entro i quali trovano spazio le competenze dell'architetto rilevatore, un contributo potrebbe provenire dall'analisi metrologica di alcune strutture rilevate in dettaglio durante la campagna 2007. L'individuazione dell'applicazione di particolari canoni mensori potrebbe infatti relazionare le strutture della cinta a ben precisi ambiti geografici e culturali, oltre a svelarne possibili relazioni con la produzione letteraria di argomento tecnologico e militare fiorita durante la stagione dell'Ellenismo.

Note al capitolo 5

[1] Questa dicitura individua convenzionalmente, distinguendosi da quella di *cinta dell'isola*, che connota invece la cerchia urbana descritta nei capitoli precedenti, il circuito fortificato che occupa una vasta area dell'entroterra iasio, a nord-ovest dell'insediamento insulare. Fra gli studiosi anglofoni la locuzione adottata è, in genere, *mainland wall*, mentre fra quelli francofoni prevale l'espressione *mur continental*.
[2] Cfr. Armin Von Gerkan, *Griechische Städteanlagen*, (Berlin und Leipzig: Ed. de Gruyter, 1924), 115.
[3] Cfr. per esempio: George Ewart Bean, John Manuel Cook, *The Carian Coas*,3, The Annual of the British School at Athen, 52, (Cambridge: ambridge University Press, 1957), 102. Anche la precedente pianta di Judaich, *Iasos*, 141, non registrava tale segmento; Pimouguet-Pedarros, *Archeologie de la defense,* 342, fa notare come prima della ripresa delle ricerche da parte di Doro Levi alla fine degli anni '60, l'area dovesse essere coperta da una folta vegetazione.
[4] Cfr. Lawrence, *Greek Aims in Fortification*, 184.
[5] Le attività di *survey* archeologico cui si fa riferimento sono quelle condotte da ricercatori dell'Università "Federico II" di Napoli, prima sotto il coordinamento del Prof. Eugenio la Rocca e successivamente della Prof.ssa Raffaella Pierobon-Benoit; si vedano: Tomasello Francesco, "Il giovane Anacharsis transitò da Iasos...Appunti di una vecchia ricognizione del territorio", *La Parola del Passato*, 60/2005, (Napoli: Macchiaroli, 2006), 187 segg.; Raffaella Pierobon-Benoit, "La campagna di ricognizione del 2004: la cinta di terraferma e l'Akarca Tepe", *Bollettino dell'Associazione Iasos di Caria* 11, (Firenze: All'Insegna del Giglio, 2005). 6 segg.; Raffaella Pierobon-Benoit, "Ricognizioni archeologiche nel Golfo di Mandalya: campagna 2005", *Bollettino dell'Associazione Iasos di Caria*, 12, (Firenze: All'Insegna del Giglio, 2006), 10 segg.; Raffaella Pierobon-Benoit, "Paralypros chora: il territorio di Iasos alla luce delle recenti ricognizioni", *La Parola del Passato*, 60/2005, (Napoli: Macchiaroli, 2006), 200 segg., con ampio repertorio bibliografico.
[6] Cfr. Pierobon-Benoit, "La campagna di ricognizione del 2004", 6 segg
[7] Cfr. Tomasello, "Il giovane Anacharsis transitò da Iasos", 187 segg.
[8] Cfr.: Pierobon-Benoit, "La campagna di ricognizione del 2004", 6 segg.
[9] Cfr. Pimouguet-Pedarros, *Archeologie de la defense,* 344.
[10] Cfr. Mc Nicoll, *Hellenistic Fortifications,* 113.
[11] Cfr. Pimouguet-Pedarros, *Archeologie de la defense,* 344.
[12] Cfr. Adam, *L'architecture militaire grecque*, 97.
[13] Cfr. Mc Nicoll, *Hellenistic Fortifications*, 113-114 e fig. 49, che rileva la presenza di questa apertura, identificandola ipoteticamente come "engine window". L'apertura si trova nella cortina adiacente alla torre posta ad est dell'ingresso principale, la n.6 secondo la numerazione convenzionale adottata dall'autore. I rilievi di dettaglio condotti da chi scrive sulla stessa torre hanno evidenziato la presenza di una finestra simile nel segmento di cortina immediatamente ad oriente.
[14] La presenza di aperture di tiro in serie ai livelli bassi delle cortine presuppone sezioni murarie relativamente modeste; su questo argomento cfr. Adam, *L'architecture militaire grecque*, 39. Si confronti anche il segmento di mura del fronte nord riportata a p. 97, dove la misura fornita per lo spessore delle cortine varia, anche lì, fra 1,56 e 1,68 m.
[15] Cfr. il disegno ricostruttivo (non privo di qualche ingenuità) pubblicato in Mc Nicoll, *Hellenistic Fortifications*, 112, fig. 24.
[16] Cfr. Pimouguet-Pedarros, *Archeologie de la defense*, 344. L'autrice, alla p. 349 sembra invece orientata a considerare le mura di Iasos concluse da un parapetto merlato: "le mur continental d'Isaos [*sic*] est constitué d'une simple ligne fortifiée protégée par divers systèmes de flanquement et possède des courtines surmontées d'un parapet crénelé".
[17] Cfr. Winter, *Greek Fortifications*, 116. Riguardo al *tracciato a meandro*, si veda il commento alla *Sintassi Meccanica* di Filone, in Garlan, *Recherches de Poliorcetique grecque*, 279 segg.
[18] Cfr. *supra* 49; salienti di questo tipo si riscontrano nelle fortificazioni ellenistiche di Xanthos e Kydna, cfr.Adam, *L'architecture militaire grecque*, 68.
[19] Cfr. Mc Nicoll, *Hellenistic Fortifications*, 113 ed in particolare la nota n. 58 del revisore Milner.
[20] Mc Nicoll, *Hellenistic Fortifications*, 113 ed in particolare la nota n. 58.
[21] Col termine *scorpiones* si intendono sia le piccole catapulte anti-uomo molto diffuse nella guerra d'assedio a partire dal III sec. a.C., sia le strette feritoie preposte al loro utilizzo.
[22] Mc Nicoll, *Hellenistic Fortifications*, 111; Pimouguet-Pedarros, *Archeologie de la defense*, 344-345.
[23] Cfr. Tomasello, "Il giovane Anacharsis transitò da Iasos", 187 segg.; Pierobon-Benoit, "La campagna di ricognizione del 2004", 6 segg.
[24] Si vedano per esempio le seguenti distanze reciproche riportate in Mc Nicoll, *Hellenistic Fortifications*, 113: torre-risega di cremagliera, 30,75 m; risega-risega, 30,80 m; risega-torre, 30,30 m. La regolarità dell'impianto, pur all'interno di una consapevole diversificazione tattica dei vari segmenti, appare evidente. Inoltre, con tutta probabilità, l'accidentata morfologia del terreno impose ai costruttori l'adozione di allineamenti inclinati per il controllo dimensionale del circuito durante le fasi di cantiere. Questo aspetto potrebbe spiegare le lievi discrepanze riscontrate fra le misure delle distanze orizzontali prelevate durante i rilevamenti condotti dagli studiosi. Si veda anche Adam, *L'architecture militaire grecque*, 234, che riguardo ai tratti rettilinei di cremagliera fornisce misure comprese fra i 25 e i 35 m.
[25] Cfr. Mc Nicoll, *Hellenistic Fortifications*, 109 segg.
[26] Cfr. Mc Nicoll, *Hellenistic Fortifications*, 113, fa notare come il materiale risultante dal crollo delle strutture rinvenuto ai piedi delle torri sia, da un punto di vista quantitativo, relativamente modesto.
[27] Si vedano le valide ricostruzioni grafiche con solai a doppia orditura lignea proposte da Adam, *L'architecture militaire grecque*, 39, a proposito delle torri della fortezza di Kydna, che sono però a pianta rettangolare; nel disegno ricostruttivo elaborato da Mc Nicoll, *Hellenistic Fortifications*, 113, le torri della cinta continentale iasia mostrano una piattaforma terminale semplicemente costituita da elementi lignei che corrono ininterrottamente da un fianco della torre all'altro. Questa soluzione, qualora non preveda implicitamente la presenza di una tripla orditura lignea, appare da un punto di vista strutturale e tecnico-costruttivo non convincente.
[28] Pimouguet-Pedarros, *Archeologie de la defense,* 344, riprendendo le considerazioni di Lawrence, *Greek Aims in Fortification*, 370, afferma riguardo alle mura iasie: "...on peut supposer qu'elles possedait un parapet de type mur-écran du fait de la présence de dispositifs tactiques très élaborés", tuttavia l'utilizzo del parapetto merlato non è per nulla abbandonato anche in fortificazioni piuttosto evolute, costruite durante l'Ellenismo maturo.
[29] Cfr. Adam, *L'architecture militaire grecque*, 39, 93, 234.
[30] Così nella traduzione fornita da Adam, *L'architecture militaire grecque*, 93. L'applicazione a Iasos dei dettami di Filone era stata peraltro già evidenziata da Winter, *Greek Fortifications*, 242.
[31] In questa ottica, si valuti il particolare disegno planimetrico "a meandro" delle cortine riscontrato in alcuni segmenti della punta settentrionale, dove la presenza di torri è più rarefatta.
[32] Cfr.: Josiah Ober, "Towards a Typology of Greek Artillery Towers: the First and Second Generation (c. 375-225 B.C.)", in: Symphorien Van de Maele, John M. Fossey, a cura di, *Fortificationes antiquae*, (Amsterdam: J.C. Gieben, 1992), 147 segg.; Adam, *L'architecture militaire grecque*, 234 e *passim*.
[33] Le misure fornite da Josiah Ober, "Towards a Typology of Greek Artillery Towers", 157-158, riguardo ad una torre collocata lungo il settore nord-est, sono (procedendo da ovest verso est, altezza seguita da larghezza): 1,23 × 0,65 m; 1,50 × 0,60 m; ? (crollo) × 0,60 m (esterno)/0,74 m (interno); 1,50 × 0,60 m; 1,35 × 0,62 m.
[34] Nella torre oggetto di rilievo di dettaglio durante la campagna 2007, collocata lungo lo stesso settore, le misure riscontrate, procedendo sempre da ovest verso est, sono le seguenti (altezza e larghezza interne): 1,39 ×0,65 m; non rilevabile causa crollo; 1,51 × 0,51 m; 1,47 × 0,65; 1,38 × 0,63 m.
[35] Cfr. *supra*, 49.
[36] Cfr. Pimouguet-Pedarros, *Archeologie de la defense,* 345.
[37] Pimouguet-Pedarros, *Archeologie de la defense,* 345.
[38] Mc Nicoll, *Hellenistic Fortifications*, 111. In precedenza Scranton, *Greek Walls*, 169, aveva descritto la muratura con l'espressione "Irregular trapezoidal verging on irregular ashlar"; Bean, Cook, *The Carian Coast III*, 102, avevano definito l'opera muraria "fairly well coursed (though not quite regular)".
[39] Cfr. Textier, *Description de l'Asie Mineure,* 141.
[40] Cfr. Judaich, *Iasos*, 137.
[41] Cfr. Von Gerkan, *Griechische Städteanlagen*, 155.
[42] Cfr. Günther Jost, *Iasos in Karien ein Antikes*, (Hamburg: Quakenbrück,1935), 77.
[43] Cfr. Giacomo Guidi, *Viaggio di esplorazione in Caria, parte I, Golfo di Bargylia e di Keramos,* in *Annuario della Scuola Archeologica di Atene e*

delle Missioni italiane in Oriente, 4-5 (Atene: s.n., 1922), 350.
[44] Cfr. Krischen, *Die Befestigungen von Heracleia am Latmos,* 476.
[45] Cfr. Scfranton, *Greek Walls,* 156-157, 169.
[46] Cfr. Bean, Cook, *The Carian Coast*, 104.
[47] Cfr. Roland Martin, *Les enceintes de Gortys d'Arcadie.* Bulletin de correspondance hellenique, 71-72, (Atene: Ecole française d'Athènes, 1947).
[48] Su questo aspetto si veda: Levi, *Iasos. Le campagne di scavo 1969-70* , 529; secondo Lawrence, *Greek Aims in Fortification,* 187, la tomba potrebbe essere anche di epoca ellenistica; caute valutazioni sulla portata probante in merito alla datazione delle mura delle tombe rinvenutevi in adiacenza, sono condotte, più di recente, da Franco, "Le mura di Iasos", 181-182.
[49] Cfr. Levi, *Le due prime campagne a Iasos (1960-1961),* 511.
[50] Cfr. Winter, *Greek Fortifications,* 374.
[51] Cfr. Frederick Elliot Winter, "The Indented Tracein Later Greek Fortifications", *American Journal of Archaeology,* 75, (Norwood: Archaeological Institute of America, 1971), 418.
[52] Cfr. Frederick Elliot Winter, "The Chronology of the Euryalos Fortress at Syracuse", *American Journal of Archaeology* 67, (Norwood: Archaeological Institute of America, 1963), 374-375.
[53] Cfr. Mc Nicoll, *Hellenistic Fortifications*, 109-117. Dopo le note introduttive, il giudizio dell'autore sull'operato della Missione Italiana assume subito accenti fortemente critici, così a p. 109 si commenta: "The excavation rank amongst the worst controlled of Middle Eastern digs. Despite the publication of a single genuine-looking section (and that without foundation trenches), it appears that the diggins was by spits rather than by stratigraphy. So we find, for example, the excavators, failing to date the east gate more than roughly by excavation in the 1961 campaing, falling back on architectural features to confirm the late fourth-century construction date. Help in securing accurate date for the fortifications requires more systematic excavation". In merito alle indagini stratigrafiche condotte nel 1960, il parere dell'autore, a p. 113, è il seguente: "The results are useless for dating the land wall because 1. The excavators acquired much of their pottery 'sotto alle fondazioni', so this material could be considerably earlier than the construction; 2. Assuming that the pottery *is* relevant, it is the latest sherd wich dates the wall. Levi refers to 'la massima parte' and 'solo qualche frammento' – does other material exist? At the time of my visit (1967) there was a vast quantity of pottery lying around the pit, so we may assume that not everything was collected". Alla pagina successiva, l'autore conclude: "Setting aside the vague and incomplete evidence of the Italian team, we have two means of judging the date"..
[54] Cfr. Garlan, *Recherches de Poliorcetique grecque,* 248.
[55] Cfr. Lawrence, *Greek Aims in Fortification,* 187.
[56] Cfr. Adam, *L'architecture militaire grecque*, 234.
[57] Adam, *L'architecture militaire grecque*, 234.
[58] Cfr. Elisabetta Pagello, "I castelli di Iasos di Caria. Alcune considerazioni", in: Aldo De Marco, Giovanni Tubaro, a cura di, *Castelli e città fortificate. Storia recupero valorizzazione. I sistemi difensivi del bacino del mediterraneo*, Colloqui internazionali, Crotone – Rossano, 25-26 ottobre 1991, (Rossano: Grafosud, 1994), 494-495: "Il circuito difensivo più imponente è quello del VI secolo a.C., da riferire ad un grande sviluppo della città. [...] Questa velleitaria difesa da un'improbabile o difficoltoso attacco dalla terraferma, venne vanificata quasi subito e, distrutta la città da Lisandro (412-394) gli abitanti si ritirarono sull'isola, le cui mura furono rinforzate ed in parte riedificate, con materiale prelevato dal circuito di terraferma". Tale posizione non può essere condivisa.
[59] Cfr. Franco, "Le mura di Iasos", 184 e *passim.*
[60] Cfr. W. Johannowsky, "Note sullo sviluppo urbanistico di Iasos", 288.
[61] Cfr. Pimouguet-Pedarros, *Archeologie de la defense,* 349 segg.
[62] Cfr. Pimouguet-Pedarros, *Archeologie de la defense,* 343.
[63] Cfr. Pimouguet-Pedarros, *Archeologie de la defense,* 351-352.
[64] Pimouguet-Pedarros, *Archeologie de la defense,* 351-352.
[65] Cfr. Pierobon-Benoit Raffaella, a cura di, *Iasos, nuovi studi e ricerche, La Parola del Passato*, 60-2005, (Napoli: Macchiaroli, 2006).
[66] Cfr. Pierobon-Benoit, a cura di, *Iasos, nuovi studi e ricerche.*
[67] Cfr. Tomasello, "Il giovane Anacharsis transitò da Iasos", 192, 195-199.
[68] Cfr. Adam, *L'architecture militaire grecque*, 68, dove, a proposito dei salienti a tracciato rettangolare, si commenta: "Apparus tardivement dans l'architecture militaire grecque, (on ne connait pas d'exemple antérieurs au III siècle), les bastions carrés demeurèrent d'un usage fort restreint".
[69] Il ritardo intercorrente fra la diffusione dell'*assalto meccanizzato* e l'elaborazione di efficaci contromisure da parte degli architetti militari durante l'ultimo quarto del IV secolo a.C. appare ben documentato dalla tabella pubblicata da Mc Nicoll, *Hellenistic Fortifications*, 47, che mostra percentuali di successo da parti degli assedianti decisamente elevate e progressivamente crescenti per tutto il periodo 322-303 a.C..
[70] Così in Marsden, *Greek and Roman Artillery: Historical Development,* 145-146. Già citato da Mc Nicoll, *Hellenistic Fortifications*, 116 alla nota n.80.
[71] Secondo Lawrence, *Greek Aims in Fortification*, 186, sarebbero stati necessari almeno 4000 uomini per difendere il circuito di terraferma iasio, tenuto conto della concezione della difesa dichiaratamente attiva in base a cui esso fu progettato.
[72] Cfr. ad esempio Pimouguet-Pedarros, *Archeologie de la defense,* 345, nota n. 1438, dove si rileva una sostanziale analogia fra la tecnica costruttiva adoperata nella cinta di terraferma e quella impiegata in una torre ad Aghios Demetrios a Siphnos, datata ad epoca ellenistica.
[73] La riscontrata cesura strutturale fra torri e cortine, a rigor del vero, non escluderebbe però una datazione tardo-classica del complesso.
[74] Cfr. Pimouguet-Pedarros, *Archeologie de la defense,* 345.
[75] Cfr. Mc Nicoll, *Hellenistic Fortifications*, 116.
[76] Dello stesso avviso Pimouguet-Pedarros, *Archeologie de la defense,* 345-346: "Les techniques et méthodes de construction utilisées dans le mur continental de Iasos ne peuvent nullement servir de critère de datation car elle ne sont pas caractéristiques d'aucune période particulière".
[77] Cfr. Pimouguet-Pedarros, *Archeologie de la defense,* 345-346.
[78] Così in Mc Nicoll, *Hellenistic Fortifications*, 116.
[79] Cfr. Pimouguet-Pedarros, *Archeologie de la defense,* 352-354.

6. Il *kastron* presso l'istmo

Descrizione e analisi delle strutture

Un'estesa area in corrispondenza dell'attuale innesto della penisola con la terraferma risulta racchiusa all'interno di un circuito fortificato, conservato in elevato in porzioni anche molto ampie. Il cosiddetto castello dell'istmo denuncia una vicenda stratigrafica piuttosto articolata, interfacciandosi lungo alcuni segmenti con la presistente cinta insulare e riutilizzandone in piu settori le strutture.

Se una parte consistente del circuito fortificato è da mettere in relazione con la volontà di dotare di difese espansioni urbane a nord-ovest dell'agorà, originariamente esterne al tracciato tardo classico delle mura, dall'altra parte si osserva come, in epoca successiva, sia risultato necessario compartimentare quest'area, rispetto al resto della città, con una cortina interna, articolata da corpi in proiezione funzionali alla difesa di spazi chiaramente compresi entro il perimetro urbano.

In tale, ultima, configurazione, la fortificazione è probabilmente da valutarsi quale "cittadella" fortificata, concepita secondo il modello insediativo del *kastron*, atta a realizzare quella concentrazione di funzioni militari e politico-amministrative, che caratterizzerà molti territori dell'Impero d'oriente a partire dall'epoca proto-bizantina.[1]

L'area fortificata accoglie infatti al suo interno numerosi edifici pubblici, in gran parte riconducibili al periodo romano imperiale, che all'epoca della costruzione di queste difese dovevano risultare ancora utilizzabili.

Fra questi, oltre alcune cisterne per l'approvvigionamento idrico, riusate in parte in chiave difensiva, spiccano altri complessi, probabilmente di età medio o tardo imperiale per i quali sono state ipotizzate destinazioni a terme e a ginnasio[2], pur in mancanza di scavi o indagini specifiche. Inoltre, è stato osservato che l'attigua agorà mal si presta all'esercizio di attività commerciali, individuando quindi nel settore prossimo all'istmo una probabile area preposta a tali attività, in accordo con modelli diffusi nel mondo ellenizzato.[3]

Descrizione delle strutture

Il circuito fortificato, dal disegno a spezzata che determina salienti e diedri concavi, si sviluppa lungo un perimetro di quasi 600 metri, occupando una superfice pari a circa 1,36 ettari. Il suo settore meridionale, ad andamento rettilineo e con un piccolo corpo in proiezione dal profilo curvilineo, taglia un angolo dell'agorà adrianea, obliterando le terminazioni delle *stoai* nord ed ovest.

Tale tratto è da ascriversi alla fase in cui emerse il bisogno di compartimentare il castro rispetto al resto della città, con cortine a collegare segmenti di fortificazioni più antiche, anch'esse riadattate e rifunzionalizzate alle mutate esigenze difensive.

Infatti in corrispondenza dell'angolo sud-occidentale, il circuito fortificato appare inglobare il braccio in proiezione dell'ingresso a *dipylon* dell'agorà, ascrivibile in origine alla fase tardo classica delle mura insulari, riutilizzandone e trasformandone anche la torre terminale.

Procedendo lungo il circuito in senso orario, si incontra ad ovest un bastione aggettante, caratterizzato nel suo estremo angolo occidentale da una torre circolare ed in quello settentrionale da un saliente a dente posto a fiancheggiamento dell'ingresso principale al *kastron*.

Il perimetro fortificato include in questo settore cisterne, verosimilmente di epoca romano imperiale, originariamente funzionali all'approvigionamento idrico e prossime al tratto terminale dell'acquedotto romano, successivamente convertite a funzioni difensive, anche tramite l'apertura di feritoie.

L'ingresso al castro è costituito dalla porta a fornice descritta in precedenza[4], architravata all'esterno e centinata in corrispondenza della parete interna, con un elegante archivolto estradossato che denuncia la sua originaria estraneità rispetto al resto del paramento.

Una ulteriore, piccola risega, rinserra la porta sul lato destro, introducendo un tratto di cortina rettilineo intervallato da una grande torre a pianta rettangolare, cui si antepongono sul fronte prospiciente la terraferma, scarsi resti di strutture antemurali.

Questi interventi sono stati di recente messi in relazione con le urgenti misure difensive adottate dalla comunità iasia all'epoca delle scorrerie erule lungo la costa microasiatica.[5]

Le mura proseguono con un andamento seghettato, a definire un diedro convesso concluso da una torre a pianta circolare[6] ed uno concavo, tutti espedienti funzionali ad un efficace fiancheggiamento delle cortine, prima di attestarsi in corrispondenza di un corpo turrito a pianta poligonale, dotato di cinque lati in aggetto[7].

La torre, che presenta alcuni filari della muratura inferiore realizzati in grandi blocchi squadrati, fu individuata come "torre greca" nella prima pianta degli scavi italiani[8], tuttavia le restanti parti di elevato, caratterizzate da blocchi di riuso messi in opera con malta, sono da riferire ad interventi di rifacimento sicuramente più tardi[9], anche se rimangono aperti interrogativi sull'originario perimetro delle mura tardo classiche.

Un altro cospicuo segmento rettilineo connota il tracciato della fortificazione nel suo settore più settentrionale. Al termine di questo tratto delimitato a ovest da una torre poligonale, le mura risultano articolate da un'altra torre, prima di piegare bruscamente verso sud.

Tale torre, caratterizzata da una pianta curvilinea notevolmente in proiezione rispetto al filo delle cortine, con diametro massimo di 9,60 metri circa, è posta in corrispondenza dell'angolo nord-orientale del *kastron*, in un settore che consente la conduzione di una difesa panoramica. Il profilo, pressoché semicircolare nel settore di maggior

Fig. 199

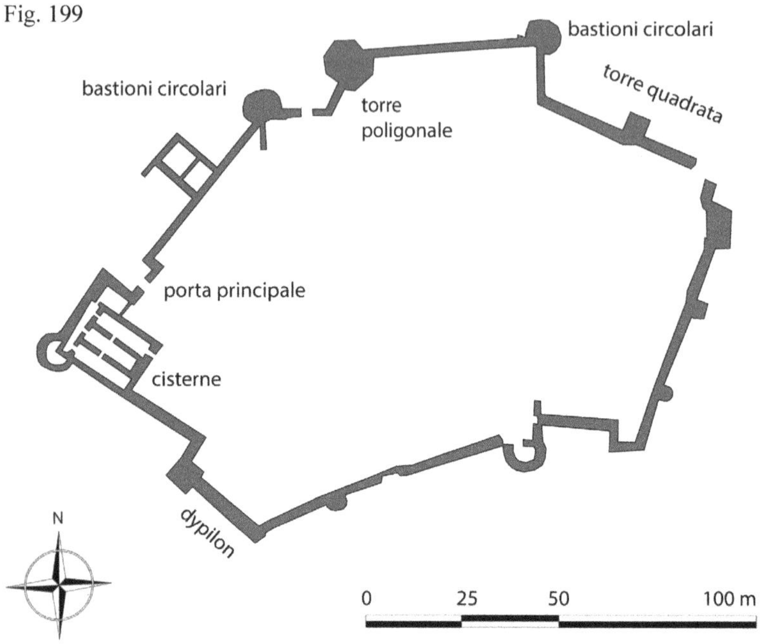

In questa pagina:
Fig. 199
Planimetria del kastron presso l'istmo con gli edifici rilevati
Fig. 200
Fotopiano della porta centinata collocata lungo il settore settentrionale del circuito, nei pressi del punto dove l'acquedotto giungeva in città (dai rilievi condotti durante la campagna 2002)
Fig. 201
Disegno a semplice contorno della porta archivoltata

Alla pagina seguente:
Fig. 202
Pianta delle cisterne preposte allo stoccaggio e alla decantazione dell'acqua (dai rilievi condotti durante la campagna 2002)
Fig. 203
Fotopiani e disegni a semplice contorno dei fronti delle cisterne preposte allo stoccaggio e alla decantazione dell'acqua

Fig. 200

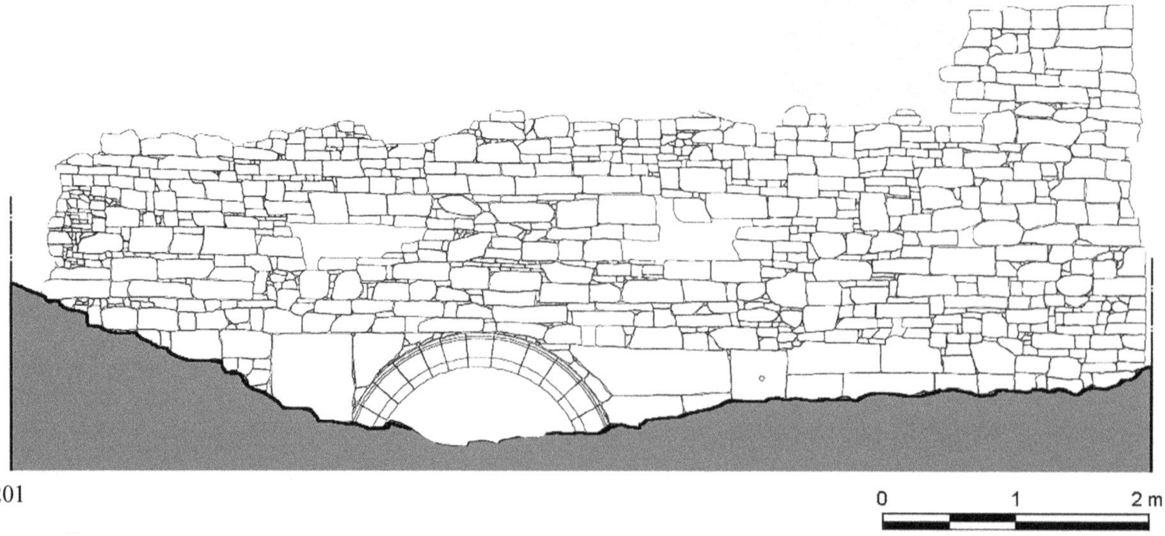

Fig. 201

Fig. 202

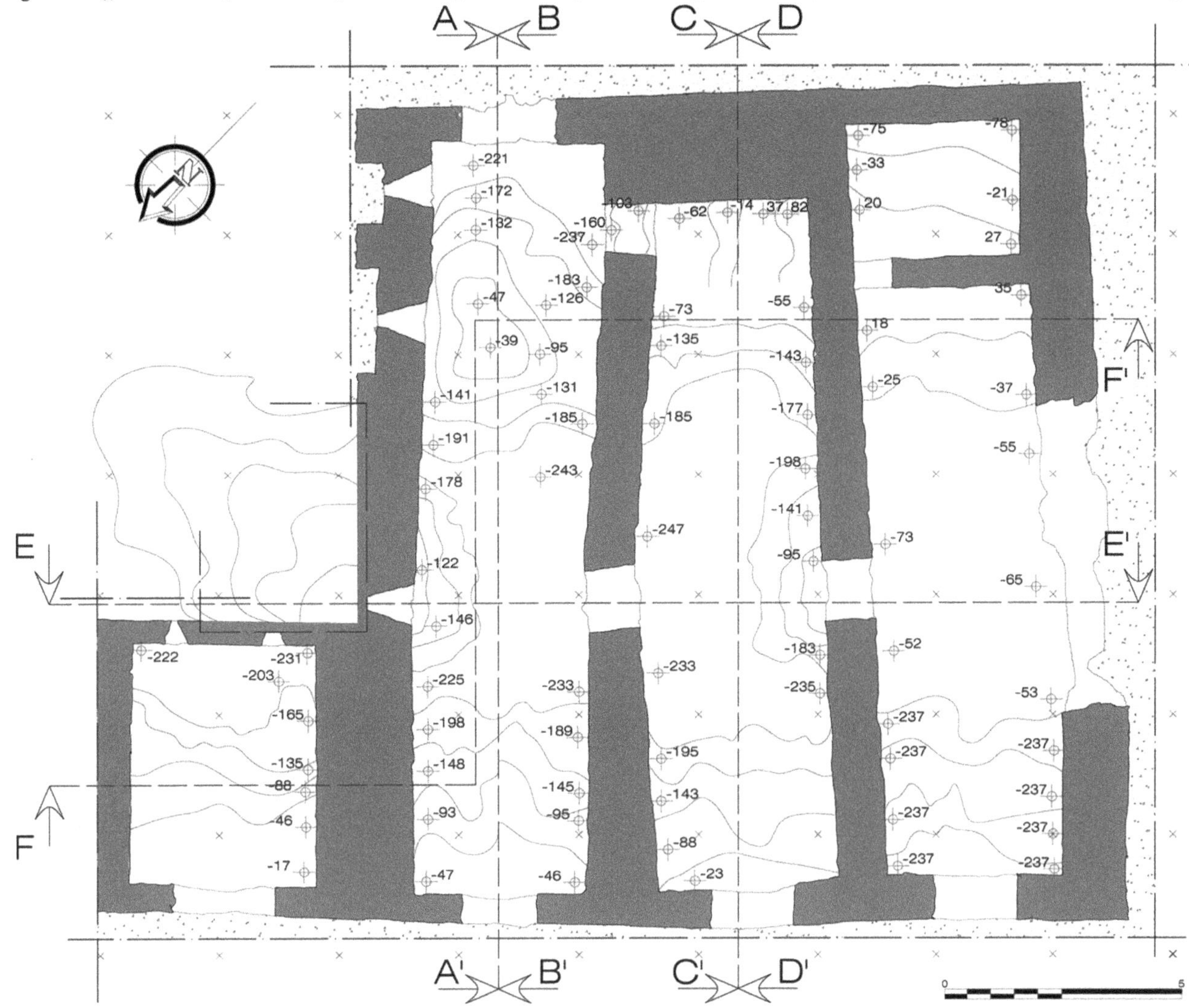

Fig. 203

Fig. 204

In questa pagina e alla pagina seguente:
Figg. 204-205
Sezioni longitudinali e trasversali delle cisterne preposte allo stoccaggio e alla decantazione dell'acqua (dai rilievi condotti durante la campagna 2002)

SEZIONE C-C'

SEZIONE D-D'

SEZIONE D-D'

Fig. 205

aggetto, presenta due raccordi quasi rettilinei in corrispondenza delle inserzioni con le mura adiacenti.

Il tracciato delle mura prosegue secondo un disegno che determina un profondo cuneo, racchiuso dalla torre appena descritta e da un'altra a pianta quadrata di estensione più modesta, distante appena 25 metri, oggetto di descrizione più dettagliata all'interno del paragrafo seguente.

La soluzione per il fiancheggiamento del tratto di cortina compreso appare oltremodo efficace: l'angolo morto che si crea ai piedi di quest'ultimo è infatti neutralizzato sia dal profilo concavo determinato dai due setti murari convergenti, sia dalla presenza ravvicinata di corpi turriti in forte proiezione, che si assicurano anche copertura reciproca.

Il perimetro fortificato prosegue nel suo settore meridionale con un similare andamento seghettato e con la presenza di articolazioni delle cortine in forma di torri, bastioni e salienti, non sempre tipologicamente identificabili in quanto non scavati e sormontati da crolli e vegetazione. La struttura più orientale si attesta, in corrispondenza di una grande aula con le pareti scandite da nicchie semicircolari e terminazione absidata, appartenente ad un organismo architettonico presumibilmente romano imperiale, mentre all'esterno appare come un possente bastione a prevalente sviluppo longitudinale.

Un'altra ampia struttura turriforme, preceduta da un piccolo bastione semicircolare rompitratta, occupa l'angolo sud-est del *kastron*, serrando entro un angolo acuto lo spazio compreso fra il proprio fianco occidentale ed il tratto di cortina adiacente.

Il tratto finale del circuito si caratterizza per la presenza di un grande bastione circolare fortemente sporgente, posto a raccordo fra due segmenti di cortina convergenti.

Il dispositivo tattico applicato è quello già incontrato in altri settori della piazzaforte: le brusche variazioni di direzione dei tratti di cortina determinano speroni sporgenti o recessi concavi, che risultano fiancheggiati in maniera ottimale sia dalle cortine stesse, sia dalle strutture turriformi opportunamente disposte in corrispondenza dei vertici, con collegamento visivo e balistico assicurato.

Le strutture del grande bastione circolare mostrano i segni di una complessa vicenda stratigrafica. I rilievi delle strutture hanno infatti evidenziato il susseguirsi di azioni edilizie volte al rafforzamento delle difese del *kastron* in corrispondenza di questo angolo, che nella sua fase iniziale risultava protetto unicamente dall'articolazione a saliente della cortina.

Solo in seguito si ritenne opportuno dotare anche questo segmento di fortificazione, che rimaneva comunque interno al perimetro della cinta urbana, di una torre in proiezione.

Questa, dotata con tutta probabilità di una o più camere accessibili, fu realizzata secondo un disegno planimetrico ad U, con una larghezza all'innesto con le mura di circa 5,60 m, ed un aggetto rispetto al filo della cortina originaria pari a circa m. 4,95.

Ad un periodo ancora posteriore va poi ricondotta la costruzione dell'ampio bastione circolare, avente diametro massimo pari a circa m 10,85, che circonda interamente la torre e l'irrobustimento delle mura adiacenti attraverso la realizzazione di ulteriori setti in aderenza a quelli presistenti.

Tali provvedimenti volti ad incrementare la resistenza e la possibilità di concentrare le difese in corrispondenza di questo vertice, denunciano come esso fosse divenuto di importanza nevralgica, forse anche in seguito alle diminuite garanzie di sicurezza offerte dalla cinta muraria urbana, divenuta nel frattempo inefficiente o impossibile da presidiare con un numero limitato di effettivi.

L'identificazione delle fasi edilizie che coinvolsero il *kastron* appare quantomai problematica sulla base delle sole tecniche costruttive, le cui variazioni dipendono in gran parte da un maggiore o minore ricorso ad elementi di reimpiego.

Nei tratti nord-occidentali ed orientali, per esempio, si riscontra un uso ampio di grandi blocchi squadrati di di reimpiego, anche se, come è stato fatto notare anche recentemente, alcuni di essi, segnatamente quelli in prossimità della torre poligonale, appaiono in giacitura primaria[10], inducendo ad ipotizzare la permanenza di brani di mura tardo classica.

In ogni caso la muratura prevalente nel *kastron* appare infatti caratterizzata da un uso generalizzato dell'opera cementizia, con paramenti realizzati con blocchi di modesta dimensione, sommariamente scapezzati e spianati, sovente

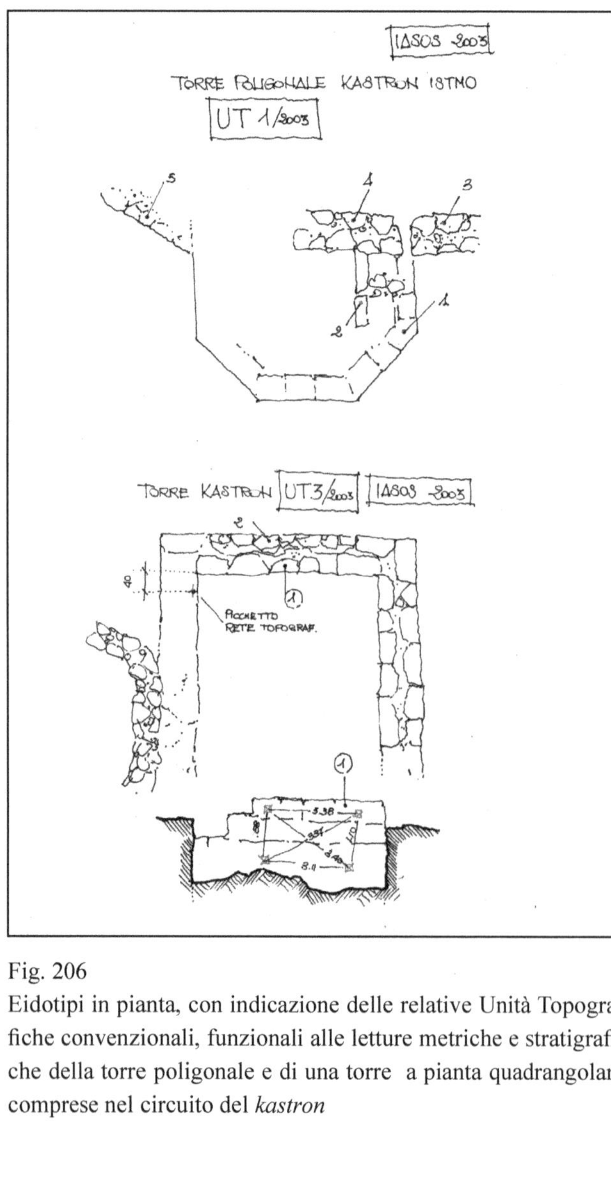

Fig. 206
Eidotipi in pianta, con indicazione delle relative Unità Topografiche convenzionali, funzionali alle letture metriche e stratigrafiche della torre poligonale e di una torre a pianta quadrangolare comprese nel circuito del *kastron*

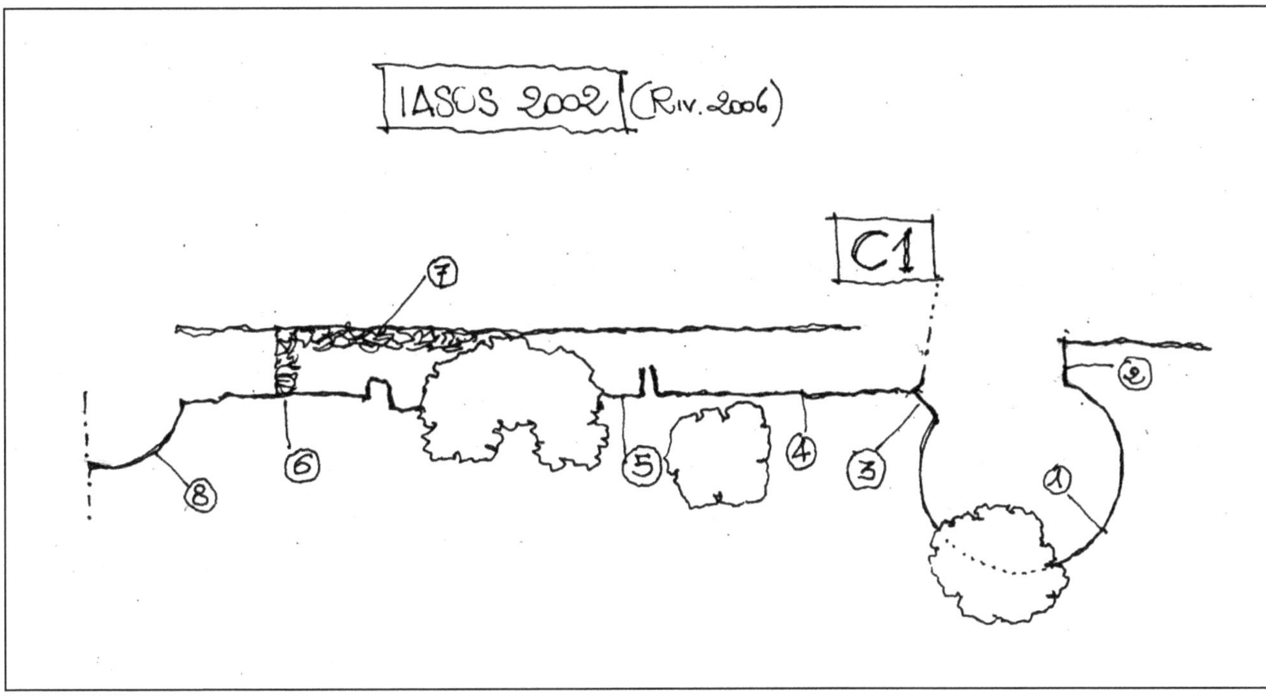

Fig. 207
Schizzo planimetrico con individuazione convenzionale degli elementi che compongono la cinta del kastron nel suo fronte meridionale

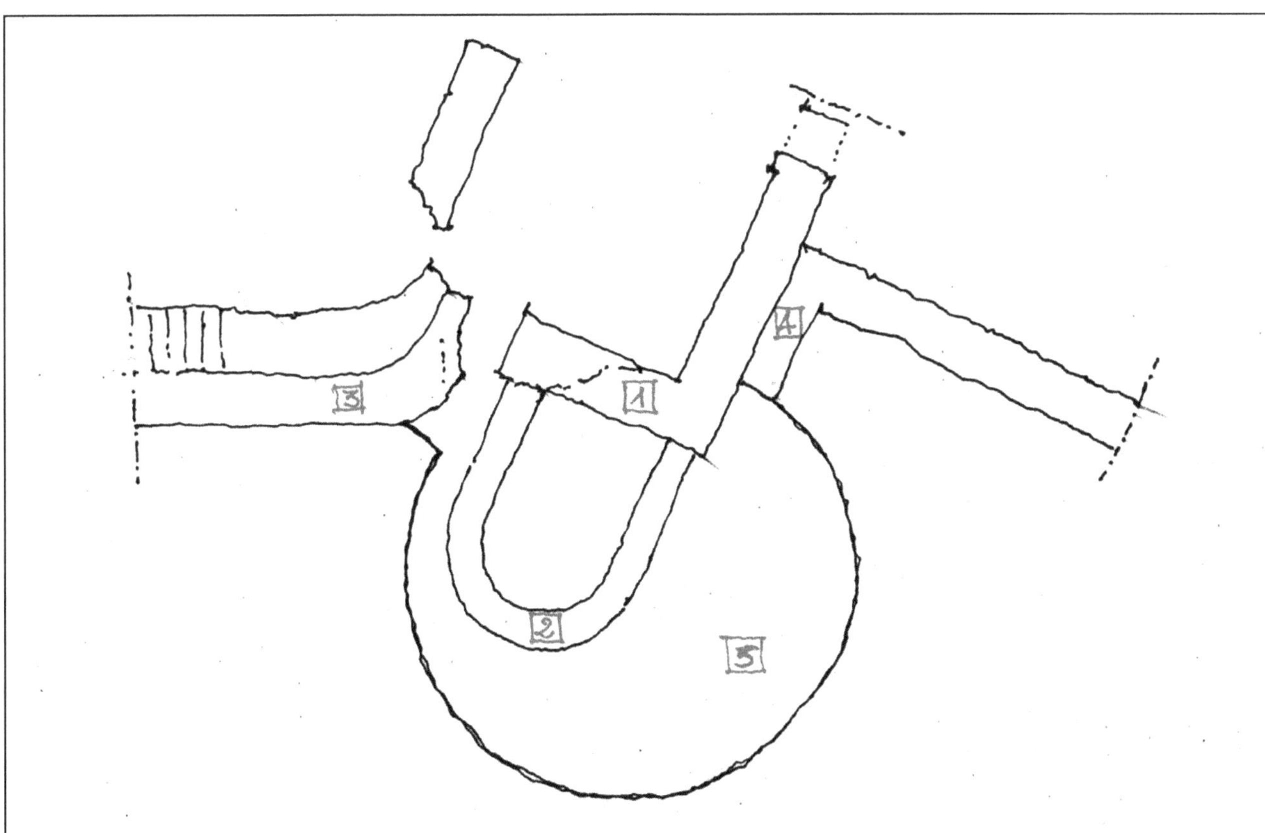

Fig. 208
Bastione identificato col n. 1 alla figura precedente. Schizzo planimetrico con individuazione delle diverse strutture murarie e delle discontinuità fra di esse riscontrate

Fig. 209
L'ampio bastione a pianta curvilinea collocato lungo il settore meridionale del circuito, nei pressi dell'area dell'*agorà*. Si noti il paramento in pietrame grossolanamente sbozzato e frammenti laterizi a saturare gli interstizi, con malta abbondantemente rifluente

rinzeppati con scaglie ed in alcuni settori con frammenti laterizi.
L'uso di mattoni interi come elementi costruttivi è sconosciuto o limitatissimo, mentre abbondano i frammenti, impiegati anche per ripristinare la continuità delle assise o, previa frantumazione, per confezionare malte e intonaci.
L'utilizzo di zeppature, abbastanza ampio nelle strutture murarie del *kastron* probabilmente pertinenti agli interventi più tardi, si estende anche ai giunti verticali, sebbene non si realizzi quella muratura *cloisonné*, caratterizzata da blocchi in pietra all'interno di "maglie" in laterizio regolari o meno, tanto diffusa nei territori dell'Impero d'Oriente già a partire dall'età medio-bizantina e che diventerà caratteristica dell'edilizia, soprattutto militare, del periodo comneno e lascaride.
Il fronte esterno nord occidentale, per quanto attualmente privo di paramento lungo vasti segmenti, mostra in alcuni settori una muratura in grandi blocchi, alcuni pertinenti alla più antica cinta insulare – della quale sembrerebbe ricalcare il tracciato – altri chiaramente di reimpiego; la presenza di una estesa muratura in grandi elementi traspare inoltre dall'illustrazione di Otto von Richter[11], sebbene si tratti di una rappresentazione abbastanza sintetica. Questi elementi inducono a collocare l'impianto del muro nord-occidentale nell'ambito degli interventi di ristrutturazione che coinvolsero le difese urbane durante il periodo medio-imperiale e la tarda antichità, in un'epoca quindi precedente all'edificazione del *kastron*, che riutilizzò ripetutamente, anche attraverso profonde trasformazioni, tali strutture.
L'uso di questo complesso fortificato, infatti, appare protrarsi nei secoli e se alcuni interventi di ristrutturazione sono forse da ricondurre al periodo tardo-bizantino[12], la costruzione del bastione nord occidentale è stata messa in relazione con la frequentazione del porto in periodo ottomano.[13]
Per quanto riguarda il rapporto fra il *kastron* e la terraferma, all'epoca di costruzione della fortificazione il canale che metteva in comunicazione i due bacini portuali separando la città dal continente, doveva risultare da tempo in buona parte interrato, forse in seguito ad azione antropica.[14]
In un periodo che rimane ancora da precisare, l'opportunità di una cesura fra l'insediamento urbano e la terraferma, valutata in chiave eminentemente difensiva, indusse la comunità iasia a scavare un fossato artificiale, ancora visibile nella pianta del Texier, attraverso questa sottile lingua di terra, che ripristinasse tale discontinuità.
La rifunzionalizzazione dell'area dell'istmo comportò forse anche la demolizione delle strutture edilizie poste innanzi alla porta d'accesso del *kastron*, o in prossimità

Fig. 210
Veduta della torre a pianta quadrata e delle creste murarie delle cortine adiacenti nel settore nord-orientale del circuito fortificato

Fig. 211
Rappresentazione planimetrica che evidenzia l'articolata vicenda stratigrafica che caratterizza la torre e le mura contigue

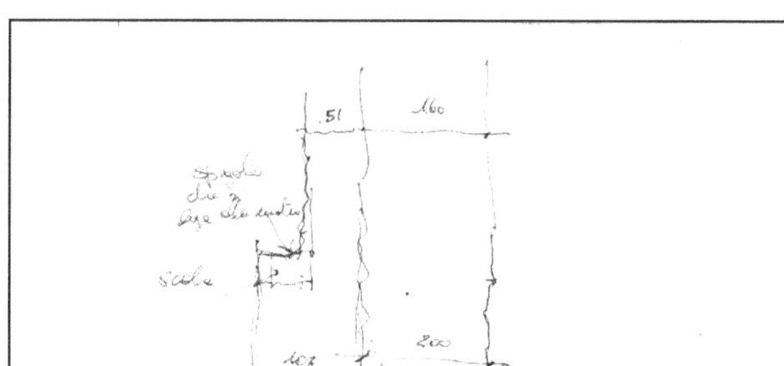

delle mura, che potevano offrire riparo alle forze nemiche in caso di assedio.[15]
Riguardo all'epoca di costruzione della piazzaforte, pur emergendo la verosimile relazione di buona parte dei settori occidentali e settentrionali con le vicende vissute dalla città all'epoca delle invasioni erule, per quanto riguarda gli interventi di rifunzionalizzazione dei bastioni e la costruzione delle cortine interne che confinano il castro dal resto della città, i dati sembrerebbero rimandare ad un periodo compreso fra il VII e l'VIII secolo d.C., relazionando il programma fortificatorio alla ristrutturazione militare-amministrativa in *temi* che interessò i territori bizantini a partire dal regno di Eraclio (610-641 d.C.) e che portò alla formazione di circoscrizioni di carattere essenzialmente militare, stabilmente presidiate da guarnigioni di soldati-coloni[16] il cui servizio si tramandava in via ereditaria.
La gerarchia militare, che si rifletteva sul governo del territorio, prevedeva uno *stratega* posto a comando del *thema*, cui facevano capo alti ufficiali, i *drungari* e i *turmarchi*, la cui autorità - soprattutto in Anatolia - si

Fig. 212

Fig. 213

Fig. 214

Alla pagina precedente e in questa pagina:
Figg. 212, 213, 214
Restituzione degli elevati della torre, attraverso fotopiani elaborati sulla base del rilievo topografico condotto durante la campagna 2006. Gli elementi non complanari al paramento dei fronti, non misurabili sull'immagine, sono stati privati del dato cromatico

strutturò progressivamente su base territoriale, attraverso l'insediamento il più possibile capillare di unità militari residenti.
Sembra che uno dei compiti principali di tali guarnigioni stanziate nelle regioni del litorale microasiatico fosse quello di proteggere gli insediamenti costieri dalle incursioni effettuate dalla flotta araba, oltre che dal sempre presente pericolo rappresentato dai tradizionali nemici di Bisanzio. Iasos ed il suo territorio furono inizialmente compresi nel *thema* marittimo dei *Karabisianoi*, poi, assieme a molti altri centri dell'Egeo sud-occidentale, nel *drungariato* di *Cibyrreoti*, che assurse al rango di *thema* durante i primi decenni dell'VIII secolo.[17]
Come già detto, a quell'epoca il processo di destrutturazione del tessuto urbano di Iasos doveva essere già in stato avanzato, tuttavia l'edificazione del *kastron* ed il rifacimento della strada principale di accesso testimoniano l'importanza strategica del centro in qualità di caposaldo militare posto a controllo del golfo omonimo, pur in un contesto economico-produttivo fortemente ruralizzato e da tempo in crisi.
Inoltre, questi programmi, verosimilmente da mettere in relazione con l'insediamento stabile di reparti militari, testimoniano un tentativo, probabilmente promosso dalle autorità centrali, di rivitalizzare l'antico insediamento attraverso un riassetto delle difese e un non trascurabile sostegno demografico.

La torre quadrata lungo il settore nord orientale delle mura

Non essendo possibile, all'interno del presente lavoro, procedere all'analisi di dettaglio di tutte le strutture che compongono il *kastron* presso l'istmo, è opportuno soffermarsi su alcuni manufatti collocati lungo il perimetro nord-orientale del circuito fortificato, la cui articolata vicenda costruttiva appare paradigmatica riguardo al fenomeno dei reiterati riusi e trasformazioni delle strutture, vero e proprio *leit motiv* nella storia delle fortificazioni iasie.
La torre ha pianta all'incirca quadrata e modesto sviluppo planimetrico (il fianco ovest misura 5,26 m, mentre il fronte settentrionale, 5,50 m).
La zona basamentale presenta su tutti e tre i lati accessibili un paramento in grandi blocchi in maggioranza di reimpiego, posati in opera su letti orizzontali di altezza eterogenea e a volte discontinui. Ai grandi elementi si alternano blocchi di dimensione decisamente minore, tagliati in forma di rozzi parallelepipedi. I litotipi riscontrati variano dal marmo, al calcare, alle arenarie.
I giunti non sono molto accurati e risultano riempiti con malta abbondantemente rifluente, che in alcuni settori

Fig. 215

Fig. 216

Fig. 217

Fig. 218
Dettaglio del paramento più interno della complessa compagine muraria che caratterizza questo settore della fortificazione. Si notino la lavorazione grossolana dei blocchi, che appaiono di modeste dimensioni e la frequente presenza di frammenti laterizi

Alla pagina precedente:
Figg. 215, 216, 217
Immagini di dettaglio di blocchi architettonici reimpiegati nelle strutture murarie della torre. Si individuano, fra gli altri, tre frammenti di fregio dorico con decorazioni a triglifi. Il primo in alto è stato rinvenuto, erratico, ai piedi della torre, gli altri due, sono collocati in opera rispettivamente sul paramento del fronte orientale e del fianco meridionale

costituisce una sorta di intonaco.
La malta, decisamente tenace, si presenta di colore chiaro, lievemente rosato per la presenza di cocciopesto e abbonda in calce.
Inglobati nella muratura si individuano frammenti di epistilio, porzioni di fregio dorico in marmo con metope lisce e triglifi, oltre ad una serie di conci perfettamente squadrati di incerta identificazione.
Questo basamento appare sormontato da un altro tipo di muratura, costituita da un paramento realizzato con un minor numero di grandi blocchi di riuso, rispetto alla muratura prima descritta e da una massa di elementi di pezzatura minore.
I blocchi sono disposti in assise sub-orizzontali di altezza decisamente eterogenea, con filari soggetti a sdoppiamenti e confluenze, mentre è frequente il ricorso a zeppature con scaglie litiche o frammenti laterizi. I giunti, piuttosto grossolani, appaiono riempiti con malta, rifluente ove non dilavata. Quest'ultima ha un aspetto decisamente diverso rispetto a quella impiegata nella porzione inferiore della

torre: di colore biancastro, ricca in calce e forse a base di marmo triturato, presenta buona consistenza ed aderenza.
Il riempimento della torre, che presentava quasi certamente un basamento pieno è realizzato con un opera cementizia confezionata con pietrame e schegge litiche allettati secondo piani di posa decisamente irregolari ma riconoscibili in abbondante malta a base di calce, di aspetto e consistenza simili a quello delle altre porzioni superiori di elevato.
La lettura operata sul retro della torre e lungo le cortine adiacenti rivela una vicenda stratigrafica ancor più articolata: dalla sommità della torre è infatti possibile constatare come la compagine muraria che delimita il perimetro fortificato immediatamente ad ovest della torre, sia costituita da due diversi setti.
Quello più esterno, avente uno spessore variabile da 1,60 m a 2 m, è caratterizzato sul fronte prospiciente l'insenatura orientale da un irregolare paramento attualmente in precarie condizioni, realizzato in piccoli blocchi sommariamente scapezzati e schegge litiche; questo muro taglia il volume della torre in corrispondenza del suo fianco occidentale, la cui edificazione si colloca stratigraficamente in una fase antecedente.
Le interfacce fra queste due murature contigue mostrano infatti che quella della torre ha dapprima subito un'azione di asportazione di materiale e successivamente un'operazione di risarcimento dei margini, ottenuta con l'inserimento di numerose zeppature, anche in direzione verticale.
Accanto al fronte interno di questo muro pù tardo, fu successivamente costruita in aderenza un'ulteriore cortina, avente spessore più modesto (1,02-1,09 m), che si assottiglia ulteriormente in corrispondenza di quella che doveva essere una possibile scala di accesso al camminamento di ronda.
La soluzione di continuità fra le due murature a contatto è ben visualizzata lungo alcuni segmenti da una sottile intercapedine, che permette di cogliere il diverso trattamento a suo tempo riservato ai due paramenti: quello del muro più esterno risulta infatti decisamente più accurato rispetto a quello della struttura adiacente che gli si addossa; quest'ultimo è infatti caratterizzato da una spiccata irregolarità nella posa in opera delle assise e dall'assenza di spianatura nella faccia esterna dei blocchi.
Lo stesso muro presenta un paramento meno irregolare lungo il fronte interno al *kastron*, realizzato con una muratura mista in blocchi di pezzatura fortemente eterogenea, disposti su corsi sub-orizzontali, con abbondante presenza di frammenti laterizi e zeppature litiche collocati sia in orizzontale che in verticale.
Per quanto sia possibile stilare una cronologia relativa fra questi interventi edilizi, i dati attualmente in nostro possesso non permettono di definirne la collocazione temporale, tanto più che le porzioni superiori dell'elevato della torre e le strutture murarie di entrambe le cortine mostrano una tecnica costruttiva similare, sebbene non identica.
Se la zona basamentale della torre può essere messa in relazione con gli interventi di restauro e rifacimento della cinta insulare operati in età tardo romana[18], le successive trasformazioni che hanno investito questo settore del *kastron* ne documentano un utilizzo prolungato nel tempo, evidenziandone l'importanza assunta quale autonoma e munita piazzaforte.

Note al capitolo 6

1 Cfr. *supra* 22-26. Sull'evoluzione delle città e sulla loro "militarizzazione" in epoca proto e medio-bizantina, si vedano: John Bryan Ward-Perkins, "Urban survival and urban transformation in the eastern Mediterranean", in: Gian Pietro Brogiolo, a cura di, *Early Medieval Towns in West Mediterranean,* (Mantova: SAP Società Archeologica, 1996), 143-153; Ravegnani Giorgio, *Castelli e città fortificate nel VI secolo,* (Ravenna: Edizioni del Girasole, 1983), *passim.*
2 Cfr.: Levi, *Studi su Iasos di Caria,* 67-68; Mascione, "Il complesso termale E di Alagün", 947-954.
3 Cfr. Masturzo, "La torre del porto occidentale", 173, con riferimenti bibliografici.
4 Cfr.: *supra*, 87-92; Franco, "Le mura di Iasos", 175; Si veda la pianta allegata alla documentazione di scavo in Levi, *Gli scavi di Iasos.*
5 Si veda Alessandro Viscogliosi, "Il Castello di terraferma a Iasos", *Bollettino dell'Associazione Iasos di Caria,* 15, (Firenze: All'Insegna del Giglio, 2009), 6-13.
6 Questa torre a pianta curvilinea eccedente il semicerchio è del tutto assente nei rilievi del 1968, menzionati in Levi, *Gli scavi di Iasos.*
7 I rilievi di G. Pavan, C. Pagani, in Levi, *Gli scavi di Iasos*, tav. C, restituiscono una planimetria ottagonale. I rilievi condotti dall'equipe del Dipartimento di Progettazione dell'Università di Firenze si sono limitati alla documentazione delle strutture estroflesse rispetto al filo delle cortine, costituite da cinque facce; quelle interne risultavano infatti occultate da detriti e vegetazione.
8 Cfr. *supra*, 80.
9 La torre è individuata invece come manufatto bizantino da Pagello, "I castelli di Iasos di Caria", 500: "...la torre ottagonale, unica a rappresentare una caratteristica precipua secondo le raccomandazioni dell'anonimo del *De Re Strategica*".
10 Alessandro Viscogliosi, "Il castello di terraferma a Iasos. Indagini 2009", *Bollettino dell'Associazione Iasos di Caria,* 16, (Firenze: All'Insegna del Giglio, 2010), 19-26.
11 Cfr. *supra*, 96.
12 Cfr. Serin, "Some observation on the middle byzantine church", 178.
13 Cfr. Masturzo, "La torre del porto occidentale", 173.
14 Cfr. Tomasello, *L'acquedotto romano,* 51, che ipotizza un intenzionale interramento del braccio di mare durante l'epoca tardo romana.
15 Tomasello, *L'acquedotto romano*, 51.
16 Cfr. Henry St. Laurence Beaufort Moss, "La formazione dell'impero romano d'oriente", in Joan Mervyn Hussey, a cura di, *L'impero bizantino,* (Milano: Garzanti,1978), 59-65.
17 Cfr. Masturzo, "La torre del porto occidentale", 179.
18 Secondo Pagello, "I castelli di Iasos di Caria", 498, "una piccola torre ad est è parte delle mura antiche"; i resti emergenti suggeriscono piuttosto un'appartenenza delle strutture basamentali alle fasi tardo-romane, mentre la porzione superiore dell'elevato si colloca più facilmente nel periodo medio-bizantino.

7. Il castello dell'acropoli

L'area dell'acropoli, collocata in corrispondenza della sommità dell'affioramento calcareo peninsulare, è cinta da un vasto circuito fortificato, attualmente ben conservato per ampie porzioni di elevato.

La cinta muraria della piazzaforte circonda un pianoro lievemente degradante verso ovest, che si interrompe bruscamente in corrispondenza di un alto strapiombo prospiciente il bacino portuale occidentale, secondo un tracciato eccentrico rispetto alla zona di massima elevazione del promontorio.

Il circuito, di forma approssimativamente trapezoidale, con gli angoli smussati e orientato all'incirca in direzione nord-sud, si attesta in corrispondenza del ciglio del dirupo lungo tutto il fronte occidentale, sfruttando in maniera ottimale le difese naturali offerte dall'orografia del sito. Con uno sviluppo lineare esterno di circa 360 m, delimita all'interno una superficie di poco più di 8.277 mq.

Gli accessi all'area fortificata sono due. Quello principale si colloca lungo il settore settentrionale, in posizione mediana rispetto alla base minore del trapezio suddetto ed è costituito da una porta rinserrata fra due torri ravvicinate a pianta quasi quadrata, fortemente in proiezione rispetto al filo delle cortine a determinare un profondo recesso antistante l'entrata vera e propria. La porta, che reimpiega negli stipiti due grandi elementi architettonici antichi, forse frammenti di trabeazione, era conclusa da un fornice centinato, attualmente solo in parte conservato. I recenti scavi hanno riportato alla luce la soglia della porta – e di conseguenza la quota dell'originario piano di calpestio – evidenziando inoltre la presenza di tracce di combustione.[1]

L'altro ingresso è invece posto lungo la base maggiore meridionale, nelle immediate vicinanze dell'angolo sud-ovest. L'approccio avviene secondo un opportuno percorso obbligato, dettato dalla presenza dello strapiombo occidentale, che costringe chi si avvicina a volgere per un lungo tratto il fianco destro alla fortificazione.

L'ingresso, per gran parte interrato, rielabora la tipologia della *porta-torre*, con un volume leggermente estroflesso rispetto al filo esterno delle cortine e compreso in gran parte all'interno dell'area fortificata. Il dispositivo è costituito da una sequenza di due aperture centinate assiali, che inquadrano una camera intermedia piuttosto angusta, quasi certamente in origine solaiata.

Il circuito fortificato è articolato da sedici torri, comprese quelle che concorrono alla difesa delle porte. La pianta è alternativamente rettangolare e ad U, con bracci rettilinei generalmente paralleli a raccordo pressoché semicircolare. Una sola torre presenta un impianto planimetrico differente: si tratta della torre posta in corrispondenza dell'angolo nord-occidentale, che appare caratterizzata da un perimetro poligonale con cinque facce aggettanti rispetto al filo delle cortine.

La scansione delle torri appare non omogenea e connaturata all'accessibilità e alla diversa morfologia del terreno circostante: lungo i segmenti del fronte settentrionale, nel settore posto a destra della porta principale, caratterizzato da un terreno relativamente poco accidentato, la distanza reciproca fra le torri risulta, procedendo in senso orario: metri 4,01 (torri inquadranti la porta), metri 11,67, metri 10,08. Un passo lievemente più ampio unito ad una maggior regolarità contraddistingue invece le torri in proiezione collocate lungo il fronte orientale, il cui intervallo risulta compreso fra i 12,70 m ed i 13,67 m. Lungo il fronte meridionale, l'interasse fra le torri aumenta ancora, determinando segmenti di cortina ininterrotti ampi dai 13,20 m ai 18,83 m. Sul fronte occidentale la presenza di torri si fa decisamente rarefatta: due sole torri, distanti tra loro oltre 38 metri, articolano infatti il perimetro fortificato, che risulta tuttavia ottimamente protetto dalle difese naturali, costituite dalle balze rocciose a strapiombo sottostanti.

La presenza di questa protezione naturale che riduce fortemente l'esposizione agli attacchi di questi settori del castello, ha indotto a collocare una sola, ampia, torre in corrispondenza dell'angolo nord-ovest. Tale torre a pianta poligonale, separata dalla torre che fiancheggia la porta nord da un tratto di cortina lungo oltre 24 metri, appare comunque difficilmente attaccabile ed in grado di fornire una difesa panoramica.

Le torri si conservano attualmente fino ad una quota che non eccede in genere quella che doveva avere il camminamento di ronda. Quest'ultimo risultava accessibile mediante frequenti rampe di scale singole o a configurazione simmetrica, ricavate all'interno delle compagini murarie con andamento parallelo alle cortine e il cui sbarco delinea in alcuni settori quella che doveva essere la quota della *parodos*.

I resti attualmente conservati indicano che le torri erano dotate probabilmente di almeno due camere solaiate accessibili, tuttavia il disegno realizzato dal Gouffier[2] verso la fine del XVIII secolo, restituisce un'immagine del castello con torri a forte sviluppo verticale, svettanti ben oltre il probabile livello terminale delle cortine. Rilievi di dettaglio, eseguiti all'interno della camera di una torre del fronte meridionale, hanno infatti evidenziato la presenza di riseghe e fori a sezione rettangolari, funzionali alla presenza di partizioni orizzontali a struttura lignea. L'esistenza di camere più basse, almeno in alcune torri, sarebbe inoltre suggerita dalla presenza di numerosi fori di drenaggio praticati in prossimità del piede delle murature.

Sul retro le torri presentano una gola aperta, che immette nella camera sopraelevata e che doveva garantire un rapido approvigionamento di strumenti e materiali o un immediato accesso, forse tramite scale lignee, all'interno dell'ambiente.

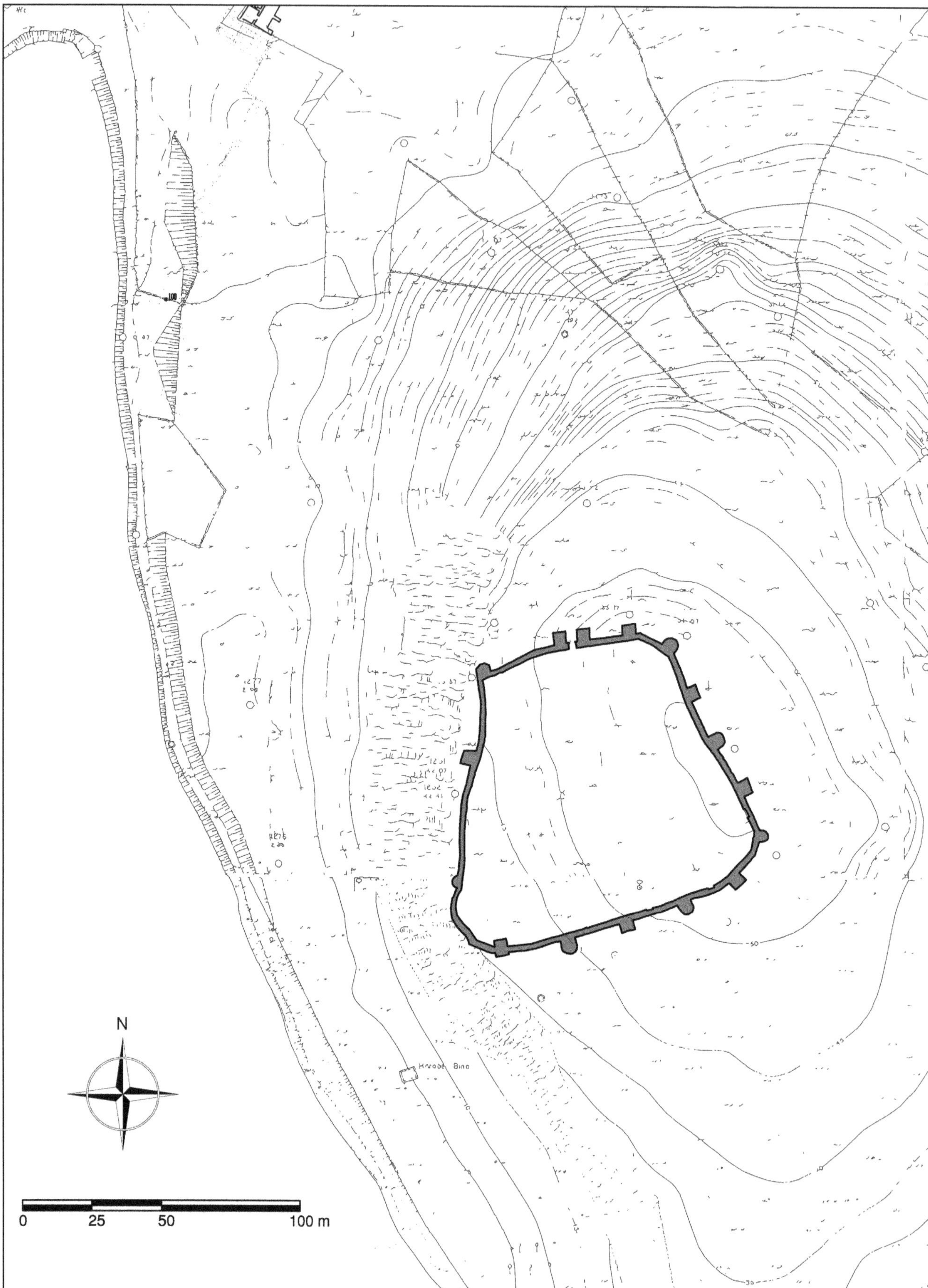

Fig. 219
Planimetria del castello dell'acropoli, collocato alla sommità del promontorio iasio (dai rilievi eseguiti durante le campagne 2006 e 2007)

Fig. 220
Iasos, veduta da est pubblicata da Choiseul-Gouffier, *Voyage Pittoresque de la Grèce*, Paris, 1782, tav. 103. Sullo sfondo, il castello dell'acropoli domina il promontorio, con le sue torri che appaiono svettanti ben oltre la quota sommitale delle cortine. Poco più in basso e a sinistra, il muro di analemma del teatro. Ancora più in basso, le rovine delle mura e, a destra del mausoleo, le arcate dell'acquedotto

Gli scavi di recente effettuati dalla Missione Archeologica Italiana all'interno di una delle torri ad U collocate lungo il fronte meridionale, immediatamente ad est della porta-torre, hanno evidenziato inoltre come, al di sopra del primo livello funzionale destinato a deposito, vi fosse un ambiente su solaio a impalcato ligneo, dotato di camino.[3]

Da un punto di vista tattico appare opportuno sottolineare l'oculata disposizione delle aperture di tiro, rilevata in alcune torri.

Il disegno di queste strette feritoie fortemente strombate ed a volte asimmetriche, collocate in alcuni casi in posizione decentrata, appare infatti finalizzato alla realizzazione di un fiancheggiamento reciproco fra le strutture in proiezione.

Oltre questa cerchia articolata da torri in aggetto non si registrano altri dispositivi difensivi all'interno dell'area fortificata.

L'unico edificio interno di cui permangono fuoriterra resti cospicui è una cisterna a pianta rettangolare (10,34 m × 8,77 m le dimensioni massime), originariamente voltata.

I saggi stratigrafici condotti nel 2006-2007 nell'area della porta nord evidenziarono la presenza di strutture murarie addossate alle cortine, a delimitare ambienti di modesta estensione planimetrica. Questi ultimi erano verosimilmente coperti con strutture lignee, le cui ammorsature sono tuttura ben visibili nei paramenti murari interni del circuito del castello.

Numerosi altri incavi, spesso posti a quote pressoché costanti, si rilevano lungo vasti tratti del perimetro interno e sebbene la loro presenza possa essere messa in relazione con l'applicazione di catene lignee profondamente inserite nel nucleo della muratura[4], secondo una prassi costruttiva ben documentata in epoca tardo-bizantina, la scoperta degli edifici presso la porta nord indusse a valutarne la possibile pertinenza con altri ambienti dislocati lungo il circuito fortificato.[5] La consistente sezione di tali cavità, che sembrerebbe escluderne la funzione di semplici buche pontaie, suggerì in alcuni settori la possibile esistenza di ulteriori vani, forse costruiti con materiali maggiormente deperibili e destinati ad abitazioni o al ricovero di materiali.

L'ipotesi, fino ad epoca molto recente, generalmente accolta, di uno spazio interno privo di manufatti edilizi e del ruolo di semplice rifugio temporaneo in caso di emergen-

Fig. 221
Il perimetro fortificato lungo il suo settore orientale. Si noti il nucleo delle murature in opera cementizia

Fig. 222
Il circuito fortificato in corrispondenza della torre a pianta poligonale. Sullo sfondo, il porto occidentale

Fig. 223
Interno della cisterna, con condotti di adduzione e tracce di intonaco idraulico all'interno del circuito fortificato

Fig. 224
Il fianco di una delle torri con pianta a ferro di cavallo lungo il settore orientale del circuito fortificato

Fig. 225
Restituzione degli elevati dei fronti esterni della porta nord, delle torri che la fiancheggiano e delle cortine adiacenti, attraverso fotopiani elaborati sulla base dei rilievi strumentali condotti durante le campagne 2006 e 2007. Gli elementi rappresentati di scorcio o non complanari ai paramenti dei fronti e pertanto non misurabili sull'immagine, sono stati privati del dato cromatico

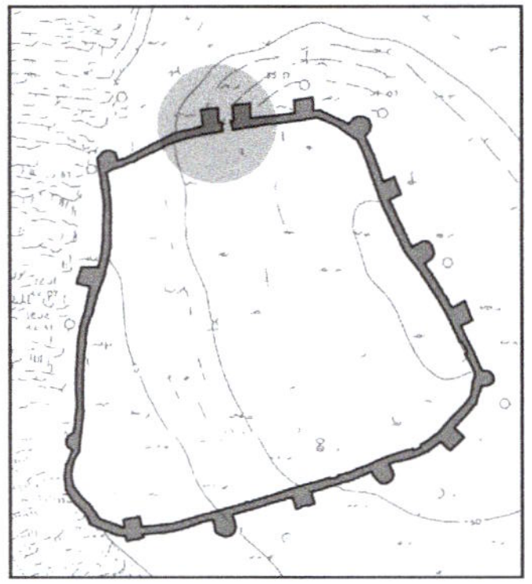

Fig. 226
Restituzione degli elevati del fronte interno della porta nord e delle e delle mura adiacenti, attraverso fotopiani elaborati sulla base dei rilievi strumentali condotti durante le campagne 2006 e 2007. Gli elementi rappresentati di scorcio o non complanari ai paramenti dei fronti e pertanto non misurabili sull'immagine, sono stati privati del dato cromatico.
Sulla sinistra, la rampa di scale che consentiva l'accesso al comminamento di ronda. A destra della porta, cavità nel paramento della cortina, funzionali all'alloggiamento di elementi lignei, verosimilmente da relazionare agli ambienti addossati alle mura rinvenuti nel 2007 (nel grafico non è stata rappresentata la trincea di scavo)

Fig. 227

Fig. 228

Figg. 227-228

Restituzione degli elevati del fianco, rispettivamente occidentale ed orientale della porta principale e delle torri adiacenti, attraverso fotopiani elaborati sulla base dei rilievi strumentali condotti durante le campagne 2006 e 2007. Si notino i blocchi di reimpiego (probabilmente frammenti antichi di trabeazione) messi in opera a costituire lo stipite della porta e nelle strutture murarie di un ambiente interno addossato alle mura. Gli elementi non complanari ai paramenti dei fronti, non misurabili sull'immagine, sono stati privati del dato cromatico

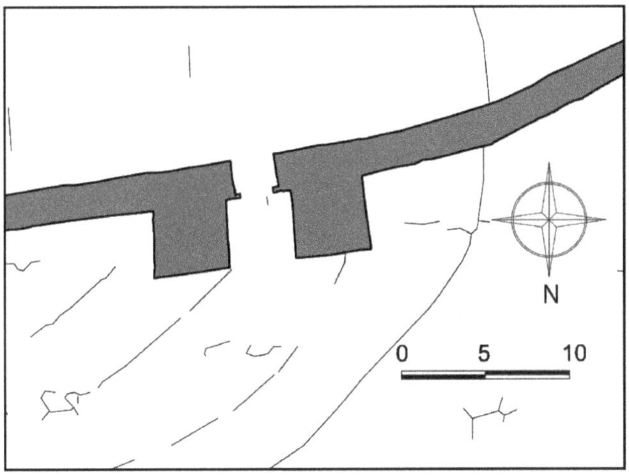

Fig. 229
Planimetria del segmento settentrionale della fortificazione, in corrispondenza della Porta Nord

Fig. 230
La porta-torre situata in prossimità dell'angolo sud-occidentale del circuito. Dettaglio dell'apertura centinata, parzialmente interrata, con arco dal particolare profilo, quasi ogivale, a rozzi cunei

za attribuito alla fortezza[6], è stata smentita dalle indagini, condotte nel corso dell'ultimo decennio, dalla Missione Archeologica Italiana, che attraverso una serie di saggi stratigrafici ha censito sul sito la presenza di decine di cellule edilizie che si attestavano, soprattutto in corrispondenza delle torri, delle porte e delle cortine, ma anche attorno alla cisterna[7].

Dal punto di vista della tecnica costruttiva, le strutture del castello sono realizzate con un'opera cementizia racchiusa da un doppio paramento realizzato con blocchi di pezzatura eterogenea con estensione longitudinale nettamente prevalente, sommariamente scapezzati, spianati e disposti in assise sub-orizzontali discontinue in abbondante malta, spesso rifluente a costituire una sorta di intonaco. Quest'ultima, decisamente tenace è a base di calce e di cocciopesto, con colori variabili dal grigio chiaro al rosato. L'uso di scaglie litiche a zeppatura dei giunti è ovunque ampio, mentre la presenza di frammenti laterizi si fa intensa soltanto in corrispondenza del settore nord-orientale, sia nel paramento esterno, sia lungo la cortina interna.

Lungo questi segmenti i frammenti laterizi formano a volte brevi ricorsi, volti ad omogeneizzare e ripristinare l'orizzontalità dei filari, o risultano disposti secondo giaciture verticali, realizzando in alcuni casi modeste porzioni di muraturatura *cloisonné*.

Molto diffuso in tutto il circuito è l'utilizzo di elementi di reimpiego, fra i quali abbondano i frammenti architettonici antichi, anche decorati. Allo stesso modo, la loro presenza diviene massiva, se non addirittura preponderante, nel settore nord-est della fortificazione dove alcune strutture mostrano l'applicazione della tecnica dell'*opus gallicum*[8], realizzata attraverso l'inserimento di rocchi di colonne all'interno del nucleo della muratura. Questo espediente

Fig. 231
Dettaglio del paramento del fronte interno della camera intermedia della porta-torre

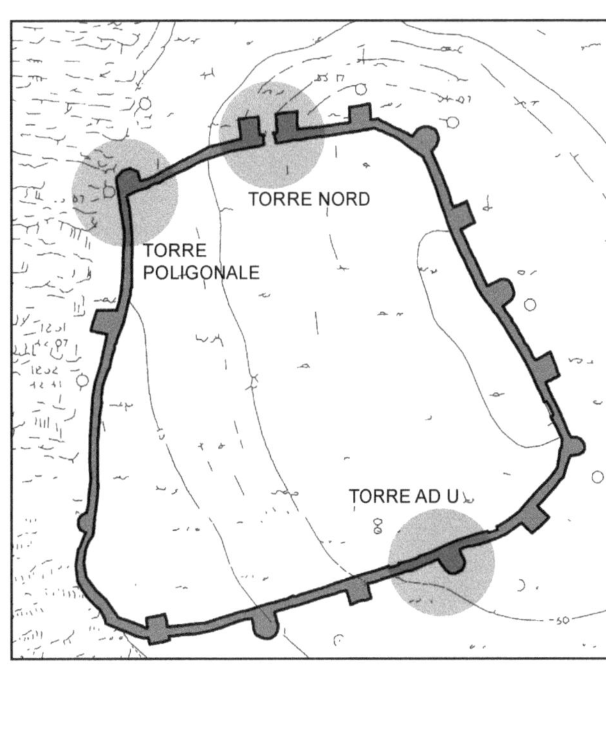

Fig. 232
Localizzazione della Porta Nord, della Torre poligonale e della Torre ad U lungo il perimetro fortificato

Fig. 233
Dettaglio della muratura della torre a pianta poligonale collocata in corrispondenza dell'angolo nord-occidentale del circuito

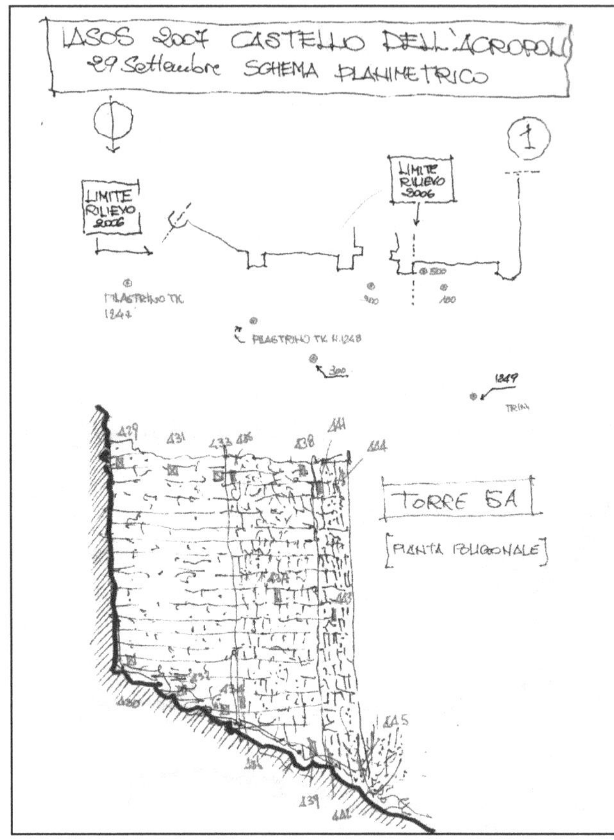

Fig. 234
Eidotipo funzionale alle operazioni di rilevamento topografico e fotogrammetrico dell'elevato della torre a pianta poligonale

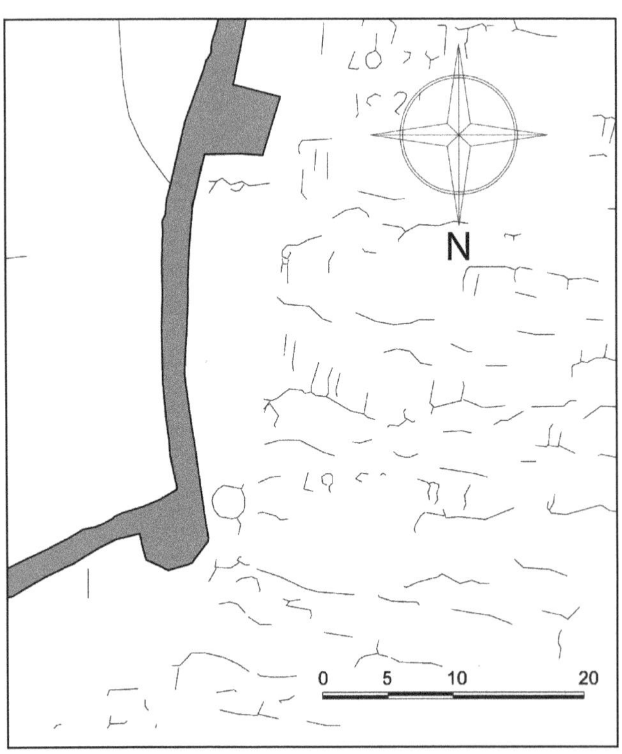

Fig. 235
Planimetria del segmento nord-occidentale della fortificazione, in corrispondenza della torre poligonale

costruttivo realizza, al pari dell'applicazione delle catene lignee prima menzionate, una miglior coesione fra l'*emplecton* in opera cementizia e i paramenti, già a partire dalle fasi di presa della compagine muraria.

In particolare, la torre a pianta quadrata collocata più a settentrione mostra uno dei filari inferiori totalmente realizzato con grandi elementi di recupero, fra i quali spiccano probabili porzioni di stilobate, un frammento di fregio dorico con triglifo e due rocchi di colonna a sezione circolare profondamente inseriti all'interno della muratura, mentre gli spigoli dell'elevato superiore sono sottolineati dalla presenza di frammenti laterizi su corsi alternati.

La torre immediatamente a meridione, con pianta ad U, registra un uso altrettanto generalizzato di conci di reimpiego: qui agli elementi cilindrici inseriti orizzontalmente nella muratura si sovrappone, inglobato nella cortina ed in asse con la feritoia centrale, una porzione di fusto di colonna collocata in posizione verticale.

L'elemento cilindrico è inquadrato simmetricamente dai profili circolari dei due rocchi e si eleva, sormontato da ulteriori conci di riuso che delimitano la sottile apertura di tiro, a suggerire forse un grande fallo con funzione apotropaica.

Questa variazione nella tecnica muraria è stata messa in relazione con un'ipotetico intervento rifacimento di alcune strutture del settore nord orientale, operato forse in periodo lascaride[9]. Riguardo a quest'ultima osservazione, appare opportuno segnalare che alcune irregolarità morfologiche e discordanze dimensionali, che emergono dal confronto con altri segmenti della fortificazione, potrebbero trovare spiegazione proprio in una possibile alterazione del tratto orientale, dovuta a restauri o completamenti più tardi.

Tuttavia non avendo ancora proceduto ad un'analisi del susseguirsi delle azioni costruttive e distruttive sugli elevati del castello dell'acropoli, non appare opportuno prendere posizione in merito, limitandosi pertanto ad ravvisare la presenza di una tecnica muraria decisamente differente, pur all'interno di un organismo che sembrerebbe concepito secondo un impianto unitario.

Sia pur in un contesto del tutto diverso, vale anche qui quanto osservato riguardo alla cinta muraria insulare: una eterogeneità nella tecnica costruttiva non è automaticamente sintomo di consistente diacronicità, potendo dipendere da un'alternanza di maestranze o dalla presenza contemporanea di più cantieri, con artefici educati secondo differenti tradizioni costruttive.[10] Inoltre, il settore orientale non è l'unico dove appare plausibile il susseguirsi di interventi di ripristino delle difese, per quanto in nessun altro tratto si riscontri un così ampio utilizzo di frammenti laterizi e grandi blocchi di reimpiego.

Riguardo all'attribuzione e alla datazione del complesso, le opinioni degli studiosi non sono, anche in questo caso, univoche. La postazione fortificata dell'acropoli iasia è genericamente definita "medievale" dallo Judaich[11], mentre secondo il Guidi[12], si tratta di una fortificazione di origine bizantina. Bean e Cook[13] vi ravvisano invece un'architettura riferibile all'ambito turco-ottomano, come d'altronde sembra trasparire dalla descrizione fornita nel portolano redatto nel 1521 da Pîri Re'is Bahrie.[14] Più di recente, le

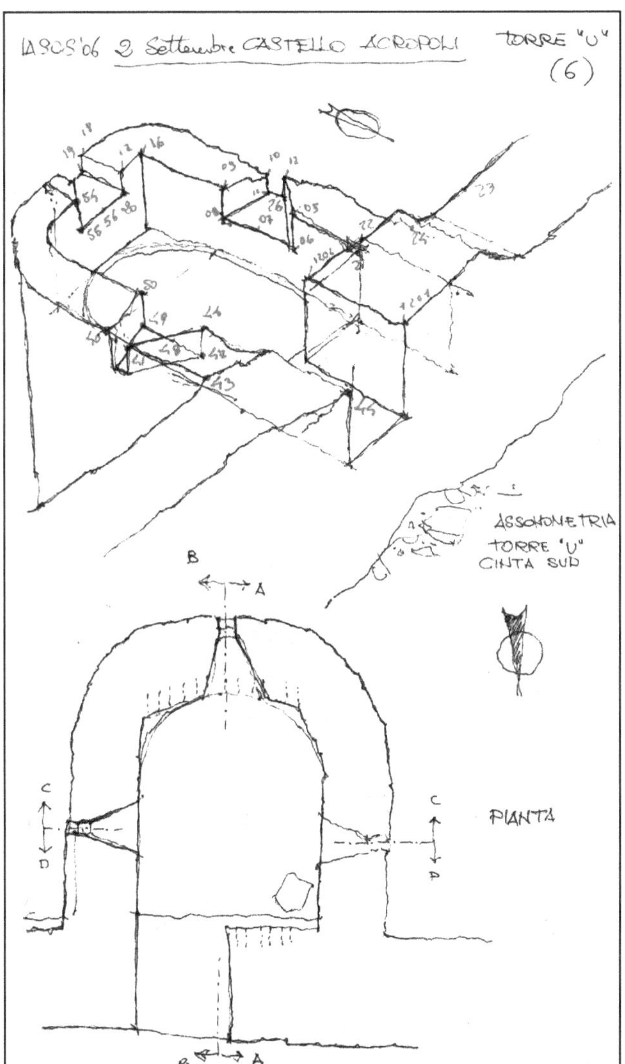

Fig. 236
Eidotipi funzionali alle operazioni di rilevamento strumentale di dettaglio, diretto e fotogrammetrico, di una torre collocata lungo il settore meridionale del circuito. Assonometria e pianta della torre, che conserva parzialmente tre feritoie

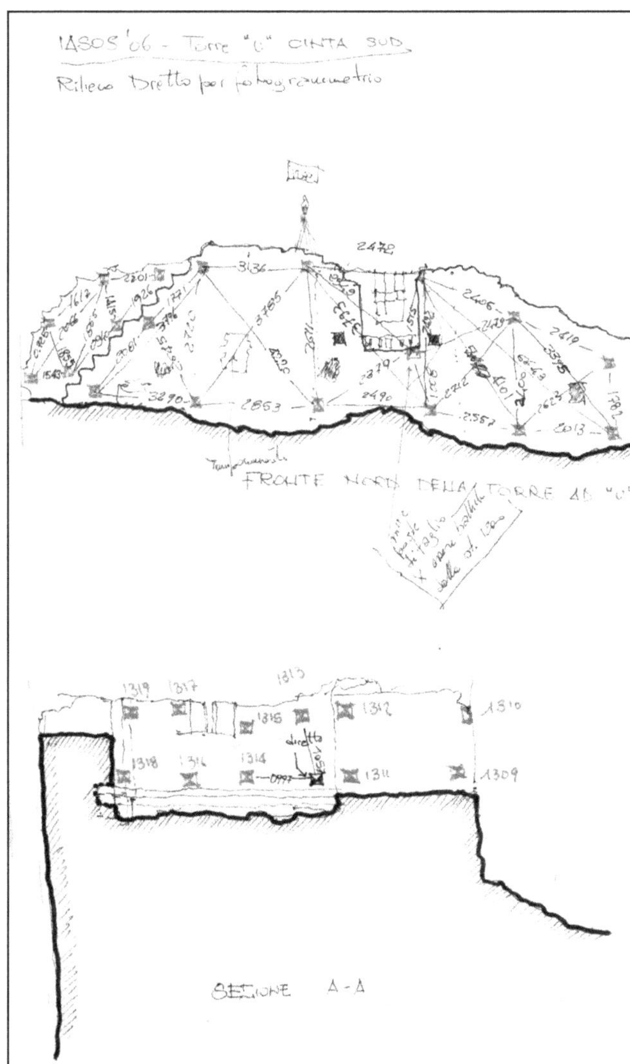

Fig. 237
Elevato del retro della stessa torre,con scalinata d'accesso al camminamento di ronda e *gola aperta* sul paramento interno e rappresentazione della sezione longitudinale passante per la feritoia centrale

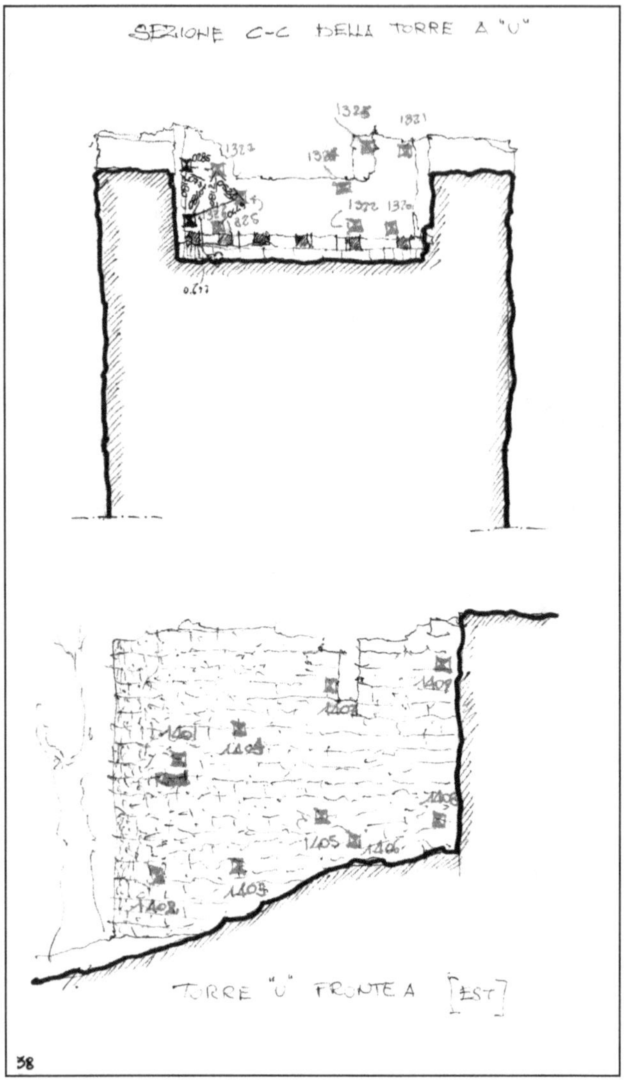

Fig. 238
Sezione trasversale passante per le feritoie laterali e fronte orientale del corpo estroflesso

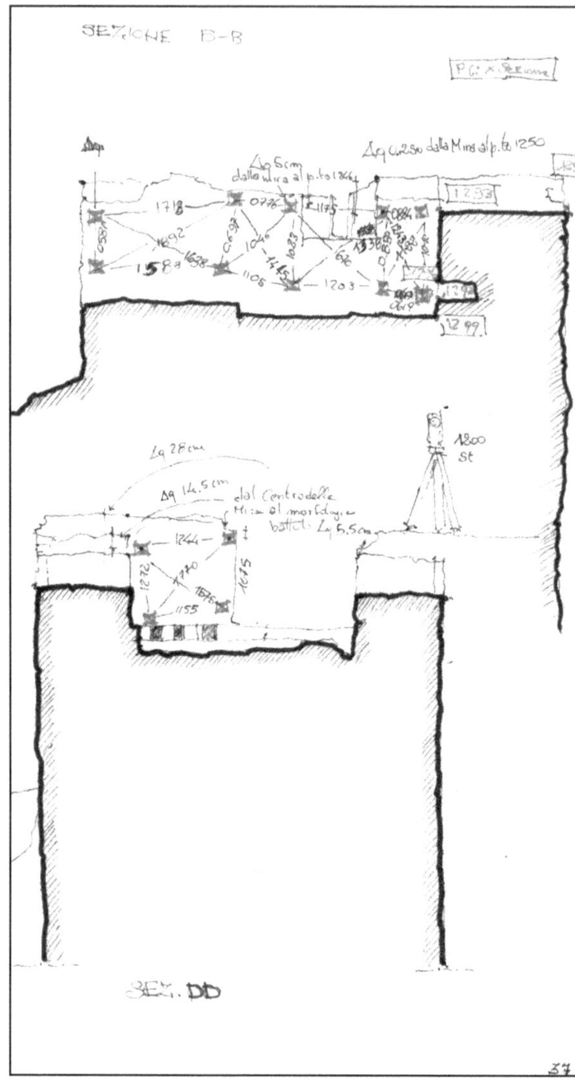

Fig. 239
Sezione longitudinale e sezione trasversale passante per le feritoie

Fig. 240
Sviluppo del fronte esterno della torre con pianta ad U, ottenuto attraverso la composizione dei singoli fotogrammi planarizzati

Fig. 241
Immagine panoramica del fronte interno del castello dell'acropoli lungo il tratto rivolto ad oriente. Si notino la presenza di *gole aperte* sul retro delle torri e le scalinate d'accesso, con gradini in aggetto, al camminamento di ronda

attribuzioni si sono alternativamente conformate alle ipotesi che vedevano nella fortezza un presidio dei Cavalieri di Rodi (come asserito dalla tradizione) o pertinente alle difese costruite dall'Impero d'Oriente durante il periodo comneno e l'impero di Nicea.

Un'attinenza del castello con la presenza degli ordini monastico-militari nella regione è infatti accolta da Doro Levi, che riscontrò nell'area dell'acropoli la presenza di simboli identificabili con stemmi cavallereschi, oggi perduti.[15] Dello stesso avviso, Elisabetta Pagello, che attribuendo la costruzione del castello ai cavalieri di Rodi, ne individua nel XIV e nel XVI secolo gli estremi cronologici più probabili.[16] Anche Tomasello, pur riferendosi soltanto fugacemente al castello posto sulla sommità del promontorio, appare orientato a ritenerlo opera degli Ordini monastico-militari, propendendo in ogni caso per una breve occupazione della città di Iasos da parte dei Crociati.[17] Quest'ultima eventualità era peraltro già stata sostenuta dal Texier, secondo il quale sarebbero probabilmente da ascrivere a Veneziani o Genovesi anche alcuni interventi operati sulle strutture difensive dell'isola.[18]

La costruzione del castello è invece da attribuire ai Bizantini secondo il Masturzo, che vi ravvisa consonanze tipologico-formali e tecnico-costruttive con una serie di piccole fortezze costruite nell'area egea verso la fine del XII secolo e durante il secolo successivo.[19] Allineato su questa posizione anche Gian Piero Ghini, che osserva come il vicino castello bizantino di Beçin Kalesi (dove alcune murature appaiono a nostro parere confrontabili con quelle del settore orientale della fortezza iasia), fosse, già verso il 1200, dominato dai Turchi.[20]

L'attribuzione dell'impianto del castello dell'acropoli all'ambito bizantino, con una collocazione cronologica che rinvia al tardo XII o al XIII secolo, appare forse la più verosimile, sulla base sia della tipologia spazio-funzionale, sia delle tecniche costruttive riscontrate. L'analisi della prima evidenzia infatti l'assenza di una struttura gerarchizzata della difesa, che contraddistingue invece le contemporanee fortificazioni elaborate dai "latini" nei loro territori d'origine in occidente e, ancor di più, nei territori d'oltremare occupati in seguito all'esperienza crociata. La configurazione del complesso, con un perimetro ritmicamente scandito da torri similari per morfologia e funzionalità tattica, accessibili da frequenti scalinate poste lungo le cortine, denuncia piuttosto la riproposizione su scala ristretta del modello difensivo del *kastron* urbano, che godeva nel mondo bizantino di una tradizione plurisecolare.

Riguardo alla tecnica costruttiva, le indagini eseguite sulle murature della fortezza indicano un generalizzato ricorso a robusti nuclei in pietrame allettato con abbondante malta ricca in legante e spesso contenente cocciopesto, a costituire una sorta di tenace calcestruzzo. Anche questo aspetto costituisce un argomento favorevole per ricondurre l'edificazione delle strutture al contesto culturale bizantino d'Asia Minore, dove l'impiego di una robusta *fartura* in calcestruzzo nella realizzazione di murature rappresenta una consuetudine costruttiva di lungo e ininterrotto corso. Per quello che riguarda la tecnica muraria adoperata nei paramenti, occorre osservare che essa poco si discosta da quella prevalentemente impiegata a Iasos a partire dal periodo medio-bizantino, e che la più o meno diffusa presenza di elementi di reimpiego non può costituire di per sé un parametro utile all'identificazione di discriminanti cronologiche. L'utilizzo di frammenti in laterizio, sporadico nei paramenti del castello, tranne che in corrispondenza del fronte orientale del circuito, si rivela allo stesso modo un dato poco eloquente riguardo alla datazione della piazzaforte. Infatti, sebbene le murature tipiche delle fortificazioni di periodo comneno e lascaride si caratterizzino per un ampio utilizzo di tessiture murarie di tipo *closoinné*, è pur vero che l'utilizzo del laterizio nell'edilizia iasia è da sempre stato piuttosto limitato. Inoltre, in molte altre fortificazioni tardo-bizantine della costa sud occidentale egea[21] – ed in particolare in quelle della Caria costruite durante l'Impero di Nicea[22] - si registra una scarsa, o addirittura inesistente, applicazione di questa tecnica costruttiva. Analogamente, il rinvenimento di presunte tracce di incatenamenti lignei, assieme alla presenza seppur episodica di settori di muratura in *opus gallicum*, rimanda alla cultura costruttiva bizantina, costituendo un argomento *a*

Fig. 242
Dettaglio del paramento esterno di una torre con pianta a ferro di cavallo, situata nel settore orientale della fortificazione. Si noti la particolare disposizione dei frammenti di fusto di colonna, che risultano simmetrici rispetto alla feritoia ad evocare forse l'immagine di un grande fallo. Si noti anche l'utilizzo, abbastanza frequente, di frammenti laterizi messi in opera in brevi ricorsi, anche verticali

Fig. 243
Dettaglio della muratura di una torre a pianta quadrata nel settore orientale del circuito. La parte inferiore della muratura reimpiega rocchi di colonna profondamente inseriti nella struttura con funzione di ammorsamento fra nucleo e paramento, secondo la tecnica dell'*opus gallicum*. Numerosi altri *spolia* sono in opera nel paramento, assieme ad un buon numero di frammenti laterizi

Fig. 244
Dettaglio del paramento interno della cortina, che mostra la presenza di cavità funzionali all'inserimento di elementi lignei

Fig. 245
Particolare del paramento esterno del muro di cinta orientale dove si trova reimpiegato un capitello marmoreo di pilastrino o lesena, decorato con foglie d'acanto

Fig. 246

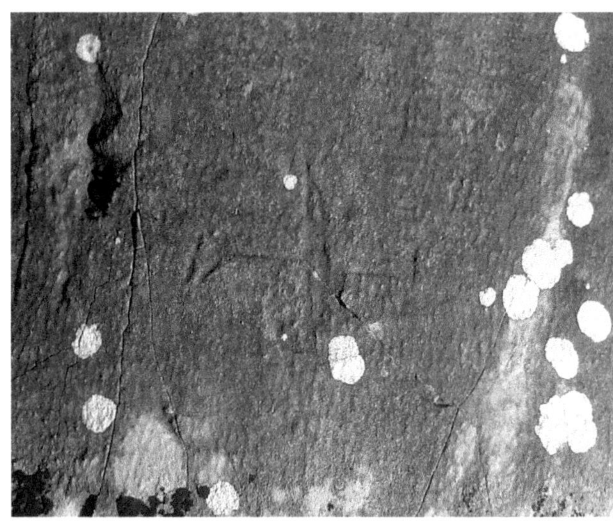

Fig. 247

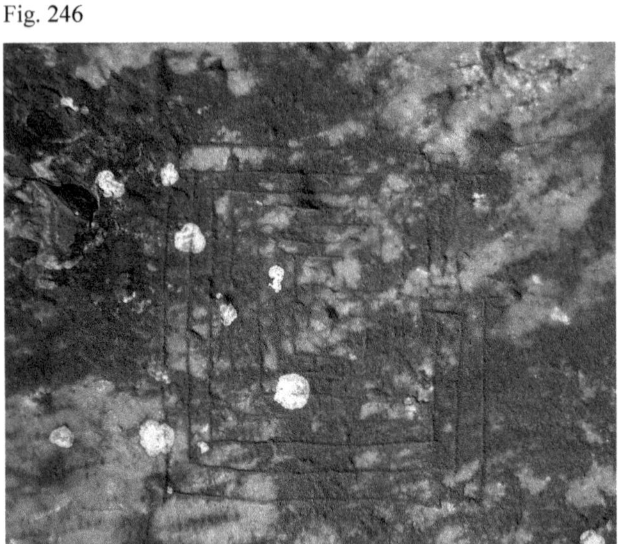

Fig. 248

Fig. 249

Figg. 246-249
Particolari di croci e simboli incisi rinvenuti su elementi architettonici pertinenti alla basilica immediatamente ad est del castello. Non sono stati invece rintracciati i simboli individuati da Doro Levi sulle strutture del castello, da lui messi in relazione con la presenza degli ordini monastico-militari

fortiori per l'individuazione di una relazione fra il complesso dell'acropoli ed i programmi fortificatori intrapresi dall'Impero d'Oriente durante i periodi comneno e lascaride, all'interno dei delicati equilibri che vedevano i territori di Bisanzio di volta in volta minacciati dai potentati selgiuchidi o dalla invadente presenza "franca".
D'altro canto, questi elementi non appaiono certamente sufficienti a precludere la possibilità di un rapporto fra il castello costruito sul promontorio e la presenza all'interno della regione di presidi militari direttamente riconducibili al movimento crociato, in particolare all'Ordine degli Ospitalieri o alle forze facenti capo alle repubbliche marinare italiane.
La costruzione stessa del castello, concepito come caposaldo di qualche dominio "latino" in territorio anatolico, potrebbe ad esempio essere avvenuta attraverso un ampio reclutamento di maestranze locali, che vi avrebbero così impresso la cifra della propria tradizione costruttiva. Più probabile, l'ipotesi di un'occupazione da parte di guarnigioni crociate della fortezza, precedentemente presidiata e già abbandonata o meno dai Bizantini
Tuttavia, riguardo a questi aspetti, i dati per ora a disposizione non permettono di muoversi al di fuori del campo delle pure congetture. Scomparsi i presunti stemmi cavallereschi riscontrati da Levi, la cui analisi avrebbe potuto fornire importanti chiarimenti in merito alla supposta presenza latina all'interno della fortezza dell'acropoli (tuttora abbastanza accreditata), appare opportuno non avventurarsi in ulteriori pronunciamenti, in attesa di indagini più approfondite e con l'auspicio che l'analisi dei materiali rinvenuti durante i recenti saggi stratigrafici forniscano utili informazioni su questo affascinante, ma ancora poco conosciuto, complesso architettonico.

Note al capitolo 7

[1] L'area della porta nord è stata oggetto di scavo durante la campagna del 2007, coordinata dalla Dott.ssa Fede Berti e dal Dott. Maurizio Molinari. Le evidenze venute alla luce sono state documentate da chi scrive e dall'Arch. Mauro Giannini.

[2] Cfr. M. G. Choiseul-Gouffier, *Voyage Pittoresque de la Grèce*, pl. 103.

[3] Si veda Fede Berti, "I lavori del 2011 nel castello dell'acropoli", in *Bollettino dell'Associazione Iasos di Caria*, 18/2012 (Firenze: All'Insegna del Giglio, 2012), p. 16.

[4] Cfr. Clive Foss, *Cities, Fortresses and Villages of Byzantine Asia Minor,* (Aldershot: Variorum, 1996), 154-167, 182 segg.

[5] L'ipotesi della presenza di diversi edifici interni al perimetro fortificato del castello dell'acropoli compare già in Michele Cornieti, *Le fortificazioni di Iasos di Caria. Strumenti e metodologie per la conoscenza e la documentazione dell'architettura della difesa,* Tesi di Dottorato in Rilievo e Rappresentazione dell'architettura e dell'ambiente, (Firenze, s.e., 2008), p. 202-203, di cui il presente lavoro costituisce una revisione.

[6] Cfr.: Tomasello, *L'acquedotto romano,* 182; Pagello, "I castelli di Iasos di Caria", 498-500.

[7] In merito ai recenti scavi e indagini condotti nell'area del castello dell'acropoli, si veda: Berti, "I lavori del 2011 nel castello dell'acropoli", 15-18; Fede Berti, Davide Mengoli, Maurizio Molinari "Iasos (Turchia). Relazione preliminare sulle ricerche archeologiche compiute nel castello dell'acropoli", in *Archeologia Medievale,* 37/2010, (Firenze: All'Insegna del Giglio, 2010), 385-396; Valentina Coppola, Maurizio Molinari, "La fortezza dell'acropoli di Iasos. Recenti dati di scavo e qualche ipotesi ricostruttiva", in *Atti dell'Accademia delle Scienze di Ferrara*, Volume 88, 2010-2011, (Ferrara: Accademia delle Scienze di Ferrara, 2012).

[8] Su questa tecnica costruttiva si veda Luigi Marino, "L'opus gallicum nei castelli del Vicino Oriente", *Firenze Architettura*, anno 8, suppl. 1, (Firenze: Firenze University Press, 2004), 38.

[9] L'ipotesi è emessa in Serin, "Some observation on the middle byzantine church", 178.

[10] A questo proposito, si veda Foss, *Cities, Fortresses and Villages,* 182, dove si osserva, riguardo alle fortificazioni di periodo comneno: "… contemporary walls and towers display considerable variety, not only from one region to another, but even within the same structure".

[11] Cfr. Judaich, *Iasos*, 141.

[12] Cfr. Guidi Giacomo, *Viaggio di esplorazione in Caria, parte I, Golfo di Bargylia e di Keramos,* Annuario della Scuola Archeologica di Atene e delle Missioni italiane in Oriente, 4-5 (Atene: s.n., 1922), 345.

[13] Cfr. Bean, Cook, *The Carian Coast*, III, 101.

[14] Cfr. Pirî Re'is Bahrie, *Das türkische Segelhandbuch,* a cura di, Paul Kahle, 67; si veda anche *supra*, 29 e nota n. 96, con riferimenti bibliografici.

[15] Cfr. Levi, *Le campagne di scavo 1962-64 a Iasos*, 549; "Venticinque anni di scavi a Iasos", in *Studi su Iasos di Caria.* I simboli suddetti risultano però da alcuni decenni non più rintracciabili. Da conversazioni intercorse fra chi scrive e la Dott.ssa Fede Berti, già direttrice della Missione Archeologica Italiana, risulta peraltro possibile che si trattaste di simboli cristiani forse pertinenti alla limitrofa chiesa dell'acropoli, esterna al perimetro del castello, che conserva ancora oggi alcuni segni cruciformi incisi su conci in opera o erratici.

[16] Cfr. Pagello, "I castelli di Iasos di Caria", 500: "…riteniamo che tra queste ultime due date, XIV e XVI secolo, si debba verosimilmente porre l'edificazione della postazione sull'acropoli iasia". Per quanto non si possa escludere un ruolo attivo degli Ospitalieri nella costruzione o nel riuso di queste difese, l'analisi tipologica e morfologica della piazzaforte ci induce a non considerarne accettabile una collocazione cronologica durante i secoli XV o XVI.

[17] Cfr. Tomasello, *L'acquedotto romano,* 133. L'autore dà per assodata "una breve rioccupazione del sito" da parte dei Crociati, avallando con prudenza l'ipotesi di una pertinenza del castello dell'acropoli ai Cavalieri di Rodi.

[18] Cfr. Texier, *Description de l'Asie Mineure,* III, 137; Tomasello, *L'acquedotto romano,* 133, nota n. 130, sottolinea come nell'opera del Texier si parli di restauri delle mura urbane ad opera di Veneziani e Genovesi databili al XII secolo, osservando che i suddetti interventi siano piuttosto da riferire al castro presso l'istmo e alla fortezza sull'acropoli ed evidenziando come i materiali rinvenuti nella necropoli presso l'agorà rimandino proprio a tale periodo.

[19] Cfr. Tomasello, *L'acquedotto romano,* 182. L'autore porta come esempi confrontabili il castello di Kadikalesi, di dimensioni affini e con similare intervallo fra le torri (qui tutte semicircolari) e, per ciò che concerne la tecnica costruttiva, le fortificazioni di epoca lascaride di Smirne.

[20] Cfr. Gian Pietro Ghini, "Iasos: i miti delle origini, i racconti della fine", *Bollettino dell'Associazione Iasos di Caria*, 5 (Firenze: All'Insegna del Giglio, 1999), 22-23.

[21] Cfr. Foss, *Cities, Fortresses and Villages,* 157-167, 182-201.

[22] Cfr. Clive Foss, David Winfield, *Byzantine Fortifications: an Introduction,* (Pretoria: University of South Africa, 1986), 154, già citato in Tomasello, *L'acquedotto romano,* 182.

8. Conclusioni

Queste brevi note conclusive intendono riepilogare, in estrema sintesi, quelli che sono i risultati acquisiti in merito alla conoscenza delle fortificazioni iasie attraverso lo studio intrapreso, già esposti in maniera più estesa all'interno dei singoli capitoli, ma ancor di più, presentare gli stimoli e le prospettive di ricerca da essi innescati, di cui si auspica un prossimo sviluppo. Il presente lavoro rappresenta infatti soltanto una tappa all'interno di quell'articolato percorso conoscitivo volto alla comprensione delle architetture militari censite all'interno della città e sul territorio.

Questi i risultati acquisiti, che, qualora non smentiti, costituiranno la base conoscitiva funzionale alla conduzione di ulteriori indagini:

- Riguardo alla *cinta dell'isola* è stato evidenziato come le caratteristiche tipologiche, la dotazione di dispositivi tattici e la tecnica costruttiva rimandi ad un contesto cronologico ecatomnide, che appare prudente non precisare ulteriormente. Si sottolinea peraltro la presenza di tecniche di lavorazione lievemente differenti, che potrebbero da una parte essere relazionate ad una diacronicità del circuito, mentre dall'altra potrebbero suggerire la presenza di diversi *atelier* di tagliapietre. In questo ambito, i fotopiani misurabili ad alta risoluzione elaborati consentiranno la conduzione di verifiche mensorie e indagini metrologiche, finalizzate all'individuazione di misure normalizzate, frequenti nei paramenti isodomi e pseudo isodomi del mondo ellenizzato. In merito alla *torre in scisto verde*, i dati provenienti dai saggi di scavo localizzati e l'analisi tecnico-costruttiva inducono a propendere per una datazione lievemente più alta del manufatto. Di notevole complessità il problema delle ristrutturazioni e dei rifacimenti delle mura, a partire dalla sostituzione, operata su larga scala, del probabile *emplecton* originario con un'opera cementizia. Se tale intervento può essere ricondotto alle condizioni di crescente insicurezza in cui versava l'area egea a partire dalla seconda metà del III secolo e durante tutta l'età tardo-antica, rimangono da chiarire la scansione delle azioni di rifacimento dei dei paramenti, che si dimostrano eterogenee e le finalità degli interventi di rifunzionalizzazione delle mura operati in particolare lungo il settore orientale. Le mura mantennero infatti una loro piena funzionalità almeno fino alla fine dell'età medio-bizantina (si pensi ad esempio all' ineludibile relazione esistente fra esse e la torre del porto occidentale, datata a quell'epoca). Un contributo in questo ambito potrà essere fornito dallo studio sistematico delle unità stratigrafiche di elevato, censite *in situ* attraverso apposite schede, e funzionali alla compilazione di una cronologia, almeno relativa, delle principali azioni costruttive.
- Le indagini condotte sulla *cinta di terraferma* che circonda una vasta area della *chora*, per quanto soltanto un esiguo segmento sia stato finora rilevato nel dettaglio, hanno indotto ad attribuire il poderoso programma fortificatorio all'azione di potenze ellenistiche. L'analisi del disegno del circuito e dei dispositivi tattici hanno permesso sia di identificare il circuito come "campo fortificato", funzionale all'acquartieramento di truppe numericamente consistenti, sia di proporre una datazione della fortificazione all'Ellenismo maturo o tardo. La documentazione prodotta ed i caratteri intrinseci delle strutture rilevate si prestano inoltre alla conduzione di indagini metrologiche, volte alla ricerca di matrici compositive e criteri di dimensionamento, che potranno forse offrire un contributo, anche attraverso il riconoscimento dei canoni mensori applicati, in merito all'attribuzione della cinta, problematica ancora del tutto aperta. Infine, l'estensione dell'indagine ai segmenti contigui a quello rilevato potrà verosimilmente fornire indicazioni riguardo ad una possibile applicazione di criteri prospettici – o in ogni caso visuali - nel disegno delle *artillery window* (di forma e dimensione non omogenee) e nella disposizione di torri e postazioni d'artiglieria lungo le cortine, funzionali ad una efficace e completa copertura del terreno antistante. Questa, per il momento, rimane però soltanto un'ipotesi particolarmente suggestiva.
- In merito alla conoscenza del *kastron* bizantino dell'istmo, l'analisi architettonica e tecnico costruttiva ha indotto a relazionare la costruzione del conplesso alla ristrutturazione militare e amministrativa, operata in area egea durante i secoli VII e VIII. In particolare, è stata emessa l'ipotesi di un possibile nesso fra l'impianto del *kastron* e l'insediamento stanziale di coloni-soldati a Iasos, quale esito delle politiche difensive e demografiche perseguite dall'Impero d'Oriente a partire dall'età di Eraclio. Le indagini sulle strutture hanno altresì evidenziato una diffusa diacronicità degli interventi, suggerendo l'ipotesi di un uso protrattosi ben oltre la presunta epoca di costruzione. Anche in questo caso l'analisi stratigrafica degli elevati potrà precisare i rapporti intercorrenti fra i diversi segmenti della fortificazione, che – è bene ricordarlo – inglobano strutture "antiche", tardo-imperiali ed interventi palesemente posteriori.
- Per ciò che concerne lo studio del castello dell'acropoli, le indagini effettuate portano ad identificarlo come presidio tardo-bizantino, riferendone la probabile edificazione all'epoca comnena o lascaride, non potendo però escludere una successiva occupazione del sito da parte di forze riconducibili alla presenza "latina" nell'area. All'interno della fortificazione è stata inoltre riscontrata l'applicazione di diverse tecniche murarie, che potrebbero essere messe in relazione con interventi di completamento o rifacimento posteriori all'epoca di costruzione o alla presenza di differenti maestranze, così come l'esistenza, finora ignorata, di modesti edifici posti in contiguità con le mura. Anche in questo caso i dati provenienti dai rilievi di dettaglio, che hanno riguardato la quasi totalità delle

strutture, potranno essere utilizzati per la conduzione di indagini mensorie e per la ricerca delle matrici compositivo-progettuali che strutturano l'impianto, apparentemente unitario nel suo tracciato.

Infine, occorre segnalare come il presente lavoro concorra per una quota importante all'elaborazione di quell'*atlante delle murature iasie* che costituisce uno dei principali obiettivi di cui si fa carico il progetto di ricerca interdisciplinare avviato. Tale repertorio, in progressiva formazione e suscettibile di continui aggiornamenti e revisioni, appare finalizzato alla registrazione e classificazione delle opere murarie riscontrate nei manufatti emergenti ed in quelli via via riportati alla luce attraverso lo scavo, con la prospettiva di fornire - quando possibile ed attraverso l'integrazione con le altre evidenze archeologiche - utili riferimenti cronotipologici.

Bibliografia

AA. VV., *Iasos in età romana. Miscellanea storico-archeologica*, Supplemento al v. 83-84 Atti dell'Accademia delle Scienze di Ferrara, 183-184, Ferrara: Accademia delle Scienze di Ferrara, 2008.

AA. VV., *Iasos tra VI e IV sec. a.C. Miscellanea storico-archeologica*, Supplemento al v. 81 Atti dell'Accademia delle Scienze di Ferrara, 181, Ferrara: Accademia delle Scienze di Ferrara, 2004.

AA. VV., *Studi su Iasos di Caria*, suppl. Bollettino d'Arte 30-31, Roma: Ist.Poligrafico e Zecca dello Stato Archivi di Stato, 1985.

AA.VV., *Iasos di Caria. Un contributo ferrarese alla archeologia microasiatica. Progetti e lavori di restauro*, Suppl. al volume 71 Atti dell'Accademia delle Scienze di Ferrara, Ferrara: Accademia delle Scienze di Ferrara, 1995.

AA. VV., *Actes du IX Congrés International d'etudes sur les frontières romaines*, Bucaresti Editura Academiei, Köln-Wien, 1974.

Adam Jean-Pierre, *L'arte di costruire presso i Romani,* Milano, Longanesi, 2001.

Adam Jean-Pierre, "Approche et defense des portes dans le monde hellenisé", in *Fortificationes antiquae,* a cura di Van de Maele Symphorien, Fossey John M., Amsterdam: J.C. Gieben, 1992.

Adam Jean-Pierre, *L'architecture militaire grecque,* Paris: Picard, 1982.

Akarca Aşkidil, *Milas*, Istambul: Istanbul Matbaasi, 1954.

Akurgal Ekrem, a cura di, *The Proceedings of the Tenth International Congress of Classical Archaeology,* I-III, Ankara-Izmir, 23-30 september 1973, Ankara: Türk Tarih Kurumu, 1978.

Alföldi Andreas, "La crisi dell'impero (249-270 d.C.)" in *Evoluzione e declino dell'impero romano,* a cura di Cook Stanley Arthur, Milano: Garzanti, 1974

Andreussi Maddalena, "Rilevamento delle strutture murarie emergenti per la ricostruzione diacronica del tessuto urbano di Iasos", *Bollettino dell'Associazione Iasos di Caria*, n. 4 (1998).

Angiolillo Simonetta, Giuman Marco, Ibba Adele, Stigliz Alfonso, "La casa dei mosaici", *La Parola del Passato*, n. 60 (2005).

Angiolillo Simonetta, "La città di Iasos e la sua scultura", in *Iasos di Caria. Un contributo ferrarese alla archeologia microasiatica. Progetti e lavori di restauro*, Suppl. al volume 71 Atti dell'Accademia delle Scienze di Ferrara, Ferrara: Accademia delle Scienze di Ferrara, 1995.

Baldoni Daniela, "Agorà: edificio tripartito. Campagna di scavo 2006", *Bollettino dell'Associazione Iasos di Caria*, n. 13 (2007).

Bean George Ewart, *Turkey beyond Meander*, London: Rowan and Littlefield, 1971.

Bean George Ewart, Cook John Manuel Cook, *The Carian Coast*, III, The Annual of the British School at Athens, n. 52, Cambridge: Cambridge University Press, 1957.

Becker Carl Heinrich, "L'espansione dei saraceni in oriente", in *La fine del mondo antico,* a cura di H. M. Gwatkin Henry Melville, Hussey Joan Mervyn, Previté-Orton Charles William, *Storia del mondo medievale*, Milano: Garzanti, 1978.

Belli Paolo, Benzi Mario, Giampaolo Graziadio, Momigliano Nicoletta, "Iasos nell'età del Bronzo", in *Iasos e la Caria: nuovi studi e ricerche,* La Parola del Passato, 60 (2005).

Berti Fede, "La campagna del 2006 a Iasos", *Bollettino dell'Associazione Iasos di Caria*, n. 13 (2007).

Berti Fede, "Offerte votive e culti nell'agorà di Iasos", in «in *Iasos e la Caria: nuovi studi e ricerche,* La Parola del Passato, n. 60 (2005).

Berti Fede, "Iasos, 1969: il rinvenimento del tesoro", *Bollettino di Numismatica,* n. 40-43 (2005).

Berti Fede, "Iasos, note introduttive di carattere storico e topografico", *Bollettino di Numismatica,* n. 40-43 (2005).

Berti Fede, "Le vicende di una torre di difesa", *Bollettino di Numismatica,* n. 40-43 (2005).

Berti Fede "Precisazioni su uno scutulatum iasio", La Parola del Passato, n. 54 (1999).

Berti Fede, "The work of the Italian Archaeological Mission at Iasos, 1999", in XXII *Kazi Sonuclari Toplantisi*, 2, Ankara: Universitesi Basimevi, 1999.

Bertocci Stefano, "Indagine sulle murature di una torre del lato orientale della cinta di Iasos in Caria", in *Iasos tra VI e IV sec. a.C. Miscellanea storico-archeologica*, Supplemento al v. 81 Atti dell'Accademia delle Scienze di Ferrara, 181, 2003-2004, Ferrara: Accademia delle Scienze di Ferrara, 2004.

Bertocci Stefano, *Il castello crociato di Wu'Eira a Petra. Metodologie per il rilievo archeologico*, Tesi di Dottorato di Ricerca in Rilievo e Rappresentazione del Costruito, Firenze: s.e., 1995.

Bessac Jean-Claude, "Traces d'outils sur la pierre: Méthodes d'étude et d'intérpretation", *Quaderni del Dipartimento di Archeologia e Storia delle Arti*, Firenze: All'Insegna del Giglio, 1993.

Bessac Jean-Claude, "L'outillage traditionel du tailleur de pierre de l'antiquité à nos jours", *Revue Archéologique de la Narbonnaise*, 14 Suppl. (1986).

Bessac Jean-Claude, "Approches des problèmes posés par la construction des remparts grecs en pierre" in *La fortification dans l'histoire du monde grec*, Actes du colloque international La fortification et sa place dans l'histoire politique, culturelle et sociale du monde grec, Valbonne, décembre 1982, a cura di Leriche Pierre, Treziny Henri, Paris: Editions du Centre national de la recherche scientifique, 1986.

Bettess Fred, *Surveying for Archaeologist*, Durham: University of Durham Department of Archaeology, 1992.

Bini Marco, Bertocci Stefano, *Castelli di pietre. Aspetti formali e materiali dei castelli crociati nell'area di Petra in Transgiordania,* Firenze: Polistampa, 2004.

Biraschi Anna Maria, "La fondazione di Iasos fra mito e storia. A proposito di Polibio XVI 12, 2", *La Parola del Passato* n. 54 (1999).

Blümel Wolfgang, *Die Inschrifte von Iasos*, Bonn: Rudolf Habelt, 1985.

Bosso Francesco, "Acqua Iasia: considerazioni preliminari", *La Parola del Passato*, n. 60 (2005).

Brogiolo Gian Pietro, *Archeologia dell'edilizia storica*, Como: Edizioni New Press, 1988.
Brooks Ernest Walter, "Le provincie dell'oriente da Arcadio ad Anastasio", in *La fine del mondo antico*, a cura di Gwatkin Henry Melville, Hussey Joan Mervyn C. W. Previté-Orton Charles William, Storia del mondo medievale, Milano: Garzanti, 1978.
Brun Patrice, "Les fortifications d'Hillarima, Philon de Bisance et Pleistarchos", *Revue d'Etudes Anciennes*, 96, 1-2 (1994).
Buchwald Hans, *Lascarid Architecture*, Jahrbuch der Österreichischen Byzantinistik n. 28, Wien: Wien University Press,1979.
Canard Marius, "Bisanzio e il mondo musulmano alla metà dell'XI secolo", in *L'espansione islamica e la nascita dell'Europa feudale*, a cura di Gwatkin Henry Melville, Hussey Joan Mervyn C. W. Previté-Orton Charles William, Storia del mondo medievale, Milano: Garzanti, 1979.
Cannoni Michele, Cornieti Michele, Soverini Christian, Tiefenthaler Michelangelo, "Il rilievo archeologico delle strutture murarie a Iasos di Caria. Impressioni, modalità, obiettivi", *Bollettino dell'Associazione Iasos di Caria,* 9 (2003).
Carandini Andrea, *Storie dalla terra. Manuale dello scavo archeologico*, Bari: De Donato, 1981.
Cassi Ramelli Antonio, *Dalle caverne ai rifugi blindati, trenta secoli di architettura militare,* Bari: Adda Editore,1996.
Chandler Richard, *Travels in Asia Minor and Greece*, I, 1774, Oxford: Ralph Churton,1825.
Choiseul-Gouffier, Marie-Gabriel-Auguste-Florent, *Voyage Pittoresque de la* Grèce, Paris: Tilliard,1782.
Cincotti Claudia, "Ceramiche di epoca bizantina a Iasos di Caria (XII-XIII secolo)", *Bollettino dell'Associazione Iasos di Caria,* n° 13 (2007).
Cornieti Michele, "Analisi architettoniche ed osservazioni a proposito dell'edificio trilobato presso la Porta Est a Iasos" in *Iasos in età romana. Miscellanea storico-archeologica,* Suppl. Atti dell'Accademia delle Scienze di Ferrara, 83-84, Ferrara: Accademia delle Scienze di Ferrara, 2008.
Debord Pierre, *L'Asie Mineure au IV siècle (412-323 a.C.): pouvoirs et jeux politiques*, Bordeaux: Ausonius, 1999.
Debord Pierre, "Le voucaboulaire des ouvrage de défense, occurrences littéraires et épigraphiques confrontées aux Realia archéologiques", *Revue d'Etudes Anciennes*, 116, 1-2, (1994).
Des Courtils Jacques, "Nouvèlles données sur le rempart de Xanthos", *Revue d'Etudes Anciennes,* 96, 1-2, (1994).
Descat Raymond, "Les forteresses de Théra et de Kallipolis", *Revue d'Etudes Anciennes,* tome 96, 1-2, (1994).
Di Grazia Vincenzo, *Rilevo e disegno nell'archeologia e nell'architettura. Tecniche, opinioni, teorie,* Roma: Kappa, 1991.
Docci Mario, Maestri Diego, *Manuale di rilievo architettonico e urbano*, Roma-Bari: Laterza, 1994.
Doglioni Francesco, *Stratigrafia e restauro,* Trieste: Edizioni LINT, 1997.
Ducrey Pierre, "La muraille est-elle un élément constitutif d'une cité?" in *Sources for the Ancient Greek City-State, Symposium 24-27 august 1994. Acts of the Copenhagen Polis centre,* vol. II, a cura di, Hansen Mogens Herman, Copenhagen: The Royal Danish Academy of Sciences and Letters, 1995.
Ducrey Pierre, Favrod Justin, "Les fortifications grecques d'Asie Mineure", *Les dossiers de l'archéologie,* 179 (1993).
Ducrey Pierre, "La fortification des cités grecques: rôle, fonction et efficacité", in *La fortification dans l'histoire du monde grec*, a cura di Leriche Pierre, Tréziny Henri, Actes du colloque international La fortification et sa place dans l'histoire politique, culturelle et sociale du monde grec, Valbonne, décembre 1982, Paris: Editions du CNRS, 1986.
Foss Clive, *Cities, Fortresses and Villages of Byzantine Asia Minor,* Aldershot: Variorum, 1996.
Foss Clive, Winfield David, *Byzantine Fortifications: an Introduction*, Pretoria: University of South Africa,1986.
Foss Clive, *Survey of Medievals Castles of Anatolia*, Oxford: British Archaeological Reports, 1985.
Fossey John M., "The Development of some Defensive Networks in Eastern Central Greece during the Classical Period", in *Fortificationes antiquae,* a cura di Van de Maele Symphorien, Fossey John M., Amsterdam: J.C. Gieben, 1992.
Franchetti Pardo Vittorio, "I trattati sull'architettura e l'ingegneria militare dal XIV al XVI secolo" in *Città, architetture, maestranze tra tarda antichità ed età moderna,* Milano: Jaca Book, 2001.
Franco Carlo, "Iasos nel III secolo d.C., tre iscrizioni riusate", *Bollettino di Numismatica,* n. 40-43 (2005).
Franco Carlo, "Le mura di Iasos. Riflessioni tra archeologia e storia", *Revue des Études Anciennes*, 96, 1-2 (1994).
Francovich Riccardo, Parenti Roberto, a cura di, *Archeologia e restauro dei monumenti*, Firenze: All'Insegna del Giglio, 1988.
French Thomas Worden., "Cos, the Walls of the Greek City of Cos", *Journal of Hellenic Studies,* 65 (1945).
Ostrogorsky Georg, "I Paleologhi", in *L'impero bizantino*, a cura di Hussey Joan Mervyn, Milano: Garzanti, 1978.
Garlan Yvon, Adam Jean Pierre, "Les fondations dans la construction antique", *Dossier de l'archéologie*, 25 (1977).
Garlan Yvon, "Textes et fortifications", *Dossiers de l'archéologie*, 172 (1992).
Garlan Yvon., "L'enceinte hellenistique d'Apollonia", *Dossiers de l'archéologie*, 172 (1992).
Garlan Yvon, *Guèrre et économie en Grèce ancienne*, Paris: Édition La Découverte, 1990.
Garlan Yvon, "Les fortifications grecques: bilan et perspectives de recherche", in *La fortification dans l'histoire du monde grec*, Actes du colloque international La fortification et sa place dans l'histoire politique, culturelle et sociale du monde grec, Valbonne, décembre 1982, a cura di Leriche Pierre, Tréziny Henri, Paris: Editions du CNRS, 1986.
Garlan Yvon, "La défense du territoire à l'époque classique", in *Problèmes de la terre en Grèce ancienne*, a cura di Finley Moses I., Paris-Den Hague: Mouton & Co., 1973.
Garlan Yvon, *Recherches de Poliorcetique grecque,* Bibliothèque des Écoles françaises d'Athènes et de Rome, 223, Paris: De Boccard, 1974.
Garlan Yvon, "Fortifications et histoire grecque", in *Problèmes de la guerre en Grece ancienne*, a cura di Vernant Jean Pierre, Paris-Den Hague: Mouton, 1968.
Gauvin Ginette, "Les systèmes de fortifications de Kléonai et Phlionte à la période classique-helléninistique" in *Fortificationes antiquae,* a cura di Van de Maele Symphorien, Fossey John M., Amsterdam: J.C. Gieben, 1992.
Ghini Gian Pietro, "Iasos: i miti delle origini, i racconti della fine", *Bollettino dell'Associazione Iasos di Caria*, 5, 1999.
Ginouves René, Martin Roland, *Dictionnaire méthodique de l'architecture grecque et romaine*, Roma: École Française de Rome, 1992.
Giuliani Cairoli Fulvio, *L'edilizia nell'antichità,* Roma: Carocci, 1991.
Giuliani Cairoli Fulvio, *Archeologia e documentazione grafica*, Roma: De Luca, 1974.
Gros Pierre, *L'architettura romana. Dagli inizi del III secolo a.C. alla fine dell'alto impero. I monumenti pubblici,* Milano: Longanesi, 2001.

Gros Pierre, a cura di, *Vitruvio. De Architectura,* Torino: Einaudi, 1997.
Guidi Giacomo, "Viaggio di esplorazione in Caria, parte I, Golfo di Bargylia e di Keramos", *Annuario della Scuola Archeologica di Atene e delle Missioni italiane in Oriente*, n. 4-5 (1922).
Tréziny Henri, a cura di, *La fortification dans l'histoire du monde grec*, Actes du colloque international La fortification et sa place dans l'histoire politique, culturelle et sociale du monde grec, Valbonne, décembre 1982, Paris: Editions du CNRS, 1986.
Harris Edward Cecil, *Principles of Archaeological Stratigraphy*, London: Academic Press, 1979.
Hellmann Marie-Christine, *L'architecture grecque*, Paris: Picard, 2002.
Hellmann Marie-Christine, "Le vocaboulaire architectural grec: bilan de plus de 100 ans de recherches", *Revue des Études Grecques,* n. 102 (1989).
Hogg Ian, *Storia delle fortificazioni*, Novara: De Agostini, 1982.
Holland Leicester Bodine, "The Katastegasma of the Walls of Athens", *American Journal of Archaeology,*, 54 (1950).
Johannowsky Werner, "Note sullo sviluppo urbanistico di Iasos", *La Parola del Passato*, 54 (1999).
Jones Arnold Hugh Martin, *The Cities of Eastern Roman Provinces*, Oxford: Clarendon Press-Oxford University Press, 1971.
Jost Günther., *Iasos in Karien ein Antikes*, Hamburg: Quakenbrück, 1935.
Judeich Walther, *Kleinasiatisches Studien*, Marburg: N.G. Elwert, 1892.
Judeich Walther, "Iasos", *Mittelungen des Deutschen Archäologischen Instituts Athenische Abteilung*, 15 (1890).
Karlsson Lars, "Fortification Towers and Masonery Techniques in the Egemony of Syracuse 405-211 B.C.", in *Skrifter utgivna av Svenska Institutet i Rom*, Stockolm, 1992.
Karlsson Lars, "Thoughts about Fortifications in Caria from Maussolos to Demetrios Poliorketes", *Revue d'Etudes Anciennes,* 96, n. 1-2 (1994).
Kirsten Ernst, *Die griechische Polis als historisch-geographische Problem des Mittelmeerraumes*, Bonn: Duemmler, 1956.
Konency Andreas, "Militärische formengut-zivile nutzung: die likischen türme", *Revue d'Etudes Anciennes*, 96, 1-2 (1994).
Krischen Fritz, *Die Befestigungen von Heracleia am Latmos,* Berlin: Vereinigung wissenschaftlicher verleger 3, 1922.
Krischen Fritz, *Die Griechische Stadt. Wiederherstellungen*, Berlin: Gebr. Mann, 1938.
Krischen Fritz, *Die Stadtmauern von Pompei und Griechissche Festungbaukunst in Italien und Sizilien,* Berlin: De Gruyter, 1941.
La Rocca Eugenio, a cura di, *Sinus Iasius I. Il territorio di Iasos: ricognizioni archeologiche 1988-1989,* Annali della scuola Normale Superiore di Pisa, Pisa: Edizioni Scuola Normale Superiore di Pisa, 23, 3-4, 1994.
La Rocca Eugenio, "Survey archeologica nel territorio del golfo di Mandalya", in *Missioni Archeologiche Italiane. La ricerca Archeologica, Antropologica, Etnologica*, a cura di Barich Barbara, Roma: L'Erma di Bretschneider, 1997.
La Rocca Eugenio, "Archaeological Survey in the Gulf of Mandalya 1988-1989", in *IX Arastirma Sonuclari Toplantisi, Canakkale 27-31 may 1991*, Ankara: T.C. Kultur ve Turizm Bakanligi Yayinlari, 1992.
Lanckoronsky Karl, *Städte Pamphyliens und Pisidiens*, Wien: Tempsky, 1890.
Lander James, *Roman Stone Fortifications. Variation and Change from the First Century A.D. to the Fourth*, Oxford: British Archaeological Reports International Series, 206, 1984.
Lauter Hans, *Die Architektur des Hellenismus,* Darmstadt: Wiessenchaftliche Buchgesellschaft, 1986, (trad. it. *L'Architettura dell' Ellenismo,* Milano, Longanesi, 1999).
Laviosa Clelia, "Iasos", in *Enciclopedia dell'Arte Antica,* II suppl. III, Roma: Treccani, 1995.
Laviosa Clelia, "Il santuario di Zeus Meghistos e il suo kouros arcaico", Bollettino d'Arte, suppl. al nr. 31-32, Roma, Ist. Poligrafico e Zecca dello Stato-Archivi di Stato, 1987.
Laviosa Clelia, "Les fouilles à Iasos", in *The Proceedings of the Tenth International Congress of Classical Archaeology,* I-III, Ankara-Izmir, 23-30\IX\ 1973, a cura di Akurgal Ekrem, Ankara: Türk Tarih Kurumu, 1978.
Lawrence Arnold Walter, *Greek Aims in Fortification,* Oxford: Clarendon Press,1979.
Lawrence Arnold Walter, "Archimedes and the Design of Euryalos Fort", *Journal of Hellenic Studies,* 65 (1946).
Lawrence Arnold Walter, *Greek Architecture,* Harmondworth: Penguin Books, 1957.
Lawrence Arnold Walter, *A skeletal history of Bizantine fortifications,* The Annual of the British School at Athens, Cambridge: Cambridge University Press, 78, 1983.
Le Bas Philippe, Waddington William Henry, *Voyage Archéologique en Grèce et en Asie Mineure (1843) fait par ordre du Gouvernement Français et publié sous les auspices du Ministère de l'Instruction publique, avec la coopération d'Eugène Landron architecte, Ingénieur civil. Gravures de Lemaitre*, Paris: Firmin-Didot, 1847-1870.
Le Bas Philippe, Waddington William Henry, *Voyage Archéologique en Grèce et en Asie Mineure (itineraire)*, Paris: Firmin-Didot,1856.
Leriche Pierre, "L'étude archéologique des fortifications urbaines grecques", *Revue d'Etudes Anciennes,* 96, 1-2 (1994).
Leriche Pierre, "Les ouvrages fortifiés grecs au Proche Orient", *Les dossiers de l'archéologie,* n. 179 (1993).
Leriche Pierre, Callot Olivier, *"Observation sur les remparts de brique crue d'Ai Khanoum et de Doura Europos"*, in, *La fortification dans l'histoire du monde grec,* Actes du colloque international La fortification et sa place dans l'histoire politique, culturelle et sociale du monde grec, Valbonne, décembre 1982, a cura di Leriche Pierre, Treziny Henri, Paris: Editions du Centre national de la recherche scientifique, 1986.
Levi Doro, *Iasos. Le campagne di scavo 1969-70*, Annuario della Scuola Archeologica di Atene e delle Missioni italiane in Oriente, 47-48 n.s. 31-32, 1969-70, Atene, s.n., 1972.
Levi Doro, *Gli scavi di Iasos*, Annuario della Scuola Archeologica di Atene e delle Missioni italiane in Oriente, 45-46, 1967-1968, Atene, s.n., 1971.
Levi Doro, *Le campagne di scavo 1962-64 a Iasos*, Annuario della Scuola Archeologica di Atene e delle Missioni italiane in Oriente, n.s. 27-28, 1965-66, Atene, s.n., 1970.
Levi Doro, *Le due prime campagne a Iasos (1960-1961),* Annuario della Scuola archeologica di Atene e delle Missioni italiane in Oriente. 39-40, n.s. 23-24, 1961-62 Atene, s.n., 1963.
Levi Doro, Pugliese Carratelli Giovanni, *Nuove iscrizioni di Iasos*, Annuario della Scuola archeologica di Atene e delle Missioni italiane in Oriente. 39-40, n.s. 23-24, 1961-62 Atene, s.n., 1963.

Lugli Giuseppe, *La tecnica edilizia romana*, Roma: Bardi, 1957.
Mannoni Tiziano, Crusi Elisabetta, "Analisi stratigrafica del costruito", in *Restauro: la ricerca progettuale*, a cura di Vassallo Eugenio, Padova: Libreria Progetto, 1989.
Marsden Eric William, *Greek and Roman Artillery: Technical Treatise*, Oxford: Clarendon Press, 1971.
Marsden Eric William, *Greek and Roman Artillery: Historical Development*, Oxford: Clarendon Press, 1969.
Martin Roland, *Manuel d'architecture grecque. Matériaux et techniques*, Paris: Picard, 1965.
Martin Roland, *L'urbanisme dans la Grèce antique*, Paris: Picard, 1956.
Martin Roland, "Les enceintes de Gortys d'Arcadie", *Bulletin de correspondance hellenique*, 71-72 (1947).
Mastrocinque Attilio, "Iasos e i Seleucidi", *Athenaeum*, 85 (1995).
Mastrocinque Attilio, *La Caria e la Ionia meridionale in epoca ellenistica 323-188 a.C.*, Roma: L'Erma di Bretschneider, 1979.
Masturzo Niccolò, "La torre del porto occidentale e le fortificazioni post-classiche di Iasos", in *Iasos di Caria. Un contributo ferrarese alla archeologia microasiatica. Progetti e lavori di restauro*, Ferrara: Accademia delle Scienze di Ferrara, 1995
Mc Credie James, "Fortified Military Camps in Attica", *Hesperia*, Suppl. 11, (1966).
Mc Nicoll Anthony W., *Hellenistic Fortifications from the Aegean to the Euphrates*, Oxford: Clarendon Press, 1997.
Mc Nicoll Anthony W., "Developements in tecniques of siegecraft and fortifications in the greek world ca. 400-100 B.C.", in *La fortification dans l'histoire du monde grec*, Actes du Colloque International La fortification et sa place dans l'histoire politique, culturelle et sociale du monde grec, Valbonne, décembre 1982, a cura di Leriche Pierre, Treziny Henri, Paris: Editions du Centre national de la recherche scientifique, 1986.
Mc Nicoll Anthony W., "Some developments in hellenistic siege warfare with special reference to Asia Minor", in: *The proceedings of 10th International Congress of classical Archaeology, Ankara-Izmir 1973*, Ankara: Türk Tarih Kurumu, 1978.
Medri Maura, *Manuale di rilievo archeologico*, Bari-Roma: Laterza, 2003.
Mertens Dieter, "Die Befestigungen von Selinunt und Syrakus", in *Akten des 13 Internationalen Kongresses für Klassische Archäologie. Berlin West 1988*, Mainz: Von Zabern, 1990.
Moss, Henry St. Laurence Beaufort, "La formazione dell'impero romano d'oriente", in *L'impero bizantino*, a cura di Hussey Joan Mervyn, Milano: Garzanti,1978.
Müller-Wiener Wolfgang, *Mittelälteriche Befestigungen im südlichen Jonien*, Istambuler Mitteilungen 11, Istanbul: Devlet Matbasi, 1961.
Ober Josiah, "Early Artillery Towers: Messenia, Boiotia, Attica, Megarid", *American Journal of Archaeology*, 91 (1987).
Ober Josiah, *Towards a Typology of Greek Artillery Towers: the First and Second Generation (c. 375-225 B.C.)*, in *Fortificationes antiquae*, a cura di Van de Maele Symphorien, Fossey John M., Amsterdam: J.C. Gieben, 1992.
Orlandos Anastasios K., *Les matériaux de construction et la technique architecturale des anciens Grecs*, Paris: Edition de Boccard, 1966.
Özyiğit Ömer, "The city walls of Phokaia", *Revue d'Etudes Anciennes*, tome 96, 1-2 (1994).
Pagello Elisabetta, "L'Agorà di Iasos, l'identità di limite fra città e territorio", *La Parola del Passato*, n. 60 (2005).
Pagello Elisabetta, "La documentazione iconografica nei viaggi in Adia Minore tra XVIII e XIX secolo", *Ikhnos*, n. 1 (2004).
Pagello Elisabetta, "I castelli di Iasos di Caria. Alcune considerazioni", in *Castelli e città fortificate. Storia recupero valorizzazione. I sistemi difensivi del bacino del mediterraneo*, Colloqui internazionali, Crotone – Rossano, 25-26 ottobre 1991, a cura di De Marco Aldo, Tubaro Giovanni, Rossano: Grafosud, 1994.
Parenti Roberto, "Una proposta di classificazione tipologica delle murature postclassiche", in *Conoscenza e sviluppi teorici per la conservazione di sistemi tradizionali di muratura* Atti del Convegno di Studi, Bressanone 1987, Padova: Libreria Progetto, 1990.
Parenti Roberto, "Sulle possibilità di datazione e di classificazione delle murature", in *Archeologia e restauro dei monumenti*, a cura di Francovich Riccardo, Parenti Roberto, Firenze: All'Insegna del Giglio, 1988.
Pecorella Paolo Emilio, *Iasos*, I, Roma; Bretschneider, 1972.
Pedersen Poul, "The fortification of Halikarnassos", *Revue d'Etudes Anciennes*, 96, 1-2, (1994).
Peschlow-Bindokat Anneliese, "Die Befestigungen von Latmos", *Revue d'Etudes Anciennes*, tome 96, 1-2, (1994).
Pierobon-Benoit Raffaella, "Ricognizione nel Golfo di Mandalya: campagna 2005", *Bollettino dell'Associazione Iasos di Caria*, 12, (2006).
Pierobon-Benoit Raffaella, a cura di, *Iasos, nuovi studi e ricerche*, La Parola del Passato, 60-2005, Napoli, Macchiaroli, 2006.
Pierobon-Benoit Raffaella, "La campagna di ricognizione del 2004: la cinta di terraferma e l'Akarca Tepe", *Bollettino dell'Associazione Iasos di Caria*, 11, (2005).
Pimouguet-Pedarros Isabelle, *Archéologie de la defense. Histoire des fortifications antiques de carie (époques classique et hellenistique)*, Paris: Presses universitaires Franc-Comtoises, 2000.
Pimouguet-Pedarros Isabelle, *Les fortification de l'Orient grec et héllenisé: approche méthodologique*, Cahiers du Centre d'Études d'Histoire de la Défense 7, Paris: Centre d'Études d'Histoire de la Défense, 1999.
Pimouguet-Pedarros Isabelle, "Les fortification de la Pérée rhodienne", *Revue d'Etudes Anciennes*, 96, 1-2, (1994).
Kahle Paul, a cura di, *Pirî Re'is Bahrie, Das türkische Segelhandbuch für das Mittellädische Meer von Jahre 1521*, Berlin-Leipzig: Walter de Gruyter, 1926.
Quilici Lorenzo, Quilici Gigli Stefania, a cura di, *Fortificazioni antiche in Italia. Età repubblicana*, Atlante tematico di topografia antica 9, Roma: L'Erma di Bretschneider, 2000.
Ragone Giuseppe, "Da Mileto a Iasos. Toponomastica antica, itinerari antiquari, ricognizioni moderne, in Sinus Iasius I", *Annali della scuola Normale Superiore di Pisa*, 23, 3-4, (1994).
Ravegnani Giorgio, *Castelli e città fortificate nel VI secolo*, Ravenna: Edizioni del Girasole, 1983.
Rice Ellen, "Settlement and Fortificationsin the Rhodian Peraia in the Hellenistic Age" in *Rhodes, 2400 ans. La cité de Rhodes depuis sa fondation jusqu'à la prise par le Turcs en 1523*, Actes du Colloque International Scientifique de Rhodes, 1993, a cura di Kypraiou Evangelia, Zaphiropoulou Diana, Athens: Ypourgeio Politismou, 1999.
Robert Louis, "Deux Inscriptions d'Iasos", *Revue des Études Grecques*, n. 70 (1957).
Rochas d'Aiglun Eugène Auguste Albert, *Principes de la fortification antique. Précis des connaissances techniques nécessaires aux archéologues pour explorer les ruines des anciennes forteresses*, Paris: Ducher-Tanera, 1881.

Russo Lucio, *La rivoluzione dimenticata. Il pensiero scientifico greco e la scienza moderna*, Milano: Feltrinelli 1996.

Saner Turgut, "Observation on the different types of masonry used in the city walls of Amos", *Revue d'Etudes Anciennes*, tome 96, 1-2 (1994).

Sconfienza Roberto, "L'arte dell'assedio e della difesa nella Grecia antica. Teorie fonti e fortificazioni tra IV e III sec. a.C.", *Armi antiche. Bollettino dell'Accademia di San Marciano 1999* (2003).

Sconfienza Roberto, "Introduzione alla guerra d'assedio in età ellenistica", *Armi antiche. Bollettino dell'Accademia di San Marciano, 1995* (1998).

Scranton Robert Lorentz, *Greek Walls*, Cambridge-Massachussets: Harvard University Press, 1941.

Serin Ufuk, *Early Christian and Byzantine Churches at Iasos in Caria: An architectural Survey*, Città del Vaticano: Pontificio Istituto di Archeologia Cristiana, 2004.

Serin Ufuk, "Some observation on the middle byzantine church outside the east gate at Iasos", *La Parola del Passato*, 60 (2005).

Taeschner Franz, *I Turchi Ottomani fino al 1453*, in *L'impero bizantino*, a cura di Hussey Joan Mervyn, Milano: Garzanti, 1978.

Tagliabue Rita, *Architetto e Archeologo. Confronti fra campi disciplinari*, Quaderni del Dipartimento di Conservazione e Storia dell'Architettura della Facoltà di Architettura del Politecnico di Milano, Milano: Guerini, 1993.

Tanner Joseph Robson, Whitney James Pounder, *L'espansione islamica e la nascita dell'Europa feudale*, Storia del mondo medievale, Milano: Garzanti, 1979.

Textier Charles, *Description de l'Asie Mineure*, III, Paris: Firmin Didot Frères, 1849.

Tomasello Francesco, "Il giovane Anacharsis transitò da Iasos...Appunti di una vecchia ricognizione del territorio", *La Parola del Passato*, n. 60 (2005).

Tomasello Francesco, *L'acquedotto romano e la necropoli presso l'istmo*, Roma: Bretschneider, 1991.

Tomasello Francesco, "Un capitello dorico di Iasos: esempio di metodologia progettuale di periodo ellenistico", in *Studi su Iasos di Caria*, suppl. Bollettino d'Arte 31-32, Roma: Ist. Poligrafico e Zecca dello Stato Archivi di Stato, 1987.

Tomlinson Richard A., "Emplekton Masonery and Greek Structura", *Journal of Hellenic Studies*, n. 81 (1961).

Tondo Luigi, "Il tesoro dell'agorà di Iasos. Dalla scoperta all'edizione (1969-2004)", *Bollettino di Numismatica*, 40-43 (2005).

Tondo Luigi, "Appunti sulla circolazione monetaria a Iasos", *La Parola del Passato*, n. 54 (1999).

Van de Maele Symphorien, Fossey John M., a cura di, *Fortificationes antiquae*, Amsterdam: J.C. Gieben, 1992.

Varinlioğlu Ender, "La fortification helleénistique de Stratonicée, archéologie et épigraphie", *Revue d'Etudes Anciennes*, tome 96, 1-2 (1994).

Viscogliosi Alessandro, "Il territorio di Iasos" in *Enciclopedia dell'Arte Antica*, II suppl. III, Roma: Treccani, 1995.

Viscogliosi Alessandro, "Il Castello di terraferma a Iasos", *Bollettino dell'Associazione Iasos di Caria*, n. 15 (2009).

Viscogliosi Alessandro, "Il castello di terraferma a Iasos. Indagini 2009", *Bollettino dell'Associazione Iasos di Caria*, n. 16 (2010).

Von Gerkan Armin, *Griechische Städteanlagen*, Berlin und Leipzig: Ed. de Gruyter, 1924.

Von Richter Otto Friedrichs, *Wallfahrten in Morgenlande*, a cura di Ewers Johann Philipp Gustav, Berlin: Reimer's Berlage,1822.

Walbank Frank William, *A Historical Commentary on Polybius*, Oxford: Clarendon Press,1967.

Ward-Perkins John Bryan, *Architettura romana*, Milano: Electa, 1974.

Ward-Perkins John Bryan, "Urban survival and urban transformation in the eastern Mediterranean", in *Early Medieval Towns in West Mediterranean, a cura di* Brogiolo Gian Pietro, Mantova: SAP Società Archeologica, 1996.

Will Edouard, "Le territoire, la ville et la poliorcétique grecque", *Revue Historique*, 1975 (1975).

Winter Frederick Elliot, "Problems of tradition and innovation in greek fortifications in Asia Minor late fifth to third century B.C.", *Revue d'Etudes Anciennes*, 96, 1-2, (1994).

Winter Frederick Elliot, "Philon of Byzantion and the Hellenistic Fortifications of Rhodos", in *Fortificationes antiquae*, a cura di Van de Maele Symphorien, Fossey John M., Amsterdam: J.C. Gieben, 1992.

Winter Frederick Elliot, "A Summary of Recent Work in Greek Fortifications in Greece and Asia Minor", in La fortification dans l'histoire du monde grec, Actes du colloque international La fortification et sa place dans l'histoire politique, culturelle et sociale du monde grec, Valbonne, décembre 1982, a cura di Leriche Pierre, Treziny Henri, Paris: Editions du Centre national de la recherche scientifique, 1986.

Winter Frederick Elliot, "The Indented Trace in Later Greek Fortifications", *American Journal of Archaeology*, n. 75 (1971).

Winter Frederick Elliot, *Greek Fortifications*, Phoenix. Journal of Classical Association of Canada, 9 Suppl.,Toronto: The University of Toronto Press, 1971.

Winter Frederick Elliot "Notes on Military Architecture in the Thermessos Region", *American Journal of Archaeology*, n. 70 (1966).

Winter Frederick Elliot, "The Chronology of the Euryalos Fortress at Syracuse", *American Journal of Archaeology*, n. 67 (1963).

Winter Frederick Elliot, "Fifthy-Ninth General Meeting of the Institute: The fortifications of Side in Pamphilya", *American Journal of Archaeology*, n. 62 (1958).

Wycherley Richard Ernest, *How the Greeks Built Cities*, London: Macmillan, 1962.

www.ingramcontent.com/pod-product-compliance
Lightning Source LLC
LaVergne TN
LVHW072254300926
849160LV00018B/1667
* 9 7 8 1 4 0 7 3 1 5 1 5 7 *